ICONOGRAPHIE

ET

HISTOIRE NATURELLE

DES COLÉOPTÈRES D'EUROPE.

PARIS. — IMPRIMERIE DE TERZUOLO,
Rue de Vaugirard, n° 11

ICONOGRAPHIE

ET

HISTOIRE NATURELLE

DES COLÉOPTÈRES D'EUROPE;

PAR M. LE COMTE DEJEAN,

PAIR DE FRANCE, LIEUTENANT-GÉNÉRAL, GRAND-OFFICIER DE LA LÉGION-D'HONNEUR, MEMBRE DE PLUSIEURS SOCIÉTÉS SAVANTES NATIONALES ET ÉTRANGÈRES;

CONTINUÉE

PAR LE DOCTEUR CH. AUBÉ,

MEMBRE FONDATEUR DE LA SOCIÉTÉ ENTOMOLOGIQUE DE FRANCE.

TOME CINQUIÈME.

HYDROCANTHARES.

A PARIS,

CHEZ MÉQUIGNON-MARVIS PÈRE ET FILS, LIBR.-ÉDITEURS,

RUE DU JARDINET, N° 13.

1836.

AU LECTEUR.

En me chargeant de continuer l'Iconographie des Coléoptères d'Europe, ou du moins de contribuer pour une faible partie à cette vaste entreprise, je crois devoir rendre compte de la marche que je me propose de suivre.

Le plan général que MM. Dejean et Boisduval ont tracé dans la première partie sera mon premier jalon, et si je m'en écarte, ce ne sera que pour y apporter de très-faibles modifications.

Chacune des descriptions sera, comme par le passé, accompagnée d'une figure ; chacune des figures retracera le mieux possible le caractère distinctif de chaque espèce, et lorsque la grosseur de l'insecte ne permettra pas de le figurer de grandeur naturelle, je le ferai grossir autant de fois qu'il sera nécessaire, toujours en faisant ressortir le caractère différentiel. Les descriptions seront d'autant plus concises que les figures donneront une idée plus exacte des espèces qu'elles représenteront ; aussi seront-elles plus étendues lorsque le dessin, tout parfait qu'il puisse être, ne paraîtra pas suffisant ; de sorte que les descriptions et les figures se prêteront un mutuel appui.

Je crois devoir renoncer à faire figurer à côté de chaque dessin grossi le trait de l'insecte de grandeur naturelle ; deux raisons m'ont déterminé à en agir ainsi : la première et la seule rigoureusement admissible, c'est que, devant figurer des espèces très-petites, il est très-difficile de donner à ce dessin la grandeur exacte de l'insecte ; la seconde est tout artistique. Les hydrocanthares sont des insectes dont les élytres sont généralement unies, et qui souvent ne se distinguent entre eux que par leur couleur et la disposition relative de quelques taches ; de sorte que les dessins linéaires ne seraient que des espèces d'ovales de grandeur inégale, qui, tout en détruisant l'harmonie des planches, ne diminueraient en rien les difficultés inhérentes à la détermination d'un insecte. Je me bornerai donc à faire tracer à côté du dessin grossi une ligne pour indiquer la longueur naturelle, comme cela se fait assez généralement.

J'abrégerai autant que possible la synonymie, en ne citant que les principaux auteurs, surtout ceux qui auront donné des figures, et en renvoyant pour les autres à l'ouvrage de M. Schönherr, ou bien au catalogue de M. Stephens.

Malgré tout le désir que j'aurais de faire revivre

les plus anciens noms, je ne pourrai pas toujours m'y conformer. Lorsque, par exemple, des auteurs modernes dont les travaux dans la science jouissent d'un certain crédit, auront adopté pour un insecte un autre nom que celui qu'il avait reçu primitivement, et que ce nom sera pour ainsi dire consacré, je crois alors devoir, comme eux, faire usage de ce nom. Que gagnerait donc la science à ce nouveau changement, et quel nouvel éclat la gloire du premier parrain pourrait-elle en tirer? Je serai toujours porté à en agir ainsi toutes les fois que l'espèce dont il sera question aura des congénères très-voisines qui auraient bien pu être confondues par les premiers auteurs. Je n'admets cependant pas cette idée comme un principe général, me réservant toujours le droit de revenir sur l'ancien nom lorsque je verrai une erreur manifeste, ou que je croirai reconnaître que le changement a été volontaire et fait sans aucun motif plausible.

Bien persuadé que depuis quelques années les entomologistes ont beaucoup trop multiplié les genres, sans que toutefois la science en ait tiré le moindre avantage, je n'établirai mes coupes génériques que sur des caractères tranchés et importants; aussi, serai-je souvent obligé de réunir plusieurs genres en un seul. Ainsi, les *Liopterus*, *Cymatopterus*, *Scutopterus* et *Rantus*, de Eschscholtz et Lacordaire devront tous rentrer dans l'ancien genre

Colymbetes de Clairville. Les caractères sur lesquels ces entomologistes ont établi ces genres sont d'une trop faible valeur et ne se rencontrent que dans un seul sexe.

Lorsque je serai contraint de créer un genre nouveau, le nom que je lui assignerai n'aura aucune valeur significative ; je le ferai toujours à ma fantaisie, avec des syllabes placées au hasard à la suite les unes des autres. Je me gouvernerai ainsi parce que je crois tout-à-fait impossible de donner à un genre un nom significatif qui puisse s'appliquer à toutes les espèces de ce genre, et qui ne puisse d'un autre côté convenir à aucun autre insecte. Prenons au hasard un nom générique ayant quelque valeur significative, et nous trouverons toujours cette valeur en défaut ; ainsi, le mot *Dryophilus* (ami du chêne) désigne un insecte qui vit aussi bien aux dépens du chêne que du grenadier, et le premier de ces arbres sert aussi de nourriture à un nombre considérable d'autres insectes. Le genre *Meladema*, corps noir, n'est pas plus exact, puisque, des deux espèces qu'il comprend, une seule est noire ; et certes il ne manque pas d'autres insectes auxquels on pourrait faire l'application de ce nom.

La nomenclature générique nous offre d'autres noms qui, quoique mieux faits, l'idée qu'ils représentent s'appliquant également à toutes les espèces d'un même genre, n'en sont pas moins vicieux, puisqu'elles pourraient aussi convenir à d'autres insectes. Ainsi, le nom de *Cryptorhynchus* (bec caché) est très-exact et peut convenir à tous les anciens *[illegible]*; mais il pourrait tout aussi bien s'appliquer aux genres *Tylodes*, *Lyprus*, *Bagous*, *Acalles*, etc. Il en est de même du genre *Hydrophilus*, dont toutes les espèces sont aquatiques, il est vrai; mais n'ont pas seules cette manière de vivre. Le nom d'*Hydrophilus* eût pu tout aussi bien désigner les genres *Elmis*, *Parnus*, *Dytiscus*, et beaucoup d'autres.

Outre le défaut de valeur exclusive des noms empruntés aux langues étrangères, ils ont encore souvent le grave inconvénient d'être peu euphoniques et partant difficiles à retenir. Les noms de *Pterorhynchus*, *Orectochilus*, *Amorphocerus*, etc., valent-ils mieux que ces autres noms : *Elmis*, *Cionus*, *Hister*, etc.? Je ne le pense pas.

Nul ne peut avoir la prétention de faire une faune complète, aussi suis-je loin d'avoir une pareille idée. Malgré le nombre très-étendu de mes matériaux, puisque j'ai à ma disposition toutes les collections des entomologistes de Paris, y compris celle du Muséum et celle de M. le comte Dejean, qui est si riche en insectes indigènes, il me manque quelques espèces, même parmi celles qui ont été décrites par les auteurs; elles sont en petit nombre, il est vrai. Ici se présente une question fort importante : devrai-je rapporter les descriptions des espèces que je n'aurai pas à ma disposition, ou devrai-je simplement les citer pour mémoire? Je m'arrêterai à cette dernière idée, car, en donnant la description et en les faisant entrer en ligne avec les miennes, je suis exposé à commettre des erreurs fort graves; c'est-à-dire que, n'ayant pas vu l'insecte dont il serait question, il pourrait se faire qu'il figurât déjà dans la série de mes descriptions sous un nom différent; ou bien je serais exposé à donner comme une espèce différente une simple variété que j'aurais peut-être déjà signalée. Je me bornerai donc à citer, à la fin de chaque genre, les espèces qui m'auront échappé, en y joignant les réflexions qu'elles pourront me suggérer.

Je crois devoir prévenir les entomologistes, afin de leur éviter des recherches inutiles, que, lorsqu'à la suite d'un nom d'auteur je ne citerai pas l'ouvrage où cet auteur aura décrit cet insecte, ils pourront conclure que je considère cette espèce comme inédite. Si, malgré toutes mes recherches bibliographiques, j'avais négligé de consulter quelques opuscules ou catalogues dont je n'aurais pas connu l'existence, je demande pardon aux auteurs de cette négligence involontaire, et les prie de me signaler les erreurs que j'aurai commises, afin de les réparer autant que possible dans les livraisons suivantes.

Si, après la manière dont MM. Dejean et Boisduval ont traité la famille des Carabiques, j'ose entreprendre ce travail, peut-être au-dessus de mes forces, il n'a rien moins fallu pour m'y décider que l'influence d'un entomologiste tel que M. Dejean, qui m'honore de sa bienveillance, et a mis à ma disposition avec une rare générosité son admirable collection. Ses conseils et son appui m'ont déjà été d'un grand secours dans mon travail sur la famille des Psélaphiens; aussi ne laisserai-je pas échapper cette occasion de lui en témoigner toute ma reconnaissance.

12 novembre 1836.

CH. AUBÉ.

ICONOGRAPHIE

ET

HISTOIRE NATURELLE

DES COLÉOPTÈRES D'EUROPE.

HYDROCANTHARES.

Les Hydrocanthares sont des insectes carnassiers aquatiques, se distinguant par les caractères suivants :

Tête petite, en partie recouverte par le corselet ; antennes de onze articles, sétacées ou filiformes ; palpes au nombre de six ; labre petit, généralement échancré et souvent garni de petits poils ; le menton trilobé ; languette coupée carrément ; mandibules courtes, très-robustes, et dentées à l'extrémité ; mâchoires très-aiguës, arquées et ciliées intérieurement. *Corselet* plus large que long, souvent prolongé en arrière, recouvrant quelquefois l'écusson, qui alors est invisible. *Prosternum* fortement prolongé en arrière. *Élytres* larges, couvrant entièrement l'abdomen. *Ailes* constantes. *Hanches postérieures* soudées aux pièces sternales. *Pattes* antérieures et moyennes très-rapprochées; les postérieures généralement longues et aplaties, disposées pour la natation et ne pouvant se mouvoir que latéralement; tarses de cinq articles; dans quelques genres les antérieurs et intermédiaires paraissent n'être que quadri-articulés, le quatrième article étant très-petit et caché dans l'échancrure du troisième; les antérieurs et souvent les intermédiaires garnis, dans les mâles, de cupules pétiolées.

Ces insectes ont la plus grande analogie avec ceux de la famille précédente; leur organisation est, à de très-légères différences près, la même, et les modifications que la nature y a apportées sont dues à la différence des milieux dans lesquels ils sont destinés à vivre.

Linné et les auteurs anciens avaient réuni tous les insectes de cette famille dans le genre *Dytiscus*; depuis, et presque à la même époque, Fabricius et Illiger créèrent les deux nouveaux genres *Hydrachna* et *Cnemidotus*; mais, dans ces temps modernes, l'ancien genre *Dytiscus* a été entièrement démembré par les travaux de Latreille, Clairville, Leach, et plusieurs autres entomologistes qui ont peut-être porté un peu loin le nombre de leurs divisions génériques.

Pour faciliter l'étude de cette famille et me conformer au plan de cet ouvrage, j'établirai trois tribus, dont les caractères sont exprimés dans le tableau suivant :

Cinq articles à tous les tarses; abdomen	en grande partie recouvert par les hanches postérieures.....	1	*Haliplides.*
	entièrement découvert....	2	*Dyticides.*
Quatre articles seulement apparents aux tarses antérieurs et intermédiaires..............................		3	*Hydroporides.*

HALIPLIDES.

Cette tribu se distingue facilement de toutes les autres de cette famille, par la forme générale des insectes qui la composent; ils sont tous de petite taille, ont le corps ovalaire, convexe, et recouvert de points enfoncés, ordinairement placés sans ordre sur la tête, le corselet, et le dessous du corps, disposés en stries sur les élytres, qui sont presque toujours sinueuses et terminées en pointe à leur extrémité. Mais le principal caractère qui fera toujours reconnaître un insecte de cette tribu, c'est l'énorme prolongement lamelleux des hanches postérieures, qui recouvre presque entièrement les cuisses et empêche tout mouvement de haut en bas. Elle se compose de deux genres.

Dernier article des palpes maxillaires plus petit que le pénultième.. 1 *Haliplus.*
Dernier article des palpes maxillaires plus grand que le pénultième.. 2 *Cnemidotus.*

I. HALIPLUS. *Latreille.*

DYTISCUS. *Linné. Fab. Oliv.* CNEMIDOTUS. *Illiger.* HOPLITUS. *Clairville.*

Antennes sétacées. Labre court, échancré au milieu. Menton trilobé, le lobe du milieu bifide. Le dernier article des palpes maxillaires très-petit, aciculaire, le pénultième le plus long de tous. Prosternum arqué, coupé carrément en arrière. Ecusson caché. Elytres couvertes de stries de points enfoncés. Cinq articles à tous les tarses, les trois premiers des tarses antérieurs légèrement dilatés et garnis de petites brosses dans les mâles. Deux crochets mobiles à toutes les pattes. Hanches postérieures lamelleuses, très-saillantes, arrondies à leur extrémité.

Ce genre a été établi par Latreille aux dépens du genre *Dytiscus* de Linné; presque en même temps Clairville l'en sépara également et le nomma *Hoplitus.* Cette division avait déjà été faite par Illiger, qui lui avait assigné le nom de *Cnemidotus.* Nous adopterons ici le nom de Latreille, réservant, comme l'a déjà fait M. Erichson, celui d'Illiger pour le genre suivant.

Les espèces de ce genre sont peu nombreuses et paraissent propres à l'Europe et au nord de l'Amérique; nous en connaissons cependant aussi une de l'Amérique méridionale, et une autre du cap de Bonne-Espérance.

Corps ovale, allongé. Tête petite, étroite. Antennes insérées dans une petite cavité du front, au-devant des yeux, le premier article, souvent très-petit et à peine saillant au-delà de la cavité, les autres presque égaux entre eux, à l'exception toutefois du dernier, qui est plus allongé et terminé en pointe. Épistome coupé carrément. Labre court, échancré et cilié. Menton trilobé, le lobe du milieu un peu moins saillant que les latéraux et légèrement bifide à son sommet. Le premier article des palpes maxillaires petit, obconique; le second cylindrico-obconique, plus long que le premier; le troisième une fois et demie plus long que le précédent; le dernier très-petit, aciculaire

laire. Le premier article des palpes labiaux et le second presque égaux, celui-ci un peu plus allongé, le dernier très-petit, aciculaire. Prosternum arqué, élargi, aplati, et coupé carrément en arrière. Corselet un peu plus étroit que les élytres, court, rétréci en avant, et prolongé en pointe en arrière. Écusson invisible. Élytres ovales, allongées, sinueuses à leur extrémité et terminées en pointe très-peu saillante, couvertes de stries de points plus ou moins enfoncés. Le prolongement lamelleux des hanches postérieures arrondi. Tous les tarses de cinq articles apparents: les quatre premiers presque égaux, le premier cependant un peu plus long, le cinquième le plus grand de tous. Les trois premiers des tarses antérieurs légèrement dilatés et garnis de petites brosses dans les mâles. Deux crochets égaux et mobiles à tous les tarses.

1. H. Elevatus.

Pl. 1. fig. 1.

Elongato-ovatus, pallide testaceus; thorace quadrato, bisulcato; elytris punctis nigris confluentibus sulcato-striatis, costa elevata in disco postice abbreviata.

Dytiscus Elevatus. Panz. *Faun. Germ. Fas.* xiv., t. 9.
Haliplus Elevatus. Gyl. *Ins. Suec.* 1. 545.
Lacord. *Faun. Ent.*, 1. 294.

Long. 4 millim. Larg. 2 ¼ millim.

Ovale, allongé, d'un testacé pâle.

Tête entièrement ponctuée; yeux noirs; mandibules noirâtres à la base; antennes testacées.

Corselet presque carré, plus étroit que les élytres, fortement échancré en avant; les angles antérieurs aigus et abaissés, les postérieurs presque droits; les côtés arrondis, dilatés dans le milieu, et se rétrécissant légèrement en arrière; la base se prolonge en pointe à la place de l'écusson; en dessus, et de chaque côté, un petit sillon longitudinal; en arrière, entre les deux sillons, une large dépression transversale; il est couvert de points à peine visibles; le bord antérieur est légèrement rembruni dans son milieu.

Élytres allongées, elliptiques, dilatées en avant, et se rétrécissant en pointe en arrière, couvertes de stries de points enfoncés : les quatre premières sont presque canaliculées, les cinquième et sixième très-courtes, se réunissant en arrière; les intervalles sont lisses, le troisième est relevé et forme une côte saillante qui occupe environ les deux tiers de l'élytre; les quatre premières stries ainsi que le sommet de la côte sont noirs dans leurs deux tiers antérieurs; les cinquième, sixième et septième en avant, ainsi que les septième et huitième en arrière, sont également noires dans une petite étendue; toutes ces petites taches linéaires sont souvent confluentes, de sorte que les élytres paraissent quadrimaculées; toute la suture et l'extrémité sont également de la même couleur.

Pattes testacées; prolongement des hanches postérieures couvert de gros points.

Abdomen rembruni à la base et finement ponctué.

Cet insecte se rencontre dans presque toute l'Europe.

2. H. ÆQUATUS.

Pl. 1. fig. 2.

Elongato-ovalis, pallide testaceus; thorace quadrato, bisulcato; elytris punctato-striatis; striis nigris internis quatuor postice tantum abbreviatis, externis postice et in medio, maculas obliquas quatuor efformantibus.

DEJ. *Catal.* 1836. p. 64.

Long. 4 millim. Larg. 2 ½ millim.

Cet Haliple a la plus grande analogie avec l'*Elevatus*, et est entièrement semblable à lui pour la tête et le corselet.

Les élytres ont absolument la même forme et sont tachées de la même manière; mais les stries sont bien moins marquées, ne sont nullement canaliculées, et le troisième intervalle ne présente pas, comme dans l'*Elevatus*, une côte élevée.

Les pattes sont testacées; les jambes et chaque article des tarses sont noirs à leur naissance.

Abdomen rembruni à la base et finement ponctué.

Je n'ai vu qu'un seul individu de cette espèce; il appartient à M. le comte Dejean, qui l'a reçu de Lombardie.

3. H. Obliquus.

Pl. 1. fig. 3.

Ovalis, pallide testaceus; capite postice, thorace antice, nigricantibus, vix levissime punctulatis; elytris punctorum obsoletorum seriatim punctatis, striis ad basin, in medio et versùs apicem, nigricantibus, maculas inæquales obliquas efformantibus.

Dytiscus Obliquus. Fab. *Ent. Syst.* I. p. 198.
Dytiscus Obliquus. Oliv. *Ent.* III. 40. p. 32. t. 5. fig. 50.
Haliplus Obliquus. Lat. *Gen. Crust.* I. p. 231.
Sch. *Syn.* II. p. 27. 5.

Ovale, testacé pâle.

Tête très-finement pointillée, brunâtre sur le vertex et vers la bouche; yeux noirs.

Corselet jaunâtre, avec une tache absolète brune sur le bord antérieur; très-finement ponctué, avec quelques points rares un peu plus forts en avant et en arrière; rétréci en avant, bisinueux en arrière et prolongé en pointe dans son milieu; les angles antérieurs obtus, les postérieurs presque droits.

Élytres ovales, un peu allongées, légèrement sinueuses à leur extrémité, qui est terminée en pointe; elles sont marquées de stries de petits points à peine visibles à la loupe; ces stries sont couvertes de petits groupes de lignes noires à la base, au milieu, et vers l'extrémité; ces petites lignes forment de petites taches obliques ainsi disposées : une qui occupe presque toute la base, une autre au-dessous, qui part du tiers externe et va gagner le milieu de la suture, une troisième au-dessous de la précédente et un peu en dehors, et enfin deux autres aux quatre cinquièmes de l'élytre : ces deux taches sont presque sur le même plan horizontal, l'externe cependant est un peu plus en arrière, monte un peu obliquement en suivant le bord externe; la suture est également noire, ainsi que l'extrémité; souvent toutes ces taches se réunissent, et les élytres sont presque noires.

Dessous du corps testacé pâle, à peine ponctué; lames des hanches couvertes de points rares et presque effacés.

Il se trouve communément dans toute l'Europe.

4. H. Lineatus. *Mihi.*

Pl. 1 fig. 4.

Ovalis, testaceus; capite et thorace levissime punctatis; thorace ad basin utrinque striola brevissima leviter impresso; elytris punctorum obsoletorum seriatim punctatis, striis nigricantibus vix abbreviatis.

Haliplus Confinis? Steph. *Ill. of Ent.* II. p. 41.

Long. 3 ½ millim. Larg. 2 millim.

Il ressemble beaucoup à l'*Obliquus* par sa forme et par

sa ponctuation ; cependant il en diffère essentiellement : il est toujours plus petit, plus court, et plus ramassé.

Le corselet offre, en arrière, une petite strie longitudinale très-courte, de chaque côté.

Les stries des élytres sont aussi couvertes de lignes noires, mais moins foncées et moins interrompues ; de sorte que les taches qu'elles présentent sont moins isolées et moins bien dessinées.

Du reste, il est en tout semblable à l'*Obliquus*, avec lequel il a été confondu par presque tous les entomologistes. M. le comte Dejean l'a cependant signalé dans sa collection comme variété de l'*Obliquus*. Avec quelque attention, il est très-facile de se convaincre qu'il doit bien constituer une espèce distincte, surtout lorsque l'on a été à même de vérifier le fait sur la nature vivante. Ces deux insectes ont alors un *facies* tout différent, qui les fait reconnaître au premier aspect et sans avoir besoin de recourir à la loupe : ce que j'ai pu vérifier plusieurs fois moi-même, cet été.

5. H. Ferrugineus.

Pl. 1. fig. 5.

Ovalis testaceo-ferrugineus ; capite punctato ; thorace ad verticem leviter rotundatim producto, antice sparsim, postice punctorum striga transversim punctato ; disco lævi ; elytris punctato-striatis, interstitiis punctorum minorum seriebus, maculis nigro-fuscis oblongo-maculatis.

Dytiscus Ferrugineus. Lin. *Syst. Nat.* II. p. 666.

Haliplus Ferrugineus. GYL. *Ins. Suec.* I. p. 546. var. b.
Dytiscus Fulvus. FAB. *Syst. Eleut.* I. p. 271.
Interpunctatus. MARSH. *Ent. Brit.* I. p. 429.
Hoplitus Fulvus. CLAIRV. *Ent. Helv.* II. p. 220.

Long. 4 millim. Larg. 2 $\frac{1}{2}$ millim.

Ovale, allongé, convexe, d'un testacé ferrugineux.

Tête couverte de points épars; yeux noirs; antennes testacées.

Corselet rétréci et assez largement échancré en avant, bisinueux à la base, dont le milieu se prolonge en pointe sur les élytres; le bord antérieur s'avance un peu, en s'arrondissant, sur le sommet de la tête; les angles antérieurs aigus, les postérieurs presque droits; en avant, quelques points noirs placés sans ordre, en arrière, au contraire, les points sont disposés en lignes transversales, dont la postérieure suit les sinuosités de la base.

Élytres ovales, bisinueuses, et terminées en pointe en arrière; elles sont marquées de dix stries de points enfoncés noirs; près de la suture une ligne de très-petits points très-rapprochés, et dans chaque intervalle d'autres petits points analogues, mais très-espacés; elles sont ornées de taches noirâtres ainsi disposées : une très-petite vers le milieu de la base; trois autres placées obliquement au tiers environ de l'élytre; une cinquième au-dessous de la plus externe; une autre en dehors de celle-ci; au-dessous d'elles il en existe encore trois autres, celle du milieu plus allongée; et, enfin, presqu'à l'extrémité, une très-petite se réunissant à la suture, qui est aussi de la même couleur.

Dessous du corps testacé.

Pattes ferrugineuses; prolongement des hanches postérieures couvert de gros points enfoncés.

Cette espèce varie beaucoup par sa taille et sa couleur; souvent elle est immaculée.

Elle habite toute l'Europe.

6. H. Flavicollis.

Pl. 1. fig. 6.

Ovalis, convexus; capite punctato; thorace antice sparsim, postice punctorum striga transversim punctato; disco lævi; elytris punctato-striatis, interstitiis punctorum minorum seriebus, immaculatis.

Sturm. *Deuts. Faun.* VIII. p. 150. tab. CCII. fig. a. A.

Long. 4 $\frac{1}{3}$ millim. Larg. 2 $\frac{1}{3}$ millim.

Cette espèce est tellement voisine de l'*H. Ferrugineus*, qu'elle lui a été réunie par presque tous les entomologistes qui l'ont considérée comme une simple variété; elle est cependant assez différente pour constituer une espèce distincte.

Son corselet est plus court, nullement prolongé en avant, moins aigu en arrière à la place de l'écusson; la ponctuation est aussi plus faible.

Les élytres sont pâles et toujours immaculées.

Sa forme générale est plus courte, plus petite, et sa couleur est aussi différente; elle est d'un gris jaunâtre.

Cet Haliple se rencontre dans toute l'Europe, où il est très-commun; souvent il est mêlé avec le *Ferrugineus*, ce qui pourrait donner à penser que ce n'est qu'une simple variété de cet insecte; mais aussi dans certaine localité où il est très-abondant, le *Ferrugineus* ne se rencontre pas du tout. J'ai plusieurs fois fait cette observation, et surtout cette année, où j'ai pêché dans les environs de Compiègne bon nombre de fois, et où, tout en récoltant une quantité prodigieuse des *H. Flavicollis*, *Badius*, *Impressus*, *Obliquus*, *etc.*, je n'ai pas rencontré un seul individu que je pusse réunir au *Ferrugineus*, qui est lui-même si commun aux environs de Paris.

7. H. Badius.

Pl. 2. fig. 1.

Elongato-ovalis, testaceo-griseus, immaculatus; capite majore; oculis validis; thorace tantum in disco impunctato; elytris striato-punctatis, interstitiis punctorum minorum seriebus notatis.

Ullrich. Dej. *Cat.* 1836. p. 64.

Long. 4 ½ millim. Larg. 2 ⅓ millim.

Ovale, allongé, d'un testacé grisâtre.

Tête très-forte, couverte de points enfoncés; yeux noirs très-saillants; antennes courtes et assez grosses.

Corselet légèrement rembruni en avant, couvert de points sur toute sa surface, à l'exception du disque, qui est lisse; largement échancré en avant, très-légèrement arrondi sur les côtés, bisinueux et prolongé en pointe en arrière; le bord antérieur s'avance en une pointe mousse sur le milieu de la tête; les angles antérieurs aigus et abaissés, les postérieurs presque droits.

Élytres ovales, allongées, bisinueuses, et terminées en pointe en arrière; elles sont marquées de dix stries de points enfoncés noirs; près de la suture une ligne de très-petits points très-rapprochés, et dans chaque intervalle d'autres petits points analogues, mais très-espacés; elles sont toujours immaculées.

Dessous du corps et pattes testacés.

Le prolongement lamelleux des hanches postérieures couvert de gros points enfoncés.

Cet Haliple a beaucoup de rapports avec les deux précédents; il en diffère cependant essentiellement: il est toujours plus fort, plus allongé; sa tête surtout est remarquable : elle est beaucoup plus grosse que dans aucune autre espèce de ce genre; les yeux sont très-saillants.

Il se rencontre dans toute l'Europe, mais surtout dans le midi. Je l'ai trouvé très-abondamment aux environs de Compiègne, dans le courant de septembre.

8. H. Guttatus.

Pl. 2. fig. 2.

Elongato-ovatus; capite punctato; thorace antice confuse, in medio sparsim, punctato; ad basin punctis maximis fere nigris sulcum transverso-bisinuatum efformantibus.

Dahl. Dej. *Cat.* 1836. p. 64.

Long. 3 $\frac{4}{5}$ millim. Larg. 2 millim.

Ovale, allongé, ferrugineux.

Tête couverte de petits points; yeux noirs peu saillants.

Corselet légèrement rembruni en avant, couvert de points dans toute son étendue; sur le disque seulement ils sont très-espacés; en arrière, près du bord postérieur, une ligne transversale bisinueuse de points noirs très-gros et très-rapprochés, de sorte que la réunion de ces points forme presque un sillon transversal; il est prolongé en pointe en arrière; les angles antérieurs aigus et abaissés, les postérieurs émoussés.

Élytres ovales, allongées, bisinueuses, et terminées en pointe en arrière; la ponctuation et la disposition des stries comme dans les *Ferrugineus* et *Badius;* sur chacune d'elles existent des taches assez peu visibles et très-mal limitées; elles sont à peu près ainsi disposées : une transversale un peu en arrière de la base et venant se perdre dans la suture; une autre en dehors, au quart de la longueur de l'élytre; une troisième en dedans de celle-ci et un peu au-dessous d'elle, se réunissant à la suture; une quatrième dans le milieu, à peu près au tiers postérieur; et enfin deux autres en arrière, près de l'extrémité la suture est rembrunie dans toute son étendue. Ces taches sont souvent si mal limitées qu'il est impossible de saisir leur position relative.

Dessous du corps et pattes comme dans le *Badius*.

Il tient le milieu entre le *Ferrugineus* et le *Badius*; il diffère du premier par sa forme plus allongée, la ponctuation du corselet et la disposition très-mal arrêtée des taches; du second, par le volume moindre de sa tête et de ses yeux, et par la présence constante de taches sur les élytres.

Il se trouve dans le midi de la France et en Italie.

9. H. Variegatus.

Pl. 2. fig. 3.

Ovalis, testaceo-ferrugineus; capite punctato; thorace antice sparsim, postice punctorum majorum strigâ transversim valde punctato; elytris punctato-striatis, interstitiis punctis minimis raris; elytrorum disco maculis sparsis nigro-fuscis cum sutura nigra confluentibus.

Dej. Sturm. *Deuts. Faun.* viii. p. 157.
Lacordaire. *Faun. Ent.* i. p. 296.

Long. 3 ½ millim. Larg. 2 ¼ millim.

Ovale, convexe; ferrugineux.

Tête couverte de petits points épars.

Corselet légèrement rembruni vers le bord antérieur, couvert en avant de points assez forts et placés sans ordre; en arrière, d'autres points plus forts, noirâtres et disposés en lignes transversales; le disque est lisse; il est prolongé en pointe en arrière; les angles antérieurs aigus et peu saillants, les postérieurs presque droits et émoussés.

Élytres ovales, convexes, bisinueuses, et terminées en pointe en arrière; la disposition des stries comme dans les *Guttatus* et *Ferrugineus*, mais les points sont plus forts, plus distancés, et par là moins nombreux dans chaque strie; sur chacune d'elles existent des taches assez visibles et assez bien limitées; elles sont ainsi disposées : une presque effacée vers le milieu de la base et tout-à-fait en avant; trois autres placées obliquement de dehors en dedans et de haut en bas, du tiers externe de l'élytre à sa moitié interne; au-dessous de ces taches, un peu au-delà du milieu, trois autres très-petites et souvent confluentes; plus en arrière encore, trois de même grandeur que les précédentes; enfin, tout-à-fait en arrière, l'élytre est marquée d'une petite tache triangulaire qui appartient autant à la suture qu'au disque lui-même; la suture est noire dans toute son étendue.

Dessous du corps et pattes comme dans le *Ferrugineus*.

Cet Haliple tient, pour la forme, de l'*Haliplus Ferrugineus*, mais il s'en éloigne par la manière dont les élytres sont ponctuées et maculées; il a aussi une très-grande analogie avec le *Guttatus* pour la disposition des taches; mais sa forme est toujours plus courte et moins allongée.

Il se rencontre dans toute l'Europe et est très-commun aux environs de Paris.

10. H. Cinereus. *Mihi.*

Pl. 2. fig. 4.

Ovalis, convexus, luteo-griseus; capite in vertice, thorace antice infuscatis; thorace sparsim punctato; elytris punctato-striatis, vix interrupto-umbrosis, interstitiis punctis minimis sparsis.

Long. 3 $\frac{1}{4}$ millim. Larg. 2 millim.

Ovale, convexe, d'un jaunâtre tirant un peu sur le gris.

Tête oblongue, couverte de très-petits points, légèrement rembrunie sur le vertex.

Corselet légèrement rembruni vers le bord antérieur, couvert en avant et en arrière de petits points disposés sans ordre, le disque lisse; il est prolongé en pointe en arrière; les angles antérieurs peu aigus, les postérieurs presque droits.

Élytres ovales, convexes, bisinueuses et terminées en pointe en arrière; la disposition des stries comme dans le *Flavicollis*, mais les points sont plus petits, plus rapprochés, et par là plus nombreux dans chaque strie; sur chacune d'elles il existe trois ou quatre taches légèrement enfumées, à peine perceptibles; ces taches sont composées de petites lignes foncées qui se trouvent sur les stries, à peu près disposées de la même manière que dans l'*Impressus*; près de la base, à la naissance des stries, une série transversale de quatre ou cinq gros points fortement imprimés et noirs.

Dessous du corps et pattes comme dans le *Flavicollis*.

Cette espèce tient le milieu entre le *Flavicollis* et l'*Impressus*, et diffère du premier par sa taille plus petite, la ponctuation du corselet, qui est irrégulièrement disposée, les points des stries des élytres, qui sont plus petits et plus rapprochés, et enfin par les petites taches qui n'existent jamais dans le *Flavicollis*. Il se distingue également du second par l'absence de petites stries à la base du corselet, et par les taches des élytres, qui sont toujours moins marquées. Il est aussi plus fort que ce dernier, et, relativement, moins raccourci.

11. H. Impressus.

Pl. 2. fig. 5.

Ovalis, convexus, testaceo-ferrugineus; capite in vertice, thorace antice infuscatis; thoracis ad basin utrinque striola brevissima; elytris punctato-striatis, interrupto infuscatis; interstitiis punctis minimis sparsis.

Dyt. Impressus. Fab. *Ent. Syst.* I. p. 199.
Dyt. Impressus. Oliv. *Ent.* III. 40. p. 34. t. 4. fig. 40.
Haliplus Impressus. Lat. *Gen. Crust.* I. p. 234.
Haliplus Ruficollis. Steph. *Illust. Of Ent.* II. p. 42.

Hoplitus Impressus. Clairv. *Ent. Helv.* II. p. 220.

Var. b. *Maculis in elytrorum margine utrinque tribus nigrescentibus.*

Dyt. Marginepunctatus. Panz. *Faun. Germ.* XIV. p. 10.

Hoplitus Marginepunctatus. Clairv. *Ent. Helv.* II. p. 220.

Haliplus Marginepunctatus. Steph. *Illust. of Ent.* II. p. 42.

Long. 2 $\frac{3}{4}$ millim. Larg. 1 $\frac{3}{4}$ millim.

Ovale, convexe, d'un testacé-ferrugineux.

Tête petite, couverte de points épars, un peu foncée sur le vertex.

Corselet légèrement rembruni vers le bord antérieur, couvert en avant et en arrière de petits points disposés sans ordre; le disque lisse; il est prolongé en pointe en arrière, et présente de chaque côté, à la base, une petite strie légèrement arquée en dedans; les angles antérieurs et postérieurs peu aigus.

Élytres ovales, convexes, dilatées près de la base, et se rétrécissant ensuite assez brusquement, bisinueuses à l'extrémité et terminées en pointe; disposition des stries et ponctuation comme dans le *Cinereus*. Les quatre premières stries sont rembrunies dans le milieu et aux trois quarts des élytres, les trois suivantes le sont également au tiers antérieur et un peu au-delà de la moitié; la suture est également rembrunie dans toute sa longueur.

Dessous du corps et pattes comme dans le *Cinereus*.

La *var.* b se distingue du type de l'espèce en ce que les petites lignes rembrunies sont beaucoup plus foncées, confluentes, et qu'elles forment trois taches très-apparentes sur le côté externe de l'élytre et une autre dans le milieu près de la suture; celle-ci est également noire et se termine en fer de lance en arrière.

Il se trouve dans toute l'Europe, et très-communément.

12. H. Fluviatilis. *Mihi.*

Pl. 2. fig. 6.

Ovalis, luteo-griseus; capite in vertice, thorace antice infuscatis; thoracis ad basin utrinque striola brevissima; elytris punctato-striatis; lineolis abbreviatis, basi suturaque nigris; interstitiis punctis minimis sparsis.

Long. 3 millim. Larg. 1 $\frac{4}{5}$ millim.

Ovale, légèrement allongé, convexe, d'un jaune très-pâle sur la tête et le corselet, grisâtre sur les élytres.

Tête petite, couverte de petits points épars, un peu foncée sur le vertex.

Corselet légèrement rembruni vers le bord antérieur, couvert en avant et en arrière de petits points disposés sans ordre; le disque lisse; il est prolongé en pointe en arrière, et présente de chaque côté, à la base, une petite strie légèrement arquée en dedans; les angles antérieurs et postérieurs peu aigus.

Élytres ovales, légèrement allongées, dilatées près de la base et dans le milieu, se rétrécissant ensuite insensiblement, bisinueuses en arrière et terminées en pointe; disposition des stries et ponctuation comme dans le *Cine-*

reus et l'*Impressus*. Elles présentent sur leur disque deux petites bandes transversales obliques composées de petites lignes longitudinales noires ; ces bandes se dirigent d'avant en arrière et de dehors en dedans ; la première est placée à la moitié, et l'autre aux trois quarts environ des élytres ; la suture ainsi que la base sont également noires.

Dessous du corps et pattes comme dans le *Cinereus* et l'*Impressus*.

Cette espèce, très-voisine de l'*Impressus*, en est cependant distincte ; constamment sa couleur est plus claire, jamais les lignes ne sont confluentes pour former des taches ; elle est aussi plus forte, plus allongée et moins dilatée aux épaules ; sa manière de vivre est aussi bien différente ; elle habite les fleuves, tandis que l'on rencontre l'*Impressus* dans les eaux stagnantes.

Tous les individus de cette espèce que j'ai vus ont été pris dans la Seine, où je l'ai prise moi-même plusieurs fois ; peut-être existe-t-elle aussi dans d'autres fleuves (1).

13. H. Lineatocollis.

Pl. 3. fig. 1.

Ovato-elongatus, testaceus, abdomine obscuriore ; capite nigro-piceo ; thoracis margine antice et disco nigrescentibus ; ad basin utrinque lineola antice abbreviata, valde impressa.

Dyt. Lineatocollis. Marsh. *Ent. Brit.* 1. p. 429.

---

(1) Je reçois à l'instant, et après la correction de l'épreuve, cette même espece d'*Haliple* de M. Chevrier de Genève, comme ayant été prise dans le Rhône au milieu des conferves.

Haliplus Lineatocollis. Gyl. *Ins. Suec.* i. p. 549.
Dyt. Bistriolatus. Duft. *Faun. Aust.* i. p. 285.
Haliplus Trimaculatus. Drap. *Ann. Gén. des Sc.* iii. p. 186.

Long. 3 millim. Larg. 1 ½ millim.

Ovale, allongé, peu convexe, testacé.

Tête noirâtre et couverte de petits points épars.

Corselet testacé, avec le bord antérieur et une bande longitudinale noirs, quelques points en avant, sur les côtés et sur la bande noire, et une ligne de points plus forts placés dans un sillon transversal assez large au-devant de l'écusson ; de chaque côté de ce sillon une petite strie arquée en dedans, noire et profondément marquée.

Élytres ovales, allongées, dilatées de la base au milieu environ, se rétrécissant insensiblement en arrière, pour se terminer en pointe assez mousse ; elles sont marquées de stries de points assez fortement marqués et noirs ; la ligne de points de la suture est très-peu apparente, et la ponctuation des intervalles est très-rare ; à la naissance des troisième, quatrième et cinquième lignes de points existent trois fortes impressions ponctiformes noires, un peu allongées et dirigées en dehors ; sur le disque trois taches mal limitées, disposées en triangle, deux en dehors près du bord externe, et une autre en dedans, vers le milieu ; celle-ci touche la suture et se réunit à la semblable de l'autre élytre ; la suture est noirâtre.

Dessous du corps ferrugineux, abdomen noirâtre en avant, testacé en arrière ; pattes testacées ; les lames des hanches couvertes de points rares.

Très-commun dans toute l'Europe.

Je n'ai pu me procurer les espèces suivantes. Je ne sais si elles sont bien réellement distinctes, ou si elles ne sont que de simples variétés. Peut-être aussi pourraient-elles rentrer dans les nouvelles espèces que j'ai décrites.

Haliplus Affinis. STEPH. ILL. *Of Ent.* II. p. 42.
Haliplus Melanocephalus. STEPH. *Loc. Cit.* II. p. 43.
Haliplus Brevis. STEPH. *Loc. Cit.* II. p. 43.
Haliplus Mucronatus. STEPH. *Loc. Cit.* II. p. 41.
Haliplus Confinis. STEPH. *Loc. Cit.* II. p. 41.

II. CNEMIDOTUS. *Illiger.*

DYTISCUS. *Duftschmid.* HALIPLUS. *Latreille.* HOPLITUS. *Clairville.* CNEMIDOTUS. *Illiger, Erichson, Brullé.*

Antennes sétacées. Labre court, étroit, à peine échancré antérieurement. Menton trilobé, le lobe du milieu entier. Le dernier article des palpes maxillaires plus long que les autres. Prosternum arqué, coupé carrément à son extrémité. Elytres couvertes de stries de gros points enfoncés. Hanches postérieures lamelleuses, très-saillantes, arrondies et munies en arrière d'une petite dent mousse. Les trois premiers articles des tarses antérieurs très-légèrement dilatés et garnis de petites brosses dans les mâles. Deux crochets mobiles à tous les tarses.

Corps court, ovale, arrondi, très-convexe. Tête très-petite et étroite. Antennes insérées dans une petite cavité du front au-devant des yeux, le premier article très-petit et presque entièrement logé dans la petite cavité. Épistome étroit, allongé, coupé carrément, légèrement comprimé latéralement, ainsi que le labre, qui est fort petit et arrondi, à peine échancré et garni de cils. Menton trilobé, tous les lobes très-petits, celui du milieu aussi saillant que les autres et entier. Les trois premiers articles des palpes maxillaires courts et gros, le troisième un peu plus long que les autres, le quatrième une fois et demie aussi long que le troisième, conique et pointu. Les trois articles des palpes labiaux presque égaux entre eux, le dernier cependant un peu plus long que les autres. Prosternum arqué, aplati et terminé carrément en arrière, très-légèrement échancré dans son milieu. Corselet très-court, rétréci en avant et prolongé en pointe en arrière. Écusson invisible. Élytres arrondies, courtes, sinueuses à leur extrémité, couvertes de stries de gros points fortement enfoncés. Le prolongement lamelleux des hanches postérieures arrondi et garni en arrière d'une petite dent très-mousse. Les trois premiers articles des tarses antérieurs légèrement dilatés et garnis de petites brosses dans les mâles. Les quatre premiers articles de tous les tarses presque égaux, le premier, cependant, un peu plus grand; le cinquième le plus long de tous. Deux crochets égaux et mobiles à tous les tarses.

Ce genre a la plus grande analogie avec le précédent, dont il a été séparé avec raison par M. Erichson dans son *Genera Dyticeorum* : il en diffère essentiellement par sa forme générale, qui est moins ovalaire; par ses palpes maxillaires, dont le dernier article est le plus long de tous ; et par un petit prolongement épineux aux hanches postérieures. Les insectes qui composent ce genre ont la même manière de vivre que les Haliples ; on n'en connaît encore que trois espèces, deux propres à l'Europe, et la troisième à l'Amérique du nord.

1. Cn. Cæsus.

Pl. 3. fig. 2.

Rotundato-ovatus, testaceo-cinereus ; thorace antice minutis, postice majoribus punctis impresso ; elytris striato-punctatis, punctis valde impressis nigris, interstitiis impunctatis.

Dyt. Cæsus. Duft. *Faun. Aust.* I. p. 284.

Dyt. Impressus. Panz. *Faun. Germ.* 14. 7. (Test. Sturm.)

Haliplus Cæsus. Gyl. *Ins. Suec.* IV. p. 394.

Haliplus quadrimaculatus. Drap. *Ann. gén. des Sc.* IV. p. 349.

Cnemidotus Cæsus. Erich. *Gen. Dyt.* p. 48.

Long. 3 $\frac{4}{5}$ millim. Larg. 2 $\frac{1}{5}$ millim.

Ovale, arrondi, d'un testacé tirant sur le gris.

Tête couverte de petits points épars, légèrement rembrunie sur le vertex.

Corselet légèrement rembruni vers le bord antérieur, couvert en avant de petits points très-fins, disposés sans ordre ; en arrière, au contraire, il existe un sillon transversal assez large, au fond duquel on observe de très-gros points noirs fortement enfoncés, disposés en ligne ; de chaque côté, au tiers environ de la largeur du corselet et un peu au-devant de la ligne de gros points, il y a un autre point également noir et qui se trouve souvent au milieu d'une petite tache de la même couleur.

Élytres d'un gris verdâtre, ovales, dilatées vers la base et au milieu, se rétrécissant ensuite pour se terminer en pointe mousse ; elles sont légèrement déprimées vers la suture et à la base, et marquées de stries de gros points noirs et fortement enfoncés ; près de la base et à la naissance des stries six autres points plus forts, plus enfoncés et disposés en ligne transversale ; les intervalles lisses ; elles sont, en outre, ornées de quelques taches très-mal dessinées et variant souvent de nombre de une à quatre ; celle de la suture est constante ; celle voisine de l'épaule se représente souvent ; quant aux autres, placées au-dessous de cette dernière et en dehors, souvent elles disparaissent.

Dessous du corps testacé un peu foncé ; pattes testacées ; lames des hanches terminées par une petite pointe très-courte ; elles recouvrent presque entièrement l'abdomen, dont le dernier segment seul est libre.

Il habite presque toute l'Europe, mais surtout le Midi ; il se retrouve sur les côtes de Barbarie.

2. Cn. Rotundatus.

Pl. 3. fig. 3.

Rotundato-vix-ovatus, brevis, pallide cinereus; thoracis disco transversim elevato, ad basin punctis raris impresso; elytris striato-punctatis, punctis valde impressis, interstitiis impunctatis, ad basin transversim plicatis.

Haliplus Rotundatus. Dahl. Dej. *Cat.* 1836. p. 64.

Long. 3 ¾ millim. Larg. 2 millim.

Court, presque rond, d'un jaune grisâtre.

Tête petite, ponctuée, et à peine rembrunie sur le vertex.

Corselet à peine arrondi vers le bord antérieur, couvert en avant de quelques points rares et disposés sans ordre; en arrière, au-devant de l'écusson, une dépression triangulaire dans laquelle existent quelques points d'un médiocre volume; aux angles externes de cette dépression, qui sont comme plissés, deux autres points noirs plus forts et fortement enfoncés.

Élytres jaunâtres, très-courtes, arrondies, fortement bisinueuses en arrière, et terminées en pointe mousse, légèrement déprimées dans la région de l'écusson et vers la basse, qui est comme plissée transversalement; elles sont marquées de stries de gros points noirs fortement enfoncés; en arrière du pli de la base et à la naissance des stries, existent cinq points noirs plus gros et plus enfoncés que les autres, et sur la même ligne en dehors du pli qui ne va pas jusqu'au bord externe, un autre point également gros et noir; les intervalles sont lisses; elles sont immaculées.

Dessous du corps et pattes testacés; lames des hanches terminées par une petite pointe assez allongée et aiguë; elles recouvrent presque entièrement l'abdomen.

Il se trouve dans le midi de la France et en Italie.

DYTISCIDES.

Les hydrocanthares de cette tribu sont très-nombreux et généralement d'une forme ovalaire et aplatie; cependant le genre *Pœlobius* est très-convexe en dessous, et le genre *Anysomera* est allongé comme un carabique. Leur grosseur relative est très-variable; ainsi quelques genres sont composés d'insectes de trois ou quatre centimètres, tandis que d'autres ne contiennent que des espèces de quelques millimètres. Ils ont tous cinq articles à tous les tarses; leurs cuisses postérieures sont libres, et cependant, d'après leur mode d'articulation, ne peuvent se mouvoir que latéralement. Cette tribu offre deux divisions très-importantes : la première comprend les genres dont l'écusson est très-apparent, et la seconde ceux dont l'écusson est caché et nullement perceptible sans écarter les élytres. Les Dytiscides comprennent quinze genres dont nous donnons ci-dessous le tableau analytique.

42

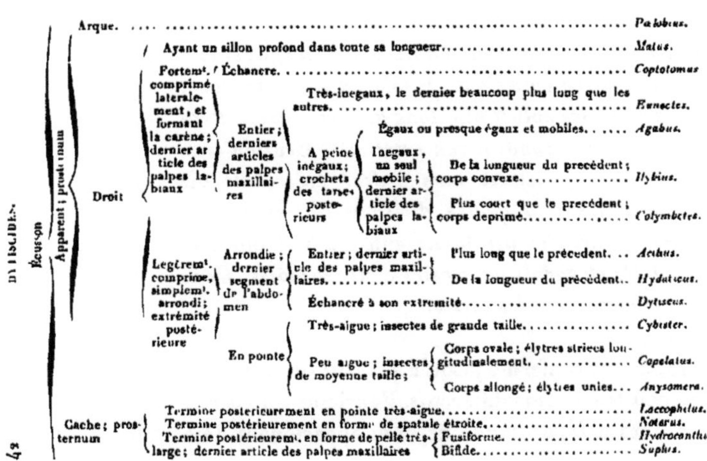

DYTISCIDES.

- Écusson
  - Apparent; prosternum
    - Arqué. .... Pelobius.
    - Droit
      - Ayant un sillon profond dans toute sa longueur .... Matus.
      - Fortem^t. comprimé latéralement, et formant la carène; dernier article des palpes labiaux
        - Échancré. .... Coptotomus
        - Entier; derniers articles des palpes maxillaires
          - Très-inégaux, le dernier beaucoup plus long que les autres. .... Eunectes.
          - A peine inégaux; crochets des tarses postérieurs
            - Égaux ou presque égaux et mobiles. .... Agabus.
            - Inégaux, un seul mobile; dernier article des palpes labiaux
              - De la longueur du précédent; corps convexe. .... Ilybius.
              - Plus court que le précédent; corps déprimé. .... Colymbetes.
      - Légèrem^t. comprimé, simplem^t. arrondi; extrémité postérieure
        - Arrondie; dernier segment de l'abdomen
          - Entier; dernier article des palpes maxillaires.
            - Plus long que le précédent. .. Acilius.
            - De la longueur du précédent.. Hydaticus.
          - Échancré à son extrémité. .... Dytiscus.
        - En pointe
          - Très-aigue; insectes de grande taille. .... Cybister.
          - Peu aigue; insectes de moyenne taille;
            - Corps ovale; élytres striées longitudinalement. .... Copelatus.
            - Corps allongé; élytres unies... Anysomera.
  - Caché; prosternum
    - Terminé postérieurement en pointe très-aigue. .... Laccophilus.
    - Terminé postérieurement en forme de spatule étroite. .... Noterus.
    - Terminé postérieurem^t. en forme de pelle très-large; dernier article des palpes maxillaires
      - Fusiforme. .... Hydrocanthus
      - Bifide. .... Suphis.

III. POELOBIUS. *Schönherr.*

DYTISCUS. *Lin. Fab. Oliv.* HYDRACHNA. *Fab.* HYGROBIA. *Latreille.*

Antennes presque moliniformes. Labre court, large, échancré au milieu. Menton trilobé, le lobe du milieu tronqué. Dernier article des palpes plus long que les autres. Prosternum arqué et arrondi à son extrémité. Ecusson tres-visible. Elytres ponctuées sans ordre. Extrémité des hanches postérieures à quatre divisions distinctes. Les trois premiers articles des tarses antérieurs et intermédiaires dilatés et garnis de brosses dans les mâles. Deux crochets mobiles à tous les tarses.

Ce genre, qui ne renferme jusqu'à présent qu'une seule espèce, a reçu trois noms différents. Fabricius lui assigna d'abord le nom d'*Hydrachna*; ce nom appartenant déjà à un insecte d'un autre ordre, M. Schönherr crut à juste titre devoir le remplacer par celui de *Pœlobius*; de son côté, et un peu plus tard, M. Latreille, ayant séparé ce genre des autres *Dytiques*, lui a assigné le nom de *Hygrobia.* Nous conservons celui qui lui a été donné par M. Schönherr.

Corps ovale, très-épais, la poitrine et l'abdomen étant très-saillants. Tête assez forte, nullement enfoncée dans le corselet comme dans les autres genres de cette famille; yeux saillants. Antennes courtes, robustes, presque moliniformes; le premier article beaucoup plus grand et plus gros que les autres, logé dans une petite cavité au-devant des yeux. Épistome largement échancré. Labre court, échancré profondément au milieu. Mandibules robustes et très-fortement bidentées à l'extrémité. Mâchoires très-aiguës. Palpes maxillaires de quatre articles courts : le premier très-petit, les deux suivants courts et larges, le dernier un peu plus long que les autres. Languette triangulaire à son extrémité; les articles des palpes labiaux sont un peu plus allongés que ceux des maxillaires. Menton trilobé; le lobe du milieu très-court et coupé carrément à son extrémité. Prosternum fortement arqué et arrondi en arrière. Le corselet très-court, transversal, à peine rétréci en avant. Écusson très-apparent; prolongement des hanches à quatre divisions, les externes seules libres. Les jambes sont munies de deux épines très-rapprochées; les trois premiers articles des tarses antérieurs et intermédiaires dilatés et garnis de brosses dans les mâles; les tarses postérieurs sont très-allongés, à peine comprimés et ciliés en dehors; deux crochets mobiles et égaux terminent toutes les pattes dans les deux sexes.

1. POELOBIUS. *Hermanni.*

Pl. 3. fig. 4

Ovalis, ferrugineus, capite inter oculos, thorace antice et postice, elytrorum disco, pectore et ano nigris.

Dyt. Hermanni. FAB. *Ent. Syst.* 1. 193.

Dyt. Hermanni. Oliv. *Ent.* III. 40. pl. 2. fig. 14.
Hydrachna. Hermanni. Fab. *Syst. Eleut.* I. 255.
Pælobius Tardus. Sch. *Syn. Ins.* II. 27.
Hygrobia Hermanni. Lat. *Reg. An.* IV. 426.
Sch. *Syn. Ins.* II. 27.

Long. 1 décim. Larg. 5 ; millim.

Ovale, ferrugineux, entièrement couvert de points enfoncés.

Tête finement ponctuée, ferrugineuse, avec deux taches noires mal limitées en dedans des yeux. Antennes, palpes et mandibules testacés.

Corselet court, transversal, deux fois aussi large que long, ferrugineux, avec les bords antérieur et postérieur noirs; tout couvert d'une ponctuation très-serrée, qui le fait paraître rugueux. Écusson ferrugineux, lisse.

Élytres ovales, allongées, très-légèrement dilatées au-delà du milieu, arrondies à leur extrémité, ferrugineuses, avec une très-grande tache noire légèrement frangée, qui occupe tout le disque; elles sont très-fortement marquées de points irréguliers et très-serrés, d'autant plus gros qu'ils sont plus voisins du centre du disque; il existe en outre quelques rudiments de lignes longitudinales élevées, qui marchent d'avant en arrière et de dehors en dedans.

Dessous du corps et pattes ferrugineux. Poitrine et extrémité de l'abdomen noires.

Cet insecte habite presque toute l'Europe, et n'est pas rare aux environs de Paris. Il se retrouve aussi en Barbarie.

IV. CYBISTER. *Curtis.*

DYTISCUS. *Auctorum.* TROGUS. *Leach.* TROCHALUS. *Eschscholtz* (1).

Antennes sétacées. Labre court, échancré au milieu. Menton trilobé, le lobe du milieu entier. Dernier article des palpes maxillaires et labiaux plus long que les autres. Prosternum droit, terminé en pointe aiguë en arrière. Elytres elliptiques, aplaties, lisses dans les mâles, souvent couvertes de petites stries irrégulières dans les femelles. Le prolongement des hanches postérieures arrondi. Les quatre premières pattes très-rapprochées. Les trois premiers articles des pattes antérieures des mâles très-fortement dilatés transversalement, formant une large palette garnie de cupules; les intermédiaires simples dans les deux sexes; les pattes postérieures très-larges, fortement comprimées; leurs tarses ciliés et terminés par un seul crochet immobile.

M. Curtis a établi ce genre aux dépens des anciens *Dytiscus*, ou, pour plus d'exactitude, a seulement changé le nom de *Trogus*, que Leach lui avait assigné dans le troi-

(1) Eschscholtz a fait une révision de la famille des *Hydrocanthares* qui se trouve dans les mains de presque tous les entomologistes, mais ce travail n'a pas été publié. C'est dans cette révision qu'il a établi le genre *Trochalus* aux dépens de l'ancien genre *Dytiscus*.

sième volume du *Zoological Miscellany*, page 70. Les insectes qui composent ce genre sont presque tous de grande taille, et se rencontrent sur toute la surface du globe ; deux seulement appartiennent à l'Europe.

Corps déprimé, elliptique, plus large en arrière. Antennes sétacées, insérées au-devant des yeux dans une petite cavité du front, le deuxième article est ordinairement plus petit que les autres. Épistome coupé carrément. Labre court, transversal, échancré et cilié au milieu. Menton trilobé ; le lobe du milieu un peu moins saillant que les autres et entier. Mandibules très-robustes et bidentées à l'extrémité. Mâchoires très-aiguës et ciliées en dedans. Palpes maxillaires internes de deux articles, le dernier très-long ; le premier article des externes le plus court ; et le dernier, le plus long, tronqué. Prosternum droit et terminé en arrière en pointe très-aiguë. Corselet très-court et transversal. Écusson très-apparent. Élytres aplaties, lisses dans les mâles, et souvent couvertes en partie ou en totalité de petites stries irrégulières dans les femelles. Prolongement des hanches postérieures court et arrondi. Les trois premiers articles des tarses antérieurs des mâles fortement dilatés transversalement et formant une palette ciliée extérieurement, dont le dessous est garni, en avant, de quatre rangées de cupules, et en arrière, de poils courts et disposés en brosses. Les tarses intermédiaires simples dans les deux sexes. Les pattes postérieures très-robustes et aplaties ; les jambes très-courtes et garnies, en dedans, de deux fortes épines ; les tarses sont aussi aplatis, ciliés en dedans, et terminés par un seul crochet immobile.

1. Cybister Rœselii.

Ovalis, postice late dilatatus, supra nitidus, olivaceo-virescens, infra lutescens; epistomo, labro, thoracis et elytrorum marginibus exterioribus luteis; abdomine femoribusque eodem colore; tibiis et tarsis obscurioribus.

Dytiscus Rœselii. Fab. *Ent. Syst.* 1. p. 186.
Dytiscus Virens. Muller. *Zool. Dan. Prod.* p. 70
Dytiscus Dispar. Rossi. *Faun. Etrus.* 1. p. 199.
Dytiscus Dissimilis. Rossi. *Mant.* 1. p. 66.
Cybister Rœselii. Curtis. *Brit. Ent.* p. 151.

Long. de 30 à 35 millim. Larg. de 16 à 18 millim.

Ovale, déprimé et dilaté au-delà du milieu, d'un vert olivâtre en dessus et jaunâtre en dessous.

Tête olivâtre, avec l'épistome et le labre jaunes.

Corselet court, transversal, olivâtre, et latéralement bordé de jaune.

Écusson de la même couleur.

Élytres luisantes dans les mâles, couvertes, dans les quatre cinquièmes antérieurs, de petites stries irrégulières dans les femelles, ovales, fortement dilatées au-delà du milieu, déprimées et marquées de trois lignes longitudinales de petits points oblongs peu enfoncés et assez espacés; elles sont verdâtres et offrent une large bande jaune qui part de l'angle huméral, et descend en côtoyant le bord jusque vers l'extrémité, qu'elle n'atteint pas; cette bande, qui diminue de largeur au fur et mesure qu'elle s'éloigne de son point d'origine, ne touche le bord externe qu'à l'angle huméral. Dessous du corps jaunâtre, ainsi que les cuisses. La poitrine et les jambes sont un peu rembrunies. Les tarses bruns.

Outre les stries longitudinales irrégulières que présentent les femelles sur leurs élytres, elles ont aussi le corselet couvert de petites impressions linéaires sinueuses, qui se réunissent entre elles et font paraître cet organe tout rugueux, excepté toutefois sur le milieu, où il est presque lisse.

Il se rencontre dans presque toute l'Europe, et se retrouve aussi en Barbarie et en Égypte.

2. Cybister Africanus.

Pl. 3. fig. 6.

Ovalis, vix postice dilatatus, supra nitidus, nigro-olivaceus, infra nigro-piceus; epistomo, labro, thoracis et elytrorum marginibus exterioribus luteis; pedibus anticis et intermediis pallidis.

Mas et femina elytris lævibus.

Cybister Africanus. Lap. *Etud. Ent.* p. 99.

Trochalus Meridionalis. Gené. *De quib. Ins. Sard.* pag. 10.

Trochalus Capensis. Dej. *Cat.* 1836. p. 60.

Long. 30 millim. Larg. 15 millim.

Ovale allongé, à peine elliptique, d'un noir olivâtre en dessus, et couleur de poix en dessous.

Tête et corselet, à très-peu de chose près, comme dans l'espèce précédente.

Élytres luisantes dans les deux sexes, ovales, à peine dilatées au-delà du milieu, plus convexes que chez le *Hæselii*, et marquées comme dans cette espèce de trois lignes longitudinales de points enfoncés; elles sont verdâtres et offrent une large bande jaune qui part de l'angle huméral et va jusqu'à l'extrémité; elle suit le bord externe, qu'elle touche dans toute sa longueur; cette bande se termine en pointe en arrière, et offre un peu avant sa terminaison un petit crochet qui regarde en avant; elle est divisée dans le sens de sa longueur par une ou deux lignes de petits points noirâtres.

Dessous du corps noir de poix, avec une tache rougeâtre en dehors des pattes intermédiaires, et trois autres de même couleur sur le bord externe des segments abdominaux.

Pattes antérieures et intermédiaires jaunâtres, les postérieures de la couleur de l'abdomen; une tache noirâtre sur les cuisses antérieures.

Cet insecte habite du sud au nord de l'Afrique, et se retrouve en Sicile et en Italie.

V. DYTISCUS. *Linné.*

DYTISCUS. *Lin. Fab. Oliv.* DYTICUS. *Geoffroy. Leach. Erichson.*

Antennes sétacées, longues. Labre large, court, échancré. Menton trilobé, le lobe du milieu bifide. Les derniers articles des palpes de même longueur. Prosternum droit, spatuliforme en arrière. Elytres ovales, elliptiques, souvent sillonnées dans les femelles. Le prolongement des hanches postérieures très-souvent terminé par une pointe. Les trois premiers articles des tarses antérieurs et intermédiaires des mâles, dilatés et garnis de cupules et de brosses. Les pattes postérieures larges, comprimées, leurs tarses ciliés et terminés par deux crochets égaux et mobiles.

Les insectes qui composent ce genre sont de grande taille et appartiennent presque tous à l'Europe; quelques-uns se rencontrent dans l'Amérique septentrionale, et quelques autres dans le nord de l'Afrique; ces derniers se retrouvent en Sicile, en Italie et dans le midi de la France.

Corps légèrement déprimé et elliptique, à peine dilaté au-delà du milieu. Antennes sétacées, insérées au-devant des yeux dans une petite cavité du front; le deuxième article plus petit que les autres. Épistome coupé carrément. Labre court, transversal, échancré et cilié au milieu. Menton trilobé, le lobe du milieu beaucoup moins saillant que les autres, et bifide. Mandibules très-robustes et bidentées à leur extrémité. Mâchoires très-aiguës et ciliées en dedans. Palpes maxillaires internes de deux articles, le dernier très-long. Les externes de quatre articles, le premier très-petit, les trois autres égaux, le dernier tronqué. Languette coupée presque carrément et ciliée. Le premier article des palpes labiaux court, les deux autres égaux, le dernier tronqué. Prosternum droit et spatuliforme en arrière. Corselet court. Écusson très-apparent. Élytres ovales, elliptiques, lisses dans les mâles, et le plus souvent sillonnées dans les femelles. Le prolongement des hanches postérieures assez saillant et très-souvent terminé en pointe. Les trois premiers articles des tarses antérieurs des mâles dilatés en palette arrondie, ciliée extérieurement, et garnie en dessous de cupules très-petites en avant, et de deux autres très-grandes en arrière, l'externe beaucoup plus grande que l'interne. Les trois premiers articles des tarses intermédiaires dans le même sexe dilatés carrément et garnis de très-petites cupules qui, par leur rapprochement, forment la brosse. Les pattes postérieures, robustes, aplaties, ciliées et terminées par deux crochets égaux et mobiles. Le dernier segment de l'abdomen échancré dans les deux sexes, mais beaucoup plus dans les femelles.

* 1. Dytiscus Latissimus.

Pl. 4. fig. 1. 2.

Supra nigro-piceus, infra ferrugineus; thoracis limbo et

vitta ad elytrorum marginem late dilatatum luteis; coxorum posticorum appendice late acuminato.
Mas : elytris lævibus. Femina : sulcatis.

Dyt. Latissimus. Lin. *Syst. Nat.* II. 665.
Fab. *Syst. Eleut.* I. p. 257.
Oliv. *Ent.* III. 40. t. 9. pl. 2. fig. 8.
Sch. *Syn. Ins.* II. p. 10.

Long. 40 millim. Larg. 25 millim.

Corps elliptique, largement dilaté un peu au-delà du milieu. Tête noirâtre, avec l'épistome et le labre jaunes, et une tache triangulaire rougeâtre entre les yeux.

Corselet court, transversal, entièrement bordé de jaune.

Écusson cordiforme, noirâtre.

Élytres un peu plus larges en avant que le corselet, et considérablement dilatées au-delà du milieu; le bord est comprimé et tranchant; elles sont noirâtres, avec une bande jaune qui suit le bord externe sans le toucher, et va se terminer en arrière, tout-à-fait à l'extrémité, et une autre bande transversale, onduleuse, de la même couleur, placée aux sept huitièmes postérieurs environ; elles sont marquées dans les mâles de trois lignes longitudinales de points enfoncés, et, dans les femelles, de dix sillons qui vont jusqu'à la bande transversale; les quatre internes sont très-étroits, les autres très-larges.

Dessous du corps brun.

Pattes ferrugineuses; le prolongement des hanches postérieures court, large et terminé en pointe.

Les femelles sont entièrement couvertes d'une ponctuation fine qui les fait paraître ternes.

Ce dytique, le plus grand du genre, habite le nord de l'Europe; il se rencontre aussi, mais très-rarement, dans l'est de la France.

2. Dytiscus dimidiatus.

Pl. 4. fig. 3. 4.

Supra nigro-olivaceus, infra rufo-testaceus; thoracis et elytrorum marginibus exterioribus late luteis; thorace antice angustissime luteo; coxorum posticorum appendice obtuso.

Mas : elytris lævibus. Femina : vix ultra medium sulcatis.

Dyt. Dimidiatus. Bergst. *Nom.* vii. p. 1.
Illiger. *Mag.* iii. p. 155.
Sturm. *Deuts. Faun.* viii. p. 14.
Curtis. *Brit. Ent.* 99.

Long. 35 millim. Larg. 28 millim.

Corps ovale, allongé, à peine elliptique, très-légèrement dilaté au-delà du milieu.

Tête noirâtre, avec l'épistome et le labre jaunes, et une tache triangulaire rougeâtre entre les yeux.

Corselet largement bordé de jaune sur les côtés, très-étroitement en avant.

Écusson noirâtre.

Élytres ovales, allongées, noirâtres, avec une bande jaune qui suit et touche le bord externe jusqu'à son extrémité, et une autre bande transversale, onduleuse, de la même couleur et peu sensible, aux sept huitièmes postérieurs environ; marquées, dans les mâles, de trois lignes de points enfoncés, et dans les femelles, de dix sillons qui vont un peu au-delà du milieu: les quatre internes plus étroits; la portion réfléchie est jaune.

Dessous du corps d'un roux testacé; toutes les pièces de la poitrine et de l'abdomen sont noirâtres à leur point de réunion.

Pattes ferrugineuses; prolongement des hanches postérieures assez long, lancéolé et obtus.

Les femelles sont, comme dans l'espèce précédente, couvertes d'une ponctuation très-fine.

Il se rencontre dans toute l'Europe.

3. Dytiscus punctulatus.

Pl. 5. fig. 1. 2.

Supra nigro-piceus, infra niger; thoracis elytrorumque marginibus lateralibus luteis; coxarum posticorum appendice rotundato.

Mas: elytris lævibus. Femina: ultra medium sulcatis.

Dytis. Punctulatus. Fab. *Syst. Eleut.* i. 259.

Dyt. Punctatus. OLIV. *Ent.* III. 41. 12. pl. 1. fig. 1. c.
Dyt. Laterali-marginalis. DE GEER. *Ins.* IV. p. 396. d.
Dyt. Porcatus. THUNBERG. *Ins. Suec.* 6. 74.
SCH. *Syn. Ins.* II. p. 13.

Long. 39 millim. Larg. 14 millim.

Corps ovale, allongé, à peine dilaté au-delà du milieu.

Tête comme dans le *Dimidiatus*.

Corselet largement bordé de jaune sur les côtés, à peine rougeâtre en avant.

Élytres noirâtres, avec une bande jaune qui suit et touche le bord externe jusqu'à l'extrémité, et une autre bande transversale, onduleuse, de la même couleur, peu sensible, et placée aux sept huitièmes postérieurs environ; marquées, dans les mâles, de trois lignes de points enfoncés bien distincts, et couvertes, surtout en arrière, d'autres petits points assez forts et très-rapprochés. Celles des femelles présentent dix sillons qui vont beaucoup au-delà du milieu; à peine si les internes sont plus étroits que les autres; la portion réfléchie est jaune en avant et en dehors, et noire en arrière et en dedans.

Dessous du corps noir, avec quelques taches rougeâtres sur le bord externe des segments abdominaux.

Pattes noirâtres; prolongement des hanches postérieures assez allongé et arrondi.

Les femelles sont aussi entièrement couvertes d'une ponctuation très-fine.

Il habite toute l'Europe.

4. Dytiscus marginalis.

Pl. 5. fig. 3. 4.

Supra nigro-olivaceus, infra pallido-testaceus; thoracis limbo et elytrorum margine luteis; coxorum posticorum appendice lanceolato vix acuto.
Mas : elytris lævibus. Femina : paulo ultra medium sulcatis.

Dyt. Marginalis. Lin. *Syst. Nat.* II. p. 665. 7. ♂.
Oliv. *Ent.* III. 40. pl. 1. fig. 1. a. d. et fig. 6. a.
Dyt. Semistriatus. Lin. *Syst. Nat.* II. p. 665. 8. ♀
Dyt. Toto-Marginalis. de Geer. *Ins.* IV. p. 391. t. 16. fig. 1. 2.
Sch. *Syn. Insect.* II. p. 11.

Long. 30 à 35 millim. Larg. 15 à 18 millim.

Ovale elliptique, un peu dilaté au-delà du milieu.

Tête comme dans les espèces précédentes.

Corselet entièrement et largement bordé de jaune.

Élytres d'un noir olivâtre, avec une bande jaune qui suit et touche le bord externe jusqu'à l'extrémité, et une autre bande transversale onduleuse de la même couleur, placée aux sept huitièmes postérieurs environ; trois lignes de points enfoncés dans les mâles, et dix sillons qui vont un peu au-delà du milieu dans les femelles; celles-ci sont entièrement couvertes d'une ponctuation très-fine, qui les fait paraître ternes; dessous du corps et pattes d'un jaune testacé; prolongement des hanches postérieures large, lancéolé et à peine aigu à l'extrémité.

Ce Dytique se rencontre dans toute l'Europe, où il est fort commun.

5. DYTISCUS PISANUS.

Pl. 6. fig. 1 2.

Supra nigro-olivaceus, infra pallide-testaceus; thoracis limbo et elytrorum margine luteis; coxorum posticorum appendice rotundato.

Mas : elytris lævibus. Femina : paulo ultra medium sulcatis.

Dytiscus Pisanus. LAP. *Etud. Ent.* p. 98.
Dytiscus Hispanus. DEJ. *Ent.* 1836. p. 60.

Long. 30 à 35 millim. Larg. 15 à 18 millim.

Ce Dytique est tellement voisin du *Marginalis*, que la plupart des entomologistes l'ont confondu avec lui; souvent même ils les ont réunis tous deux sous la même étiquette. Cette erreur est bien pardonnable quand l'on réfléchit que le seul caractère distinctif existe dans le prolongement des hanches postérieures, qui est tout-à-fait arrondi dans cette espèce, tandis qu'il est très-légèrement pointu dans le *Marginalis*.

Il habite le midi de l'Europe, où il paraît ne pas devoir être bien rare. Il se retrouve aussi dans le nord de l'Afrique, en Barbarie et en Égypte.

6. Dytiscus Conformis.

Pl. 6. fig. 3.

Supra nigro-olivaceus, infra pallide-testaceus; thoracis limbo elytrorumque margine luteis; coxorum posticorum appendice lanceolato vix acuto.
Mas et femina elytris laxibus.

Dytiscus Conformis. Kunze. *Nov. Act.* II. fas. 4. p. 58. Gyl. *Ins. Suec.* IV. 370.
Dytiscus Marginalis. Var. Gyl. *Ins. Suec.* I. p. 467.
Dytiscus Circumductus. Dej. Aud. Serv. *Faun. Franç.* p. 90 (1re édition).

Long. 30 à 35 millim. Larg. 15 à 18 millim.

Cette espèce est, quant aux mâles, entièrement semblable au *Dytiscus Marginalis*, peut-être cependant le prolongement des hanches postérieures est-il un peu plus allongé. Les femelles sont entièrement différentes de celles du *Marginalis*, elles ne sont nullement sillonnées, et ne se distinguent des mâles que par leurs pattes simples et une ponctuation très-fine qui couvre tout le corselet.

Il se rencontre dans toute l'Europe, et il n'est pas rare.

7. Dytiscus Circumcinctus.

Pl. 6. fig. 4.

Supra nigro-piceus, infra pallide-testaceus; thoracis limbo et elytrorum margine luteis; coxorum posticorum appendice lanceolato valde acuto.
Mas et femina elytris lævibus.

Dyt. Circumcinctus. Ahrens. *Nov. Act. Hal.* I. 6. 55. 7.
Sturm. *Deuts. Faun.* VIII. 21. t. 188. fig. c.

Long. 30 à 35 millim. Larg. 15 à 17 millim.

Il est très-voisin du *Dytiscus Conformis*; il en diffère par sa forme, un peu plus étroite et plus ovalaire, par la bordure jaune du corselet, qui est moins large, surtout en avant et en arrière, et enfin par le prolongement des hanches postérieures, qui est plus pointu et dont la pointe est plus allongée; du reste, il est entièrement semblable; les femelles ont également les élytres lisses et le corselet couvert d'une ponctuation très-fine

Cet insecte habite toute l'Europe, mais il est plus commun dans le nord.

8. Dytiscus Dubius.

Pl. 7. fig. 1. 2.

Supra nigro-piceus, infra pallide-testaceus ; thoracis limbo et elytrorum margine luteis ; coxorum posticorum appendice lanceolato valde acuto.

Mas : elytris lævibus. Femina : paulo ultra medium sulcatis.

Dytiscus. Dubius. Gyl. *Ins. Suec.* iv. p. 373.
Dyt. Flavocinctus. Hummel. *Essais Ent.* iii. p. 17.
Dyt. Angustatus. Stephens. *Illust. of Ent.* p. 88.
Dyt. Circumscriptus. Dej. Lacordaire. *Faun. Ent.* i, p. 300.

Long. 30 à 35 millim. Larg. 16 à 17 millim.

Entièrement semblable, quant aux mâles, au *D. Circumcinctus.*

Les femelles seules sont différentes ; leurs élytres sont sillonnées comme dans le *Marginalis*, et leur corselet est également couvert de petits points.

Il se rencontre dans toute l'Europe.

9. Dytiscus Perplexus.

Pl. 7. fig. 3. 4.

Supra nitidus, viridi-olivaceus, infra testaceo-luteus; thoracis limbo et elytrorum margine luteis; coxorum posticorum appendice lanceolato acutissimo.
Mas : elytris lævibus. Femina : ultra medium sulcatis.

Dytiscus Perplexus. Dej. Lacordaire. *Faun. Ent.* 1. p. 303.

Dytiscus Dubius. Aud. Serv. *Faun. Franç.* (1re édit.) p. 90.

Long. 28 à 32 millim. Larg. 14 à 15 millim.

Ce Dytique, très-voisin des précédents, est cependant bien différent; il est toujours relativement plus étroit, plus brillant, d'un vert plus tranché.

Son corselet est entouré d'un jaune généralement plus vif, et le bord antérieur s'avance aussi beaucoup plus sur la tête.

L'écusson est jaunâtre.

Le prolongement épineux des hanches postérieures est beaucoup plus allongé et très-aigu.

Les femelles sont couvertes d'une ponctuation très-fine, et leurs élytres sont sillonnées beaucoup au-delà du milieu.

M. Audinet-Serville a décrit, dans la première édition de la *Faune Française*, sous le nom de *Dyt. Dubius*, un individu femelle de cette espèce, dont les sillons des élytres dépassent à peine le milieu de leur longueur.

Il habite toute l'Europe.

10. Dytiscus Circumflexus.

Pl. 8. fig. 1.

Supra nitidus, viridi-olivaceus, infra testaceo-luteus; thoracis limbo et elytrorum margine luteis; coxorum posticorum appendice lanceolato acutissimo.
Mas et femina elytris lævibus.

Dyt. Circumflexus. Fab. *Syst. Eleut.* 1. p. 254.
Sturm. *Deuts. Faun.* VIII. p. 19.
Dyt. Flavo-scutellatus. Lat. *Gen. Ins.* 1. p. 331.
Dyt. Flavo-maculatus. Curtis. *Brit. Ent.* p. 99.

Long. 28 à 32 millim. Larg. de 14 à 15 millim.

Cette espèce est au *Perplexus* ce que les *D. Conformis* et *Dubius* sont aux *D. Marginalis* et *Circumcinctus*, c'est-à-dire que les mâles sont entièrement semblables aux mâles du *Perplexus*, et que la différence n'existe que dans les femelles, chez lesquelles les élytres sont lisses.

Comme son congénère, il se rencontre dans toute l'Europe.

11. Dytiscus Lapponicus

Pl. 8. fig. 2. 3.

Supra piceo-brunneus, infra luteo-testaceus; thoracis limbo latissime elytrorumque margine, cum lineolis plurimis luteis; coxorum posticorum appendice subulato acutissimo. Mas: elytris lævibus. Femina: ultra medium sulcatis.

Dytiscus Lapponicus. Gyl. *Ins. Suec.* 1. p. 468.
Germar. *Faun. Ins. Eur.* fasc. ix. t. iv.
Zetterst. *Faun. Lapp.* pars 1ᵃ. p. 207.

Long. 25 à 28 millim. Larg. 14 à 15 millim.

La tête est marquée comme dans les espèces précédentes, seulement la tache du vertex est beaucoup plus apparente.

Le corselet est entièrement et très-largement bordé de jaune.

Écusson jaunâtre.

Élytres brunâtres. Celles des mâles présentent une vingtaine de petites lignes jaunâtres, dont les internes vont se perdre tout-à-fait en arrière, dans la petite bande onduleuse transversale, et les externes n'atteignent que les trois quarts de la longueur des élytres, et viennent se réunir en dedans aux internes; celles des femelles sont sillonnées à peu près comme dans le *Dyt. Marginalis*; elles sont bordées de jaune dans les deux sexes.

Dessous du corps d'un jaune testacé, avec deux ou trois taches noirâtres de chaque côté de l'abdomen.

Pattes testacées; prolongement épineux des hanches postérieures large, lancéolé et très-aigu.

Il ne se rencontre que dans la partie la plus septentrionale de l'Europe.

12. Dytiscus Septentrionalis.

Pl. 8. fig. 4.

Supra piceo-brunneus, infra luteo-testaceus; thoracis limbo latissime elytrorumque margine cum lineolis plurimis luteis; coxorum posticorum appendice subulato acutissimo.

Mas et femina: elytris lævibus.

Dytiscus Septentrionalis. Gyl. *Ins. Suec.* IV. p. 373.
Dytiscus Lapponicus. Var. Gyl. *Ins. Suec.* I. p. 468.

Long. 25 à 28 millim. Larg. de 14 à 15 millim.

Les mâles de cette espèce sont entièrement semblables aux mâles du *D. Lapponicus*; les femelles seules sont différentes; elles ont les élytres lisses, et ne se distinguent de leurs mâles que par la simplicité des pattes antérieures et intermédiaires, et par la ponctuation très-fine qui couvre tout le corselet.

Il se rencontre dans les mêmes localités que son congénère, mais il est plus rare.

Quelques entomologistes ont avancé, et peut-être avec raison, que les femelles des *Dytiques* pouvaient présenter des élytres lisses ou sillonnées, et qu'ainsi plusieurs des espèces que nous distinguons ne sont que de simples variétés. Pour moi je ne puis encore partager leur opinion, et je ne m'y soumettrai que lorsque j'aurai vu pareille anomalie se présenter dans les autres espèces de ce genre, par exemple dans les *D. Latissimus, Dimidiatus, Punctulatus*, etc.

VI. ACILIUS. *Leach.*

ACILIUS. *Leach, Erichson.* DYTISCUS. *Linné, Fabricius, Olivier.*

Antennes sétacées. Labre court, large, profondément échancré au milieu. Menton trilobé, le lobe du milieu entier. Dernier article des palpes maxillaires un plus long que les autres. Prosternum droit, spatuliforme. Elytres aplaties, élargies en arrière, lisses dans les mâles, et quelquefois sillonnées dans les femelles. Les trois premiers articles des tarses antérieurs des mâles dilatés en palette garnie de cupules. Les pattes intermédiaires simples dans les deux sexes, les postérieures larges et comprimées, leurs tarses ciliés et terminés par deux crochets inégaux.

Ce genre, établi par Leach dans le *Zoological Miscellany*, se compose d'insectes qui habitent l'Europe et l'Amérique septentrionale; quelques-uns se rencontrent aussi dans les Antilles.

Corps déprimé, elliptique, plus large en arrière. Antennes sétacées insérées dans une petite cavité du front, le deuxième article plus court que les autres. Épistome coupé carrément. Labre court, transversal, fortement échancré et cilié au milieu; menton trilobé, le lobe du milieu très-court, arrondi et entier. Mandibules bidentées à l'extrémité. Mâchoires très-aiguës et ciliées en dedans; le premier article des palpes maxillaires très-petit, les deux suivants assez longs et égaux, le dernier un peu plus long que les autres. Languette arrondie, avec une très-légère saillie au milieu; le premier article des palpes labiaux très-court, le deuxième et le dernier allongés, le pénultième le plus long de tous. Prosternum spatuliforme. Élytres aplaties, dilatées en arrière, lisses dans les mâles, sillonnées ou présentant quelques impressions linéaires dans les femelles. Les trois premiers articles des tarses antérieurs des mâles dilatés en palette garnie de cupules; ces cupules sont ou de grandeur très-inégale, trois d'entre elles étant beaucoup plus larges que les autres (*Acilius*, Leach), ou bien elles sont presque égales (*Thermonectus*, Eschcholtz). Les pattes intermédiaires sont simples dans les deux sexes, les postérieures larges, comprimées; leurs tarses ciliés et terminés par deux crochets inégaux.

Les espèces, qui font partie de la première division, ont les élytres sillonnées dans les femelles, tandis que celles de la seconde ont, dans le même sexe, les élytres couvertes, à la région humérale, de petites impressions linéaires assez profondes; celles-ci sont toutes exotiques. M. Erichson les a fait entrer dans le genre *Hydaticus*.

1. Acilius sulcatus.

Pl. 9. fig. 1, 2.

Ellipticus supra fusco-cinereus, infra nigro-piceus; thoracis limbo vittaque transversa luteis; femoribus posticis ad basin nigricantibus.
Mas : elytris lævibus. Femina : villoso-quadri-sulcatis.

Dytiscus sulcatus. Lin. *Faun. Succ.* p. 778. ♀
Fab. *Syst. Eleut.* 1. p. 261. ♂ ♀
Oliv. *Ent.* III. p. 40. 16. t. 4. fig. 31. a. b. ♂ ♀.
Dytiscus Cinereus. Rossi. *Faun. Etrusc.* 1. p. 200. ♂.
Sch. *Syn. Ins.* II. p. 17.

Long. 16 à 18 millim. Larg. de 10 à 11 millim.

Corps elliptique, aplati, assez fortement dilaté en arrière, surtout dans les femelles.

Tête noirâtre, avec le labre, l'épistome, le devant des

yeux, un chevron, sur le front, et deux taches triangulaires sur le vertex, jaunes; antennes testacées, les derniers articles noirs à l'extrémité.

Corselet noir, entièrement bordé de jaune, avec une bande transversale sur le milieu, cette bande, dilatée à ses extrémités, est également jaune; il est court, transversal, trois fois aussi large que long, fortement échancré en avant, et légèrement sinueux en arrière; il est entièrement couvert de petits points enfoncés.

Écusson cordiforme noirâtre.

Élytres larges, elliptiques, dilatées au-delà du milieu, entièrement couvertes de très-petits points enfoncés; elles sont noirâtres, avec une multitude de très-petites taches jaunes, peu sensibles, se confondant avec le fond, de sorte qu'elles paraissent d'un brun cendré; le bord externe et une petite ligne le long de la suture, jaunes, pointillés de noir; aux trois quarts de leur longueur, une bande transversale noirâtre, obsolète.

Dessous du corps d'un brun noirâtre, avec des taches jaunes sur le côté externe des segments abdominaux; ces segments sont aussi légèrement jaunâtres sur leur bord postérieur; pattes jaunâtres, les jambes antérieures et intermédiaires rembrunies, les postérieures noires; les cuisses de derrière offrent une tache noire près de leur articulation; prolongement des hanches postérieures arrondi et jaunâtre à son extrémité.

Les femelles diffèrent des mâles par le corselet, qui présente de chaque côté une petite fossette ovalaire garnie de poils, et par les élytres, qui sont marquées de quatre larges sillons également garnis de poils grisâtres.

Cet *Acilius* se rencontre dans toute l'Europe et très-communément.

2. ACILIUS BREVIS. *Mihi.*

Pl. 9. fig. 3. 4

Elliptico-rotundatus, supra fusco-cinereus, infra nigro-piceus; thoracis limbo vittaque transversa luteis; femoribus posticis ad basin nigricantibus.

Acilius Canaliculatus. ILLIG. DEJ. *Cat.* 1836. p. 60.

Long. 15 millim. Larg. 10 ½ millim.

Cet insecte a la plus grande analogie avec le précédent; il est entièrement marqué de la même manière; les cuisses postérieures sont également tachées de noir près de leur articulation; mais sa forme générale est bien différente: il est beaucoup plus court, à peine elliptique et presque arrondi; les élytres des femelles présentent aussi quatre larges sillons garnis de poils; mais l'interne est plus court dans cette espèce que dans la précédente.

Je n'ai vu qu'une seule paire de cet *Acilius*; elle appartient à M. le comte Dejean, qui l'a nommée *Canaliculatus.* Ce nom désignant déjà depuis long-temps une autre espèce de ce genre, j'ai cru devoir assigner à celle-ci celui de *Brevis.*

Il n'a encore été trouvé qu'en Espagne.

3. Acilius canaliculatus.

Pl. 9. fig. 5. 6.

Ellipticus, supra fusco-cinereus, infra pectore nigro, abdomine pallidiore; thoracis limbo vittaque transversa luteis; femoribus posticis immaculatis.
Mas : elytris lævibus. Femina : villoso-quadri-sulcatis.

Dytiscus canaliculatus. Nicol. *Coleopt. Hall.* 29. 8.
Dytiscus Sulcipennis. Sahlb. *Ins. Fen.* p. 157.
Dytiscus Caliginosus. Curtis. *Brit. Ent.* p. 63.
Dytiscus Dispar. Ziegl. Dej. *Cat.* 1836. p. 60.

Long. 14 à 15 millim. Larg. 9 à 10 millim.

Corps elliptique, aplati, assez fortement dilaté au-delà du milieu, surtout dans les femelles.

Tête noirâtre, avec le labre, l'épistome, le front, le devant des yeux, et une tache transversale sur le vertex, jaunes; antennes testacées; les derniers articles noirs à l'extrémité.

Le corselet, l'écusson et les élytres, comme dans le *Sulcatus*. Dessous du corps d'un brun noirâtre sur la poitrine, et jaunâtre sur l'abdomen; les segments abdominaux sont légèrement rembrunis à leur point de réunion; quelquefois tout le dessous du corps est jaunâtre;

pattes jaunes, les jambes et les tarses postérieurs ferrugineux, ainsi que le prolongement des hanches.

Les femelles diffèrent des mâles par le corselet, qui est moins convexe et légèrement déprimé de chaque côté, et par les élytres, qui sont marquées de quatre sillons garnis de poils grisâtres.

Cette espèce, voisine de l'*A. Sulcatus*, en diffère essentiellement : la tête est différemment colorée, le corselet est lisse dans les deux sexes et dépourvu de poils, le dessous du corps est plus pâle, et les cuisses postérieures sont immaculées; sa forme générale est aussi différente : elle est un peu plus petite et plus elliptique.

Il habite toute l'Europe; mais il est moins commun que le *Sulcatus*.

VII. EUNECTES. *Erichson.*

DYTISCUS. *Linné. Fabricius. Olivier.* ERETES. *Laporte.* NOGRUS. *Eschsholtz. Dejean.*

Antennes sétacées. Labre court, largement échancré au milieu. Menton trilobé, les lobes externes très-courts, celui du milieu plus court encore, tronqué à son extrémité. Dernier article des palpes maxillaires beaucoup plus long que les autres. Prosternum droit, comprimé, et terminé en pointe. Élytres aplaties, élargies en arrière, lisses dans les deux sexes. Les trois premiers articles des tarses antérieurs des mâles dilatés en palette garnie de cupules. Les pattes intermédiaires simples dans les deux sexes, les postérieures larges, comprimées ; leurs tarses ciliés et terminés par deux crochets presque égaux.

Ce genre ne se compose que d'une seule espèce, qui se trouve sur toute la surface du globe; elle préfère cependant les contrées méridionales. Il a été établi par M. Erischson dans son *Genera Dyticeorum*. Presque en même temps M. de Laporte (*Ann. de la Soc. Ent.*, t. 1) l'a séparé des anciens *Dytiques*, et lui a assigné le nom d'*Eretes*. Eschscholtz, dans son travail inédit, avait déjà signalé cet insecte comme devant former un genre distinct, qu'il avait nommé *Nogrus*.

Corps déprimé, elliptique, plus large en arrière. Antennes sétacées, insérées dans une petite cavité du front, le deuxième article plus court que les autres. Épistome très-largement échancré. Labre court, transversal, échancré et cilié au milieu. Menton trilobé, les lobes externes très-courts, celui du milieu plus court encore, tronqué à son extrémité. Les trois premiers articles des palpes maxillaires très-courts, le dernier plus long que les trois autres réunis, tronqué à l'extrémité. Languette arrondie, avec une très-légère saillie au milieu; les deux premiers articles des palpes labiaux courts, le troisième beaucoup plus long et fortement renflé en dehors. Prosternum comprimé et terminé en pointe. Élytres aplaties, dilatées en arrière, lisses dans les deux sexes; les trois premiers articles des tarses antérieurs des mâles, dilatés en palette garnie de cupules, dont deux plus grandes à la base. Les pattes intermédiaires simples dans les deux sexes, les postérieures larges, aplaties; leurs tarses ciliés et terminés par deux crochets presque égaux.

EUNECTES GRISEUS (1).

Pl. 10. fig. 1.

Supra luteo-griseus, infra luteo-testaceus; vertice puncto, thorace vitta transversa, elytris tribus punctorum minorum seriebus vittaque postica transversa cum macula oblonga ad marginem, nigro-notatis.

Dytiscus Griseus. FAB. *Ent. Syst.* I. p. 191.
OLIV. *Ent.* III. 40. 20. 16. tab. 2. fig. 12.
Eretes Griseus. LAP. *Ann. de la Soc. Ent.* I. p. 397.
Nogrus griseus. DEJ. *Cat.* 1836. p. 61.
VAR. 6. *Elytris macula oblonga laterali absque vitta transversa.*
Dytiscus Sticticus. LIN. *Syst. Nat.* II. p. 666.
FAB. *Ent. Syst.* I. p. 191.
OLIV. *Ent.* III. 40. 21. 17. t. 2. fig. 11.
Eunectes Sticticus. ERICHS. *Gen. Dyt.* p. 29.
VAR. 7. *Thoracis fascia transversa lateralibus abbreviata; elytris duabus maculis ad marginem nigris absque fascia transversa.*

---

(1) Si j'ai adopte le nom de Fabricius de préference à celui de Linne, c'est que ce dernier naturaliste a fait sa description sur un individu ♀ de la var. 6; tandis que Fabricius a décrit le type de l'espèce.

Eunectes Helvolus. KLUG. *Symb. Phys.* tab. 33. fig. 3.

VAR. δ. *Thorace immaculato elytris maculis duabus ad marginem et fascia transversa nigris.*

Eunectes Succinctus. KLUG. *Symb. Phys.* t. 33. fig. 4. SCH. *Syn. Ins.* II. p. 16. 31.

Long. 13 à 15 millim. Larg. 7 à 8.

Corps elliptique, assez fortement dilaté en arrière.

Tête jaune, avec une tache noire entre les yeux, et une autre transversale de la même couleur sur le vertex; antennes testacées.

Corselet de la couleur de la tête, avec une bande transversale noire interrompue dans son milieu.

Écusson brunâtre.

Élytres elliptiques, allongées, dilatées au-delà du milieu, légèrement sinueuses en arrière, et terminées par une très-petite pointe; elles sont jaunâtres et entièrement couvertes de petits points enfoncés, noirs; en outre, on observe sur leur disque trois rangées de points noirs un peu plus forts que les autres, une bande transversale de la même couleur aux deux tiers de leur longueur, et une petite tache allongée également noire près du bord latéral, au milieu environ; cette tache est placée, chez les femelles, dans une petite fossette oblongue.

Dessous du corps et pattes testacés; prolongement des hanches postérieures arrondi à son extrémité.

Cet insecte habite toutes les parties du monde. En Europe, il préfère les contrées méridionales.

VIII. HYDATICUS. *Leach.*

HYDATICUS. *Leach. Erichson.* DYTISCUS. *Linné. Fabricius. Olivier.*

Antennes sétacees. Labre court, largement échancré au milieu. Menton trilobé, le lobe du milieu entier; dernier article des palpes maxillaires de la longueur du pénultième. Prosternum droit, spatuliforme. Elytres ovales, convexes, lisses dans les deux sexes; celles des femelles présentent cependant quelquefois de très-petites impressions irrégulières a la région humérale; les trois premiers articles des tarses antérieurs des mâles, dilatés en palette garnie de cupules; les mêmes articles des tarses intermédiaires, dans le même sexe, très-légèrement dilatés et garnis de très-petites cupules; les pattes postérieures larges et comprimées, leurs tarses ciliés et terminés par deux crochets inégaux.

C'est encore à Leach que nous sommes redevables de la création de ce genre, qui depuis lors a été adopté par tous les entomologistes. Il se compose d'insectes de moyenne taille, qui se rencontrent sur toute la surface du globe; dix espèces environ appartiennent à l'Europe.

Corps ovalaire, médiocrement convexe. Antennes sétacées, insérées dans une petite cavité du front, le deuxième article plus court que les autres. Épistome coupé carrément. Labre court, transversal, largement échancré et cilié au milieu. Menton trilobé, le lobe du milieu court et entier. Mandibules bidentées à l'extrémité. Mâchoires très-aiguës et ciliées en dedans; le premier article des palpes maxillaires très-petit, les trois suivants allongés et à peu près égaux entre eux. Languette arrondie, avec une très-légère saillie au milieu; le premier article des palpes labiaux très-court, le deuxième et le dernier allongés, le pénultième le plus long de tous. Prosternum spatuliforme. Élytres ovalaires, médiocrement convexes, lisses, dans les deux sexes; celles des femelles présentent cependant quelquefois de très-petites impressions irrégulières à la région humérale; les trois premiers articles des tarses antérieurs des mâles, dilatés en palette garnie de cupules, dont trois à la base plus grandes que les autres; les mêmes articles des tarses intermédiaires, dans le même sexe, légèrement dilatés et garnis de petites cupules disposées en lignes longitudinales. Les pattes postérieures larges, comprimées, leurs tarses ciliés et terminés par deux crochets inégaux.

Les *Hydaticus* ont la plus grande analogie avec les *Acilius*; ils en diffèrent cependant par des caractères assez importants : le dernier article des palpes maxillaires est de la même longueur que le précédent, le lobe médian du menton est moins court, et la forme générale est bien différente; au lieu d'être aplatis et elliptiques comme les *Acilius*, ils sont ovalaires et un peu convexes; mais ce qui les fait toujours reconnaître lorsque l'on possède des mâles, c'est la dilatation des tarses intermédiaires dans ce sexe, caractère qui manque dans le genre *Acilius*.

A. *Tarses intermédiaires des mâles ayant quatre rangées de cupules.* (*Hydaticus*, Leach.)

1. Hydaticus stagnalis.

Pl. 10. fig. 2.

Niger; capite et thorace antice luteis; elytrorum margine laterali cum lineolis plurimis luteis.

Dytiscus Stagnalis. Fab. *Syst. Eleut.* I. p. 265.
Panz. *Faun. Germ.* xci. p. 7.
Sch. *Syn. Ins.* ii. p. 20. 52.

Long. 14 millim. Larg. 7 ½ millim.

Corps convexe, assez régulièrement ovale.

Tête noirâtre, avec le labre, l'épistome, le front et deux petites taches sur le vertex, jaunes; antennes ferrugineuses.

Corselet d'un jaune ferrugineux, avec une large tache noire, transversale, qui occupe le bord postérieur; il est court, transversal, deux fois et demie aussi large que long.

Écusson noirâtre, lisse.

Élytres ovalaires, noirâtres, avec une bande jaune qui suit, et touche le bord externe jusqu'à l'extrémité; cette bande offre en arrière une ou deux lignes de petits points noirs; elles présentent en outre cinq ou six petites lignes longitudinales jaunâtres, et quelques petites taches irrégulières de la même couleur, placées dans les environs de l'épaule; la portion réfléchie est jaunâtre en avant, et ferrugineuse en arrière.

Dessous du corps noir, avec quelques taches ferrugineuses sur les côtés de l'abdomen; pattes antérieures et intermédiaires jaunes, les postérieures noirâtres; prolongement des hanches postérieures ferrugineux à l'extrémité.

Les femelles présentent, sur les côtés du corselet et sur les élytres, dans les environs de l'épaule, de petites lignes irrégulières, assez fortement enfoncées; du reste, elles sont semblables aux mâles.

Il se trouve en France, en Allemagne et en Suède; il est assez rare partout.

2. Hydaticus grammicus.

Pl. 10. fig. 3.

Rufo-testaceus; vertice nigro; elytris cum margine laterali vittisque plurimis luteis.

Dytiscus Grammicus. Germ. *Faun. Ins. Eur.* XIII. p. 1.
Hydaticus Grammicus. Sturm. *Deuts. Faun.* 56.
Hydaticus Lineolatus. Falderm. *Nouv. Mém. de la Soc. Imp. des Nat. de Moscou*, IV. p. 112.
Hydaticus Strigatus. Dej. *Cat.* 1836. p. 61.

Long. 11 millim. Larg. 6 millim.

Corps convexe, assez régulièrement ovale.

Tête jaunâtre, avec une bande transversale noire sur le vertex.

Corselet d'un testacé jaunâtre, couvert de très-petits points enfoncés assez écartés; il est court, transversal, deux fois et demie aussi large que long.

Écusson noirâtre, lisse.

Élytres noirâtres, avec une bande jaune qui suit et touche le bord externe jusqu'à son extrémité; cette bande offre, en arrière, une ou deux lignes de points noirs; elles présentent, en outre, trois petites lignes longitudinales jaunes, et beaucoup de petites taches irrégulières de la même couleur, placées sur le côté externe et vers la base; elles sont entièrement couvertes d'une ponctuation très-fine.

Dessous du corps et pattes d'un jaune testacé.

Les femelles présentent, sur les côtés du corselet, de très-petites lignes irrégulières assez fortement enfoncées.

Cette espèce, très-voisine de l'*H. Stagnalis*, est toujours plus petite, et entièrement jaune en dessous; le corselet est immaculé.

Il habite l'Italie et la Sardaigne. Il se rencontre aussi en Arménie.

HYDATICUS LEANDER.

Pl. 10. fig. 4.

Testaceo-ferrugineus; capitis vertice thoraceque ad basin nigris; elytris intus nigricantibus, extus flavicantibus.

Dyt. Leander. Rossi. *Faun. Etrusc.* I. 202.
Oliv. *Ent.* III. 40. 22. tab. 3. fig. 25.
Hydaticus Distinctus. Dej. *Cat.* 1836. p. 61.

Long. 10 $\frac{1}{2}$ à 11 $\frac{1}{2}$ millim. Larg. 6 à 6 $\frac{1}{2}$ millim.

Corps convexe, assez régulièrement ovale.

Tête jaunâtre, avec une bande transversale noire sur le vertex.

Corselet d'un jaune testacé, ayant au milieu du bord postérieur une tache noire transversale; il est court, deux fois et demie aussi large que long.

Écusson noirâtre, lisse.

Élytres ovales, convexes, très-légèrement déprimées en arrière, jaunâtres, couvertes de petites taches noires irrégulièrement arrondies, d'autant plus nombreuses et plus confluentes qu'elles sont plus voisines de la suture; de sorte qu'elles paraissent plus foncées au centre qu'à la circonférence; le bord externe est jaune.

Dessous du corps ferrugineux, ainsi que les pattes; les deux premières paires un peu plus pâles que les autres.

Les femelles ressemblent entièrement aux mâles, en négligeant toutefois, comme dans les espèces précédentes, les caractères tirés de la forme des pattes.

Du midi de la France et de l'Italie.

4. Hydaticus Hybneri.

Pl. 10. fig. 5.

Niger; capite et thorace antice luteo-ferrugineis; elytrorum vitta laterali flava.

Dytiscus Hybneri. Fab. *Syst. Eleut.* i. 265.
Oliv. *Ent.* iii. 40. 24. tab. 4. fig. 33.
Sch. *Syn. Ins.* ii. 19. 50.

Long. 13 à 14 millim. Larg. 7 ½ à 8 millim.

Corps convexe, assez régulièrement ovale, un peu allongé.

Tête noire, avec le labre, l'épistome, une tache sur le front, et deux autres en arrière, sur le vertex, d'un jaune ferrugineux.

Corselet noir, très-largement bordé de jaune sur les côtés et très-étroitement en avant; la portion noire suit en arrière le bord postérieur, et s'avance en s'arrondis sant en avant; souvent aussi elle envahit dans son milieu le bord antérieur, qui alors cesse d'être bordé.

Écusson noir, lisse.

Élytres ovales, allongées, noires, avec une bande longitudinale jaune qui suit et touche le bord externe jusqu'à son extrémité; souvent cette bande ne va pas jusqu'au bout des élytres; souvent aussi elle est divisée en arrière par une ou deux petites lignes de points noirs; la portion réfléchie est jaunâtre en avant et noirâtre en arrière.

Dessous du corps noir, avec quelques taches ferrugineuses sur les côtés de l'abdomen; pattes antérieures et intermédiaires ferrugineuses, les postérieures noirâtres.

Les femelles présentent, sur les côtés du corselet et sur la partie antérieure et externe des élytres, de petites lignes irrégulières assez fortement enfoncées.

Il habite toute l'Europe.

5. Hydaticus transversalis.

Pl. 10, fig. 6.

Niger; capite et thorace antice luteo-ferrugineis; elytrorum margine laterali cum vitta ad basin transversa flavis.

Dytiscus Transversalis. Fab. *Syst. Eleut.* i. 265.
Oliv. *Ent.* iii. 40. 24. tab. 3. fig. 22.
Panz. *Faun. Germ.* lxxxvi. 6.

Long. 15 millim. Larg. 7 ½ millim.

Corps convexe, assez régulièrement ovale, un peu allongé.

Tête noire, avec le labre, l'épistome, le devant des yeux, une tache sur le front et deux autres en arrière sur le vertex, d'un jaune ferrugineux; antennes ferrugineuses, brunes à l'extrémité.

Corselet noir, très-largement bordé de jaune sur les côtés et en avant; la portion noire occupe le milieu du bord postérieur, et s'avance en s'arrondissant un peu au-delà du centre.

Écusson noir, lisse.

Élytres ovales, allongées, noires, avec une bande longitudinale jaune qui suit et touche le bord externe dans toute sa longueur, et une autre transversale vers la base, également jaune, partant de la bande externe, et se terminant très-près de la suture, qu'elle ne touche pas; la bande externe, à partir de son point de jonction avec la transversale, s'élargit fortement en dedans, et est divisée en plusieurs petites lignes jaunes par d'autres lignes de points noirs.

Dessous du corps d'un ferrugineux foncé, avec quelques taches plus claires sur les côtés de l'abdomen; les quatre pattes antérieures testacées, les postérieures ferrugineuses foncées.

Les femelles présentent sur les côtés du corselet de petites lignes irrégulières, assez fortement enfoncées.

Il se rencontre dans toute l'Europe.

B. *Tarses intermédiaires des mâles ayant deux rangées de cupules.* (*Graphoderus*, Eschscholtz, Lacordaire.)

6. Hydaticus cinereus.

Pl. 11. fig. 1.

Ovatus, convexus, supra fusco-cinereus, infra luteo-testaceus; capite antice, thorace ad latera et transversim late in medio, luteis; elytris nigricantibus, flavo irroratis.

Dytiscus Cinereus. Linn. *Faun. Suec.* 771.
Fab. *Syst. Eleut.* 262.
Oliv. *Ent.* III. 40, 17. tab. 4. fig. 32. b.
Dyt. Tæniatus. Rossi. *Mant.* 1. 69.
Graphoderus Cinereus. Dej. *Cat.* 1836. 61.

Long. 14 à 15 millim. Larg. 8 à 8 ½ millim.

Corps convexe, assez régulièrement ovale, cependant un peu dilaté au-delà du milieu.

Tête jaune, avec la partie postérieure et le dedans des yeux noirs; deux taches de la même couleur en forme de V ouvert placées sur le front, l'une au-devant de l'autre; souvent ces deux taches se réunissent par leur milieu, plus souvent encore celle de devant manque tout-à-fait, surtout dans les mâles.

Corselet de la couleur de la tête, assez largement bordé de noir en avant et en arrière; ces deux bordures n'atteignent pas les bords latéraux.

Écusson cordiforme noir.

Élytres assez régulièrement ovales, très-légèrement dilatées au-delà du milieu, noirâtres, avec une bande longitudinale jaune, qui suit et touche le bord externe jusqu'à l'extrémité, et une autre ligne très-étroite de même couleur le long de la suture; le disque est entièrement couvert d'une multitude de petites taches jaunes arrondies; le mélange de ces petites taches avec la couleur du fond fait paraître les élytres d'un brun cendré; toute leur surface est couverte d'une ponctuation infiniment fine et difficilement perceptible; la portion réfléchie est jaune.

Dessous du corps et pattes jaunâtres; quelques taches légèrement assombries sur les côtés de l'abdomen.

Les femelles diffèrent à peine des mâles; la ponctuation des élytres est un peu plus forte et plus serrée, et le corselet est un peu plus rugueux.

Commun dans toute l'Europe.

7. HYDATICUS AUSTRIACUS.

Pl. 11. fig. 2.

Ovatus, convexus, supra fusco-cinereus, infra luteo-testaceus; capite antice, thorace ad latera et transversim late in medio luteis; elytris nigricantibus, flavo irroratis; maris pedibus intermediis simplicibus.

Hydaticus Austriacus. DEJ. STURM. *Deuts. Faun.* VIII. p. 46.

Graphoderus Austriacus. Dej. *Cat.* 1836. p. 61.

Long. 12 $\frac{1}{2}$ à 13 millim. Larg. 7 $\frac{1}{2}$ à 7 $\frac{3}{4}$ millim.

Il est très-voisin du *Cinereus*; il est cependant un peu plus petit et plus ovalaire; la bande transversale jaune du corselet est aussi très-légèrement plus étroite.

La tête, l'écusson, les élytres et le dessous du corps, sont absolument semblables pour la couleur.

Le caractère différentiel le plus important n'existe que chez les mâles, dont les pattes intermédiaires ne sont pas dilatées, et sont dépourvues de petites cupules; aussi est-il presque impossible de distinguer une femelle de cette espèce d'une femelle du *Cinereus*.

Il se rencontre en Autriche, et probablement aussi dans d'autres parties du nord de l'Europe.

8. Hydaticus bilineatus.

Pl. 11. fig. 3.

Ellipticus, sub-depressus, supra fusco-cinereus, infra flavescens; capite antice, thorace ad latera et transversim late in medio, luteis; elytris nigricantibus, flavo irroratis.

Dytiscus Bilineatus. de Geer. *Ins.* IV. 400. 6.
Payk. *Faun. Suec.* I. 196.

GYL. *Ins. Succ.* I. 473.
Graphoderus Bilineatus. DEJ. *Cat.* 1836. 61.

Long. 15 millim. Larg. 9 à 9 ½ millim.

Corps elliptique, légèrement déprimé en dessus, surtout sur les côtés, assez fortement dilaté au-delà du milieu.

Tête comme celle du *Cinereus.*

Corselet jaune, très-étroitement bordé de noir en avant et en arrière, de sorte que la bande transversale jaune est très-large.

Écusson noir.

Élytres elliptiques, assez fortement dilatées au-delà du milieu, déprimées en dessus et sur les côtés; les bords latéraux sont très-minces et presque tranchants; la couleur et la disposition des taches comme dans le *Cinereus.*

Dessous du corps et pattes comme dans cette dernière espèce.

Il se distingue du *Cinereus* par sa forme plus elliptique, ses élytres aplaties en dessus et sur les côtés, et par son corselet dont la bande transversale jaune est beaucoup plus large.

Du nord de l'Europe.

9. Hydaticus zonatus.

Pl. 11. fig. 4.

Ovatus, convexus, supra fusco-cinereus, infra luteo-testaceus; capite antice, thorace antice, postice, ad latera et transversim in medio, luteis; elytris nigricantibus, flavo irroratis.

Dytiscus Zonatus. Hoppe. *Enum. Ins.* 33.
Fab. *Syst. Eleut.* I. 262.
Panz. *Faun. Germ.* xxxviii. 15.
Graphoderus Zonatus. Dej. *Cat.* 1836. p. 61.

Long. 14 à 15 millim. Larg. 8 à 8 $\frac{1}{2}$ millim.

Corps convexe, assez régulièrement ovale, à peine dilaté au-delà du milieu.

Tête comme celle du *Cinereus*.

Le corselet est jaune, avec deux bandes transversales étroites, noires; l'une est placée un peu en arrière du bord antérieur, et l'autre un peu en avant du bord postérieur; ces deux bandes n'atteignent pas les bords latéraux.

Cette espèce est très-voisine de l'*H. Cinereus* par sa couleur générale, et par la disposition des taches des élytres; elle n'en diffère réellement que par sa forme, un peu plus allongée, plus convexe et moins elliptique, et surtout par la disposition des bandes transversales noires du corselet, qui laisse libres les bords antérieur et postérieur.

Les femelles diffèrent des mâles par la ponctuation un peu plus forte des élytres, et par le corselet, qui est un peu plus rugueux et offre de chaque côté des stries longitudinales onduleuses et irrégulières.

Du nord de l'Europe.

10. Hydaticus verrucifer.

Pl. 11. fig. 5. 6.

Ovalis, convexus, supra fusco-cinereus, infra luteo-testaceus; capite antice, thorace antice, postice, ad latera et transversim in medio, luteis; thoracis in disco striis minimis valde impressis, e medio divergentibus; elytris nigricantibus, flavo irroratis; pedibus in utroque sexu simplicibus.

Mas : elytris lævibus. Femina : verrucoso-rugosis.

Dytiscus Verrucifer. Sahlb. *Ins. Fen.* 159.
Gyl. *Ins. Suec.* iv. 376.
Graphoderus verrucifer. Dej. *Cat.* 1836. p. 61.

Long. 14 à 15 millim. Larg. 8 à 8 ½ millim.

Corps convexe, assez régulièrement ovale, à peine dilaté au-delà du milieu.

Tête comme celle du *Cinereus*, seulement la tache antérieure paraît plus constante; je l'ai rencontrée sur les sept individus que j'ai examinés.

Corselet jaune, avec deux bandes transversales étroites, noires; l'une placée un peu en arrière du bord antérieur; l'autre un peu en avant du bord postérieur; il est tout couvert de stries irrégulières, onduleuses, qui, au milieu, vont en s'irradiant du centre à la circonférence, et sur les côtés marchent presque longitudinalement; elles sont assez fortement enfoncées; le centre seul du corselet est lisse dans un très-petit espace arrondi.

Les élytres des mâles sont en tout semblables aux élytres du *Zonatus;* celles des femelles sont rugueuses et entièrement couvertes de petites saillies irrégulières verruqueuses, à l'exception toutefois du bord externe et de la suture, qui sont lisses.

Le dessous du corps est jaunâtre; les pattes sont de la même couleur et simples dans les deux sexes.

Il se trouve en Finlande, en Laponie et en Sibérie; mais il est très-rare.

Cette espèce et l'*Austriacus* viennent renverser le système de classification des genres basé sur la dilatation des tarses des mâles; car, en voulant être conséquent avec cette classification, il faudrait faire dans cette seule section de *Hydaticus* trois genres différents; le premier, composé des espèces dont les mâles ont les tarses antérieurs et intermédiaires dilatés; le second comprendrait seulement l'*Austriacus*, dont les tarses intermédiaires sont simples; et enfin le troisième ne contiendrait aussi qu'une seule espèce, l'*H. Verrucifer*, dont tous les tarses sont simples.

La cause de cette différence dans la forme des pattes des mâles nous a échappé jusqu'à ce jour; je crois cependant que dans le *Verrucifer* elle peut se déduire de la forme rugueuse et tuberculeuse des élytres des femelles, qui présentent au mâle plusieurs points où, à l'aide des crochets de ses tarses, il peut se maintenir immobile pendant l'acte de la reproduction, sans avoir besoin de ces petites machines pneumatiques, qui sont indispensables aux mâles dont les femelles ont les élytres lisses.

IX. COLYMBETES. *Clairville.*

DYTISCUS. *Linné. Fabricius. Olivier.*

Antennes sétacées. Labre court, large, plus ou moins profondément échancré. Menton trilobé, le lobe du milieu entier. Dernier article des palpes labiaux un peu plus court que le pénultième. Prosternum droit, comprimé en carène. Elytres ovalaires, légèrement déprimées. Les trois premiers articles des tarses antérieurs et intermédiaires des mâles garnis de très-petites cupules. Les pattes postérieures terminées par deux crochets très-inégaux, dont un seul est mobile.

Le genre *Colymbetes*, tel qu'il a été établi par Clairville dans son *Entomologie Helvétique*, renferme environ cent espèces qui ont la plus grande analogie entre elles, et dont l'étude est fort difficile ; aussi, pour la rendre moins épineuse, des entomologistes ont-ils proposé d'établir dans ce genre plusieurs nouvelles coupes génériques. Leach, dans son *Zoological Miscellany*, le divise en deux. Eschscholtz, dans son travail inédit, cherchant ses caractères dans la forme des pattes des mâles, éleva le nombre de ces divisions à six, et plus tard M. Erichson, en 1832, dans son *Genera Dyticeorum*, réduisit ces nouveaux genres à trois seulement. J'adopterai cette dernière division, parce que les caractères sur lesquels elle est basée se retrouvent dans les deux sexes.

Corps ovalaire, légèrement aplati. Antennes sétacées, le second article tantôt plus court, tantôt de même longueur que les autres. Épistome coupé carrément. Labre court, transversal, plus ou moins échancré et cilié. Menton trilobé, le lobe du milieu étroit, assez saillant et entier. Mandibules bidentées. Mâchoires très-aiguës et ciliées. Le premier article des palpes maxillaires très-petit, les deux suivants assez longs et presque égaux, le dernier un peu plus long que les autres. Languette coupée presque carrément. Le premier article des palpes labiaux très-court, le second allongé, plus long que le troisième, qui est également allongé. Prosternum droit, comprimé en carène, et terminé en pointe. Élytres ovalaires, semblables dans les deux sexes, à l'exception d'une ou deux espèces, où elles présentent, dans les femelles, de petites impressions irrégulières. Les trois premiers articles des tarses antérieurs et intermédiaires des mâles garnis de cupules très-petites ; les crochets de ces mêmes pattes, dans le même sexe, souvent inégaux. Les pattes postérieures larges, comprimées, leurs tarses ciliés et terminés par deux crochets de grandeurs très-inégales, dont un seul est mobile.

Les *Colymbetes* se rencontrent dans toutes les parties du monde. Le plus grand nombre d'entre eux sont cependant propres à l'Europe, où ils sont généralement assez communs.

A. *Les quatre premiers articles des tarses antérieurs des mâles dilatés transversalement ; les trois premiers seulement garnis de cupules.* (*Meladema*, Laporte. *Scutopterus*, Eschscholtz. *Colymbetes*, Erichson.)

1. Colymbetes coriaceus.

Pl. 12. fig. 1.

Niger, opacus, rugoso-coriaceus, fere squamatus ; capite maculis duabus ferrugineis notato.

Meladema Coriacea. Hoffmansegg. Laporte. *Etud. Ent.* 98.

Colymbetes Coriaceus. Erichson. *Gen. Dyt.* 34.

Scutopterus Coriaceus. Dej. *Cat.* 1836. 61.

Long. 20 à 22 millim. Larg. 11 à 12 millim.

Corps en ovale allongé, légèrement déprimé et à peine dilaté en arrière.

Tête noire, avec deux taches rouges sur le vertex; elle est toute couverte de petites rugosités irrégulières; palpes et antennes ferrugineux.

Corselet noir, couvert de petites rugosités analogues à celles de la tête.

Écusson cordiforme, noir, presque lisse.

Élytres ovalaires, allongées et très-légèrement dilatées en arrière, noires, entièrement couvertes de petites impressions demi-circulaires, plus profondes à la partie convexe; en avant elles sont assez bien isolées; en arrière elles sont un peu confondues; ces impressions donnent à ces organes l'aspect écailleux d'une peau de reptile; elles présentent en outre trois lignes de points enfoncés; la portion réfléchie est noire.

Dessous du corps et pattes ferrugineux; les crochets des tarses antérieurs et intermédiaires égaux dans les deux sexes.

Cet insecte habite le sud de l'Europe, et aussi le nord de l'Afrique.

2. Colymbetes pustulatus.

Pl. 12. fig. 2

Ovalis, nigro-piceus, vix æneus; labro, epistomo, macula in vertice, thoracis et elytrorum marginibus exterioribus cum pedibus rufo-ferrugineis.

Dytiscus Pustulatus. Rossi. *Mantis.* 68. 164.

Scutopterus Pustulatus. Dej. *Cat.* 1836. 61.

Long. 15 millim. Larg. 8 millim.

Corps assez régulièrement ovale, peu convexe et très-légèrement dilaté au-delà du milieu.

Tête noirâtre, avec le labre, l'épistome et une tache triangulaire sur le vertex, d'un rouge ferrugineux; palpes et antennes d'un testacé rougeâtre.

Corselet noir, avec les bords externes rougeâtres; il est tout couvert de très-petites impressions linéaires, irrégulières, très-serrées, s'entrecroisant et s'anastomosant dans tous les sens; ces impressions ne sont visibles qu'à l'aide d'une très-forte loupe, et font paraître cet organe terne. (La tête est aussi couverte d'impressions semblables.)

Écusson court, large, ferrugineux et lisse.

Élytres ovalaires, légèrement convexes, et à peine dilatées au-delà du milieu; noirâtres, avec le bord externe et la portion réfléchie d'un rouge ferrugineux; elles ont un très-léger reflet métallique; toute leur surface est couverte d'impressions comme celles qui existent sur la tête et le corselet; elles présentent en outre trois lignes longitudinales de points enfoncés.

Le dessous du corps noir; l'abdomen et les pattes ferrugineux; ces dernières plus pâles que l'abdomen; les crochets des tarses antérieurs et intermédiaires des mâles comprimés et inégaux.

B. *Les trois premiers articles des tarses antérieurs des mâles dilatés transversalement, et garnis de cupules, le quatrième comprimé.*

B*. *Crochets des tarses antérieurs et intermédiaires égaux dans les deux sexes.* (*Cymatopterus*, Eschsch., Lacordaire.)

3. Colymbetes striatus.

Pl. 12. fig. 3.

Ovalis, supra fuscus, infra niger; thorace rufescente et in medio nigricante; elytris transversim subtilissime strigosis; pedibus rufo-ferrugineis.

Dytiscus Striatus. Linn. *Syst. Nat.* i. 665 (1).
Fab. *Syst. Eleut.* i. 26?
Oliv. *Ent.* iii. 40. 18. t. 2. fig. 20.
Dyt. Fuscus. Gyl. *Ins. Suec.* i. 477.
Sch. *Syn. Ins.* ii. 15.
Cymatopterus Fuscus. Lacordaire. *Faun. Ent.* i. 309.

Long. 16 à 18 millim. Larg. 8 à 9 millim.

(1) Cet insecte a souvent été pris pour le *D. Fuscus* de Linné et *vice versa*; je crois cependant qu'en comparant les deux phrases de Linné par lesquelles il désigne cette espèce, et notre *Fuscus*, tout doute doit cesser. Voici ce que Linne dit pour son *D. Striatus*: *Elytris subtilissime transversim striatis*; et pour son *D. Fuscus* *Elytris transversim striatis.*

Corps ovale, très-légèrement allongé, peu convexe.

Tête noirâtre, avec le labre, l'épistome et deux taches sur le vertex, d'un jaune rougeâtre; elle est entièrement couverte d'une ponctuation très-fine, perceptible seulement à l'aide d'une très-forte loupe; antennes et palpes testacés.

Corselet d'un jaune roux sur les côtés et un peu en avant, et d'un brun ferrugineux au centre; il est tout couvert de très-petites stries irrégulières, assez espacées, dirigées dans tous les sens et s'anastomosant entre elles.

Écusson noirâtre, très-finement ponctué.

Élytres d'un brun clair et jaunâtres sur le bord externe et à la base, assez régulièrement ovalaires, entièrement couvertes de petites stries transversales, légèrement onduleuses, très-rapprochées et très-peu enfoncées; elles offrent en outre trois lignes de points enfoncés à peine visibles; la portion réfléchie est jaune.

Le dessous du corps est noir; les pattes sont d'un noir ferrugineux; les deux paires antérieures un peu plus claires; prolongement des hanches postérieures ferrugineux à l'extrémité.

Il est très-commun dans toute l'Europe.

Je n'ai fait dessiner au trait que l'élytre de cette seule espèce, dans la persuasion où je suis qu'il est tout aussi difficile de donner avec le pinceau qu'avec la plume la relation exacte de la profondeur des stries de chaque espèce. Ce dessin ne servira donc qu'à donner une idée de la manière dont les stries des élytres se comportent dans les *Colymbetes* de ce groupe.

4. Colymbetes dahuricus. *Mannerheim.*

Pl. 12. fig. 4.

Oblongo-ovalis, valde ultra medium ampliatus et postice attenuatus, supra fuscus, infra niger; thorace flavescente, cum fascia transversa nigra; elytris transversim subtilissime strigosis; pedibus nigris.

Long. 19 millim. Larg. 10 millim.

Corps ovale, allongé, assez fortement dilaté au milieu et atténué en arrière.

Tête comme dans le *Striatus;* antennes noires, avec les deux premiers articles et la base de tous les autres testacés; palpes noirâtres.

Corselet d'un jaune rougeâtre, avec une bande transversale noire sur le milieu, couvert ainsi que la tête d'impressions analogues à celles qui existent sur les organes correspondants du *Striatus.*

Écusson noirâtre, strié comme le corselet.

Élytres ovalaires, assez fortement dilatées dans leur milieu environ, se terminant ensuite assez brusquement en pointe très-mousse; au point où elles s'élargissent elles ont un rebord assez saillant et tranchant; elles sont pour la couleur et les stries entièrement semblables aux élytres du *Striatus;* la portion réfléchie est noire.

Dessous du corps, pattes et prolongement des hanches postérieures, d'un noir mat.

Il se trouve en Daurie.

Le seul individu de cette espèce que j'aie pu observer m'a été communiqué par M. le comte de Mannerheim.

5. Colymbetes fuscus.

Pl. 12. fig. 5.

Oblongo-ovalis, supra fusco-piceus, infra niger; thorace nigro, ad margines rufescente; elytris transversim subtile strigosis, pedibus nigris.

Dytiscus Fuscus. Lin. *Syst. Nat.* I. 665.
Fab. *Syst. Eleut.* I. 261 ?
Gyl. *Ins. Suec.* I. 476.
Sch. *Syn. Ins.* II. 15.
Cymatopterus Striatus. Dej. *Cat.* 1836. p. 61.

Long. 18 à 19 millim. Larg. 8 ½ à 9 millim.

Corps en ovale assez allongé, très-légèrement atténué en arrière.

Tête et antennes absolument comme dans le *Dahuricus*.

Corselet noir, avec les bords latéraux d'un jaune rougeâtre, couvert, ainsi que la tête, d'impressions analogues à celles qui existent sur les organes correspondants du *Striatus*.

Écusson noirâtre, strié comme le corselet.

Élytres assez régulièrement ovales, mais un peu allongées; elles sont d'un brun noirâtre, avec le bord externe et la base rougeâtres; les stries qui les couvrent sont absolument semblables à celles des élytres du *Striatus*, seulement elles sont un peu plus enfoncées; la portion réfléchie est noire.

Le dessous du corps, les pattes et le prolongement des hanches postérieures, d'un noir mat.

Il ressemble beaucoup au *Striatus*, mais il est toujours relativement plus étroit, plus foncé en couleur; ses stries sont aussi un peu plus enfoncées, et le dessous de son corps, y compris les pattes et la portion réfléchie des élytres, est d'un noir mat. Il partage ce dernier caractère avec le *Dahuricus*; mais il s'en distingue facilement par la forme relative de ses élytres, qui sont beaucoup plus étroites, et qui sont dépourvues du bord tranchant qui existe chez ce dernier.

6. Colymbetes Bogemanni.

Pl. 13. fig. 1.

Oblongo-ovalis, supra fusco-brunneus, infra niger; thorace rufescente, cum fascia transversa nigra; elytris valde transversim strigosis; pedibus pallidis.

Dytiscus Bogemanni. Gyl. *Ins. Suec.* III. 687.

Dyt. Striatus. VAR. C. GYL. *Ins. Suec.* I. 476.
Colymbetes Bogemanni. ERICHS. *Gen. Dyt.* 33.
Cymatopterus Bogemanni. DEJ. *Cat.* 1836. 61.

Long. 17 à 18 millim. Larg. 8 à 8 ½ millim.

Corps ovale, allongé, légèrement dilaté au-delà du milieu, et atténué en arrière.

Tête comme celle du *Striatus ;* antennes testacées.

Corselet d'un jaune roux, ayant une bande transversale noire sur le milieu, couvert, ainsi que la tête, d'impressions analogues à celles qui existent sur les organes correspondants du *Striatus.*

Écusson ferrugineux, strié comme le corselet.

Élytres ovalaires, un peu allongées et légèrement dilatées au-delà du milieu; elles sont brunes, jaunâtres sur le bord externe et à la base; striées comme dans le *Striatus,* mais les stries sont beaucoup plus profondes, surtout dans les femelles; la portion réfléchie est jaune.

Le dessous du corps noir; les derniers segments de l'abdomen d'un rouge ferrugineux en arrière; pattes testacées; l'extrémité du prolongement des hanches postérieures ferrugineuse.

Il habite le nord de l'Europe.

Il se distingue de tous les précédents par les stries transversales de ses élytres, qui sont très-fortement enfoncées et qui s'anastomosent moins entre elles, et par la couleur testacée des pattes.

7. Colymbetes dolabratus.

Pl. 13, fig. 2.

Oblongo-ovalis, supra fusco-brunneus, infra niger; thorace rufescente, cum fascia transversa nigra; elytris transversim mediocriter strigosis; pedibus pallidis.

Dytiscus Dolabratus. Payk. *Faun. Suec.* 1. 204.
Gyl. *Ins. Suec.* 1. 478.
Cymatopterus Dolabratus. Dej. *Cat.* 1836. 61.

Long. 15 à 16 millim. Larg. 7 ½ à 8 millim.

Corps ovale, allongé, étroit.

Cette espèce est à peine distincte du *C. Bogemanni*; elle est de la même couleur que lui, et à peu près de même forme; cependant il est toujours plus petit, relativement un peu plus étroit, nullement dilaté au-delà du milieu; les stries des élytres sont aussi moins enfoncées et plus souvent anastomosées entre elles. Du reste, il est entièrement semblable.

Il habite aussi le nord de l'Europe.

B**. *Crochets des tarses antérieurs et intermédiaires inégaux dans les mâles.* (*Rantus*, Eschsch. Lacordaire).

8. Colymbetes conspersus.

Pl. 13. fig. 3.

Ovatus, supra flavicans, infra niger; thorace in medio vitta transversa nigra; elytris crebre nigro irroratis; prosterno nigro.

Dytiscus Conspersus. Gyl. *Ins. Suec.* 1. p. 482.
Colymbetes Pulverosus. Knock. Steph. *Illust. of Ent.* t. ii. p. 69.
Rantus Notatus. Lacordaire. *Faun. Ent.* 1. 311.

Long. 11 à 12 millim. Larg. 5 $\frac{1}{2}$ à 6 millim.

Corps ovale, à peine légèrement allongé, médiocrement convexe et un peu déprimé en arrière.

Tête noire, avec le labre, l'épistome, le front et une tache transversale sur le vertex, d'un jaune pâle; elle est entièrement couverte de points infiniment petits; antennes et palpes testacés.

Corselet d'un jaune pâle, avec une tache noire transversale dans le milieu; il est court, transversal, trois fois aussi large que long, fortement échancré en avant et sinueux en arrière, où il est plus large; à peine arrondi sur les côtés, qui sont légèrement rebordés; les angles antérieurs assez saillants et aigus, les postérieurs presque droits, cependant un peu saillants en arrière; il est tout couvert de points irréguliers.

Écusson d'un noir ferrugineux.

Élytres ovalaires, légèrement dilatées au-delà du milieu, très-peu convexes et un peu déprimées en arrière; jaunâtres, entièrement couvertes de petites taches arrondies, noires, très-rapprochées les unes des autres, et les faisant paraître d'un gris verdâtre; la suture et le bord externe conservent la couleur du fond et sont jaunâtres; on observe, en outre, trois lignes de points enfoncés; chacun de ces points est placé au centre d'une petite tache arrondie, noire, un peu plus grande que celles qui sont répandues sur toute la surface, mais à peine perceptible et dans quelques individus seulement; ce n'est aussi que sur ces mêmes individus que l'on observe, aux cinq sixièmes postérieurs, une petite tache irrégulière, noirâtre, presque effacée; la portion réfléchie est jaune.

Le dessous du corps et le prosternum noirs; pattes antérieures testacées, les postérieures ferrugineuses ainsi que le prolongement des hanches.

Il est très-commun dans toute l'Europe.

9. Colymbetes notatus.

Pl. 13. fig. 4.

Ovatus, supra flavicans, infra nigricans; thorace transversim maculis nigris notato; elytris crebre nigro irroratis, cum sutura, margine tribusque lineolis in disco pallidioribus; prosterno pallido.
Mas : elytris lævibus. Femina : striolis crebris abbreviatis ad basin impressis.

Dytiscus Notatus. Fab. *Syst. Eleut.* 1. 267.
Gyl. *Ins. Suec.* 1. 483.
Dyt. Punctatus. Hoppe. *Enum. Ins.* 32.
Rantus Suturalis. Dej. Lacord. *Faun. Ent.* t. 211.

Long. 10 ½ à 11 millim. Larg. de 5 ½ à 6 millim.

Corps ovale, légèrement convexe.

Tête comme celle du *Conspersus*; antennes et palpes testacés, légèrement rembrunis à leur extrémité.

Corselet jaunâtre, avec une tache noire transversale dans son milieu, souvent accompagnée, de chaque côté, d'une autre plus petite, sombre et très-peu arrêtée; la base est également noire au-devant de l'écusson; il a la même forme que dans le *Conspersus*, et est également couvert de petits points irréguliers.

Écusson noirâtre.

Élytres assez régulièrement ovalaires, peu convexes et arrondies en arrière; jaunâtres, entièrement couvertes de petites taches arrondies, noires, très-rapprochées, et la faisant paraître d'un gris verdâtre; la suture, le bord externe et trois lignes longitudinales, conservent la couleur du fond et sont jaunâtres.

Le dessous du corps est noir, avec les segments de l'abdomen d'un jaune rougeâtre en arrière; prosternum testacé; pattes de la même couleur; prolongement des hanches postérieures ferrugineux.

Les femelles diffèrent des mâles par les élytres, qui sont couvertes en avant, dans une plus ou moins grande étendue, de très-petites stries irrégulières assez fortement enfoncées, et par la couleur de l'abdomen, qui est toujours moins foncée et quelquefois même tout-à-fait testacée.

Il se rencontre dans toute l'Europe.

10. Colymbetes notaticollis. *Mihi.*

Pl. 13. fig. 5.

Ovalis, brevior, supra flavicans, infra niger: thorace in medio transversim nigro maculato; elytris creberrime nigro irroratis, fere nigris: prosterno pallido.

Long. 9 ½ millim. Larg. 5 millim.

Corps ovale, légèrement convexe.

Tête comme celle du *Conspersus*; antennes et palpes testacés, légèrement rembrunis à leur extrémité.

Corselet jaunâtre, avec une tache transversale noire dans son milieu; il a la même forme que dans le *Conspersus*, et est également couvert de petits points irréguliers; il présente au milieu une petite strie longitudinale peu enfoncée.

Écusson cordiforme, noirâtre.

Élytres assez régulièrement ovalaires, un peu convexes et arrondies en arrière; elles sont jaunâtres, et, comme les espèces précédentes, couvertes de très-petites taches noires, mais tellement rapprochées et confondues, qu'elles les font paraître presque noires, à l'exception également de la suture et du bord externe, qui restent jaunâtres; on observe, en outre, trois lignes de points enfoncés.

Le dessous du corps est noir; pattes antérieures et prosternum testacés; les pattes postérieures ferrugineuses; le prolongement des hanches noir de poix.

Je n'ai vu qu'un seul individu (♂) de cette espèce. Je le possède dans ma collection, et je crois qu'il vient d'Allemagne; mais je n'en ai pas la certitude.

11. Colymbetes collaris.

Pl. 13. fig. 6.

Ovatus, supra et infra flavicans; thorace antice posticeque vix nigro maculato; elytris crebre nigro irroratis; prosterno pallido.

Dytiscus Collaris. Payk. *Faun. Suec.* 1. 200.
Gyll. *Ins. Suec.* 1. 485.
Dyt. Exoletus. Forst. *Nov. Sp. Ins.* 87.
Dyt. Adspersus. Panz. *Faun. Germ.* 38. 18.
Rantus Adspersus. Lacord. *Faun. Ent.* 1. 313.

Long. 10 ½ à 11 millim. Larg. 5 ½ à 6 millim.

Corps ovale, un peu allongé et médiocrement convexe.

Tête comme celle du *Conspersus*, mais la couleur jaune y domine davantage; l'on en aurait une meilleure idée en le considérant comme jaune avec le vertex noir, et un chaperon très-étroit de la même couleur au-dessus du front; les antennes et les palpes sont testacés et très-légèrement rembrunis à leur extrémité.

Corselet jaune, avec les bords antérieur et postérieur très-étroitement noirs dans le milieu; souvent même il est entièrement jaune; pour le reste, comme dans les espèces précédentes.

Écusson cordiforme, ferrugineux.

Élytres ovales, très-légèrement allongées, de la même couleur, et maculées de la même manière que dans le *Conspersus*, à l'exception toutefois de la tache noirâtre placée à l'extrémité des élytres, qui n'existe pas dans cette espèce.

Dessous du corps, prosternum et pattes, d'un jaune testacé.

Il est très-commun dans toute l'Europe.

12. COLYMBETES ADSPERSUS.

Pl. 14. fig. 1.

Ovalis, brevior, supra flavicans, infra nigricans; thorace antice et postice transversim nigro maculato; elytris crebre nigro irroratis; prosterno pallido.

Dytiscus Adspersus. FAB. *Syst. Eleut.* 1. 267.
GYL. *Ins. Suec.* 1. 486.
STURM. *Deuts. Faun.* 80. t. 8.
Rantus Agilis. LACORDAIRE. *Faun. Ent.* 1. 312.

Long. 9 à 9 ½ millim. Larg. 5 ¾ à 6 millim.

Corps ovale, raccourci, et médiocrement convexe.

Tête comme celle du *Conspersus*; antennes testacées, avec les derniers articles à peine rembrunis à l'extrémité; palpes de la même couleur.

Corselet jaune, avec les bords antérieur et postérieur noirs dans le milieu; il a la même forme que dans le *Conspersus*, et est également couvert de petits points irréguliers.

Écusson ferrugineux.

Élytres ovales, relativement plus larges, plus courtes et plus largement arrondies en arrière que dans les espèces précédentes, de la même couleur et maculées de la même manière.

Le dessous du corps est noir, avec l'extrémité et les bords latéraux de tous les segments de l'abdomen, y compris le segment anal, testacés; prosternum de la même couleur; le sternum et le prolongement des hanches d'un testacé ferrugineux.

Il habite toute l'Europe.

13. Colymbetes agilis.

Pl. 14. fig. 2.

Oblongo-ovalis, supra flavicans, infra niger; thorace antice et postice transversim nigro maculato; elytris crebre nigro irroratis; prosterno pallido.

Dytiscus Agilis. Fab. *Syst. Eleut.* 1. 266.
Payk. *Faun. Suec.* 1. 199.
Gyll. *Ins. Suec.* 1. 484.

Long. 10 à 10 ½ millim. Larg. 5 ½ à 6 millim.

Corps ovale, un peu allongé et médiocrement convexe.

Tête, antennes, palpes et corselet, absolument semblables aux parties correspondantes du *C. Adspersus*.

Écusson d'un noir ferrugineux.

Élytres un peu plus allongées que dans l'*Adspersus*, mais de la même couleur, et maculées de la même manière.

Dessous du corps noir, avec les trois derniers segments de l'abdomen légèrement ferrugineux en arrière; prosternum et pattes testacés; prolongement des hanches postérieures testacé à l'extrémité.

Cette espèce, très-voisine de la précédente, en diffère cependant essentiellement; sa forme est beaucoup plus allongée, et le dessous de son corps est entièrement noir, avec les avant-derniers segments de l'abdomen seulement très-légèrement ferrugineux en arrière, tandis que dans l'*Adspersus* tous les segments de l'abdomen sont très-largement testacés en arrière et sur les côtés.

Ces six dernières espèces ont la plus grande analogie, et sont à peine différentes. L'on peut résumer ainsi l'analyse de leurs caractères différentiels les plus saillants :

Colymbetes Conspersus. Une tache sur le disque du corselet; le dessous du corps ainsi que le prosternum noirs.

Colymbetes Notaticollis. Une tache sur le disque du corselet; le dessous du corps noir; prosternum pâle.

Colymbetes Notatus. Une ou plusieurs taches sur le disque du corselet; le dessous du corps noir, avec les segments de l'abdomen testacés en arrière et sur les côtés; prosternum pâle.

Colymbetes Collaris. Pas de taches sur le disque du corselet; dessous du corps entièrement jaune.

Colymbetes Adspersus. Pas de taches sur le disque du corselet; le dessous du corps noir, avec tous les segments de l'abdomen testacés en arrière et sur les côtés; prosternum pâle.

Colymbetes Agilis. Pas de tache sur le disque du corselet; le dessous du corps noir, avec les trois avant-derniers segments de l'abdomen ferrugineux en arrière; prosternum pâle.

C. *Les trois premiers articles des tarses antérieurs des mâles comprimés, et garnis de cupules.* (*Colymbetes*, Esch.-Lacordaire.)

14. Colymbetes Grapii.

Pl. 14. fig. 3.

Oblongo-ovalis, subdepressus, nigro-opacus, subtilissime punctulatus; capite antice et in vertice rufo-ferrugineo; thoracis angulis posticis acute productis.

Dytiscus Grapii. Gyl. *Ins. Suec.* I. 505.
Germ. *Faun. Ins. Eur. Fas.* VI. t. IV.
Dytiscus Niger. Illig. *Mag.* I. 73. ?
Colymbetes Niger. Lacord. *Faun. Ent.* I. 314.

Long. 12 millim. Larg. 6 millim.

Corps ovale, assez allongé et très-légèrement déprimé, d'un noir mat, et entièrement couvert d'une ponctuation très-fine.

Tête noire, avec le labre, la partie antérieure de l'épistome et une tache transversale sur le vertex, d'un rouge ferrugineux; antennes et palpes ferrugineux.

Corselet noir, avec les bords latéraux très-étroitement et vaguement ferrugineux; il est court, transversal, largement échancré en avant, fortement sinueux en arrière, et légèrement arrondi sur les côtés; les angles antérieurs assez saillants et aigus, les postérieurs prolongés en arrière et aigus; près du bord antérieur quelques points placés dans un sillon très-peu prononcé; de chaque côté, près des bords latéraux, une impression assez profonde abrégée en avant et en arrière; sur le disque et au milieu une strie longitudinale peu sensible.

Ecusson cordiforme, noir.

Élytres en ovale assez allongé, à peine dilatées au milieu, assez largement arrondies en arrière et très-peu convexes; elles offrent trois lignes de points enfoncés; la portion réfléchie est d'un noir brillant.

Le dessous du corps est noir, avec la partie postérieure des segments de l'abdomen très-légèrement ferrugineuse; les pattes antérieures et intermédiaires ferrugineuses, les postérieures presque noires.

Il se rencontre dans toute l'Europe; mais il est assez rare partout.

X. ILYBIUS. *Erichson.*

DYTISCUS. *Linné. Fabricius. Olivier.* COLYMBETES. *Clairville.*

Antennes sétacées. Labre court, large, échancré et cilié au milieu. Menton trilobé, le lobe du milieu entier. Dernier article des palpes labiaux de la longueur du pénultième. Prosternum droit, comprimé en carène. Élytres ovalaires, assez fortement convexes. Les trois premiers articles des tarses antérieurs des mâles garnis de très-petites cupules. Les pattes postérieures terminées par deux crochets peu inégaux, dont un seul est mobile.

M. Erichson a séparé ce genre des anciens *Colymbetes*, et à très-juste titre; car les insectes qui le composent ont, en outre, des caractères que nous avons signalés, un faciès tout particulier qui les fait reconnaître à la simple vue; ils sont toujours relativement plus allongés, et surtout beaucoup plus convexes; du reste, ils ont le même genre de vie.

Corps en ovale allongé, atténué en arrière et fortement convexe. Antennes sétacées, le deuxième article, à très-peu de chose près, aussi long que les autres. Épistome coupé carrément. Labre court, transversal, assez fortement échancré au milieu et cilié. Menton trilobé, le lobe du milieu court, arrondi et entier. Mandibules bidentées.

Mâchoires très-aiguës et ciliées. Le premier article des palpes maxillaires très-petit, les deux suivants assez longs et presque égaux, le dernier un peu plus long que les autres. Languette coupée presque carrément. Le premier article des palpes labiaux très-court, le second et le troisième à peu près de la même longueur, le troisième cependant un peu plus long. Prosternum droit comprimé en carène et terminé en pointe. Élytres ovalaires, atténuées en arrière, très-convexes et semblables dans les deux sexes. Les trois premiers articles des tarses des pattes antérieures et intermédiaires à peine dilatés et garnis de très-petites cupules dans les mâles; les crochets de ces mêmes pattes égaux dans les deux sexes. Les pattes postérieures larges et comprimées, leurs tarses ciliés et terminés par deux crochets peu inégaux, dont un seul est mobile. Le dernier segment de l'abdomen présente à son extrémité une ligne longitudinale saillante en carène; il est assez fortement échancré dans les femelles.

Les insectes de ce genre habitent toute l'Europe; l'on en rencontre aussi quelques espèces dans l'Amérique du Nord.

1. Ilybius ater.

Pl. 14. fig. 4.

Oblongo-ovatus, convexus, posterius vix oblique attenuatus, niger; elytris lineis duabus rufo-ferrugineis, fenestratis.

Dytiscus Ater. de Geer. *Ins.* iv. 401.

Fab. *Syst. Eleut.* I. 264.
Dytiscus Fenestratus. Payk. *Faun. Suec.* I. 207.
Oliv. *Ent.* III. 40. 23. t. 3. fig. 27. a.
Dytiscus Obscurus. Marsch. *Ent. Brit.* I. 414
Ilybius Ater. Erichs. *Gen. Dyt.* 34.
Sch. *Syn. Ins.* II. 19.

Long. 13 à 14 millim. Larg. 7 à 7 ½ millim.

Corps en ovale allongé, atténué en arrière, assez fortement convexe, d'un noir mat.

Tête noire, avec le labre et la partie antérieure de l'épistome d'un ferrugineux très-sombre; elle est entièrement couverte de petits points irréguliers; antennes et palpes ferrugineux.

Corselet noir, avec les bords latéraux très-étroitement et très-vaguement ferrugineux; il est tout couvert de petites lignes irrégulières, très-serrées, s'entrecroisant et s'anastomosant dans tous les sens, et présente, en outre, vers les bords antérieur et postérieur, quelques points épars; il est court, transversal, largement échancré en avant, très-légèrement sinueux en arrière, où il est plus large, à peine arrondi sur les côtés; les angles antérieurs assez saillants et aigus, les postérieurs presque droits et émoussés.

Écusson court, large, noir.

Élytres assez régulièrement ovalaires, atténuées à peine obliquement en arrière, très-convexes; elles sont noires, avec le bord externe très-vaguement et très-étroitement ferrugineux et présentent deux petites taches linéaires également ferrugineuses, l'une placée près du bord externe, et l'autre presqu'à l'extrémité; celle-ci est dirigée un peu obliquement; elles sont entièrement couvertes de petites impressions analogues à celles du corselet, et offrent, en outre, trois lignes de points enfoncés à peine visibles, et quelques poils rares le long du bord externe, près de l'extrémité; la portion réfléchie est ferrugineuse en avant, noirâtre en arrière.

Le dessous du corps et les pattes d'un ferrugineux plus ou moins noir.

Il habite toute l'Europe.

2. Ilybius quadriguttatus.

Pl. 14. fig. 5.

Oblongo-ovatus, convexus, posterius vix oblique attenuatus, niger; elytris lineola maculaque minima rotundata rufo-ferrugineis, fenestratis.

Colymbetes Quadriguttatus. Dej. Lacord. *Faun. Ent.* t. 1. 316.

Dytiscus Fenestratus. Var. c. Gyl. *Ins. Suec.* 1. 498.

Long. 11 à 11 ½ millim. Larg. 6 à 6 ¼ millim.

Il est entièrement de la même forme que l'*Ater*, mais

beaucoup plus petit; il est aussi d'un noir mat, et marqué d'impressions analogues.

Sa tête est noire, avec le labre, la partie antérieure de l'épistome, et quelquefois aussi le vertex, d'un ferrugineux très-sombre; palpes et antennes ferrugineux.

Corselet comme dans l'*Ater*, mais entièrement noir, sans bordure ferrugineuse.

Élytres également noires, sans bordure ferrugineuse, marquées d'une petite tache linéaire, d'un roux ferrugineux, placée près du bord externe, et d'une autre petite arrondie, de la même couleur, tout-à-fait en arrière, près de l'extrémité; elles présentent aussi trois lignes de points enfoncés peu visibles, et quelques poils rares le long du bord externe; la portion réfléchie est noire, à peine ferrugineuse en avant.

Le dessous du corps et les pattes noirs, plus ou moins ferrugineux; il ne se distingue réellement du précédent que par sa taille moindre, sa couleur entièrement noire, et par la petite tache postérieure des élytres, qui est arrondie.

Il se rencontre dans toute l'Europe.

5. Ilybius fenestratus.

Pl. 14. fig. 6.

Oblongo-ovatus, convexus, posterius oblique attenuatus, piceo-aeneus; elytris lineola maculaque irregulari obsoletissima rufo-ferrugineis, fenestratis.

Dytiscus Fenestratus. Fab. *Syst. Eleut.* 1. 264.

OLIV. *Ent.* III. 40. 23. t. 3. fig. 27. b.
Dytiscus Æneus. PANZ. *Faun. Germ.* XXXVIII. fig. 16.
Ilybius Fenestratus. ERICHS. *Gen. Dyt.* 34.
SCH. *Syn. Ins.* II. 18.

Long. 11 ½ à 12 millim. Larg. 5 ½ à 6 ¼ millim.

Corps en ovale allongé, légèrement dilaté au-delà du milieu, atténué en arrière et assez fortement convexe; sa couleur varie du brun de poix presque noir au brun-châtain ; il a toujours un assez joli reflet métallique et est marqué d'impressions semblables à celles qui existent chez les espèces précédentes.

Tête noirâtre, avec le labre, la partie antérieure de l'épistome et le vertex d'un rouge ferrugineux; souvent même elle est presque entièrement de cette dernière couleur; palpes et antennes ferrugineux.

Corselet semblable, pour la forme, au corselet du *Quadriguttatus*, noirâtre, avec les bords latéraux, et souvent aussi le bord postérieur, plus ou moins ferrugineux; quelques points existent près des bords antérieur et postérieur.

Écusson noirâtre.

Élytres assez régulièrement ovalaires, cependant un peu dilatées au-delà du milieu, et atténuées obliquement en arrière et assez fortement convexes; elles sont noirâtres, avec les bords latéraux plus ou moins ferrugineux, et présentent une petite tache linéaire d'un roux ferrugineux, placée près du bord externe, et une autre irrégulièrement arrondie tout-à-fait en arrière ; cette dernière est à peine visible, et souvent même disparaît complétement; elles offrent aussi trois lignes de points enfoncés et quelques poils assez serrés le long du bord externe; la portion réfléchie est ferrugineuse.

Le dessous du corps varie aussi du brun de poix presque noir au ferrugineux presque roux; les pattes sont de la même couleur, les antérieures toujours un peu plus pâles que les postérieures.

Il se trouve dans toute l'Europe, où il est fort commun.

Cet insecte se distingue du précédent par sa forme, qui est relativement un peu plus ramassée et un peu plus convexe, par sa couleur, qui n'est jamais entièrement noire, et qui offre un assez joli reflet métallique; ses élytres sont aussi un peu plus dilatées au-delà du milieu, et atténuées plus obliquement en arrière.

4. Ilybius Prescotti.

Pl. 15. fig. 1.

Oblongo-ovatus, convexus, posterius oblique attenuatus, castaneo-piceus, æneo-micans; elytris lineola maculaque irregulari rufis, fenestratis.

Colymbetes Prescotti. Mannerh. *Essais Ent.* Hum. t. 1. n° 1. p. 21.

Long. 11 ½ à 12 millim. Larg. 5 ¾ à 6 millim.

Cet insecte a absolument la même forme et le même genre de coloration que le *Fenestratus;* seulement il est un peu plus roux.

Sa tête est entièrement d'un roux ferrugineux.

Son corselet est légèrement brunâtre, assez vaguement et assez largement entouré de roux, surtout sur les côtés et en arrière.

Écusson rougeâtre.

Élytres brunâtres, avec les bords latéraux assez largement ferrugineux; elles offrent les mêmes taches que le *Fenestratus;* seulement celle de derrière est plus grande et toujours plus apparente.

Le dessous du corps et les pattes d'un roux assez pâle.

Il se trouve en Russie, aux environs de Saint-Pétersbourg, d'où il m'a été communiqué par M. le comte de Mannerheim.

A peine si cette espèce est distincte de la précédente; elle n'en diffère que par sa couleur beaucoup plus pâle, et par la petite tache postérieure, qui est un peu plus grande, plus pâle et toujours très-visible. Malgré cette différence, en apparence assez grande, je crois que cette espèce n'est qu'une simple variété du *Fenestratus;* mais comme je n'ai à ma disposition que deux individus, je ne puis décider cette question d'une manière absolue.

5. Ilybius guttiger.

Pl. 15. fig. 2.

Oblongo-ovatus, minor, convexus, posterius rotundatim

attenuatus, niger; elytris lineola maculaque ovali rufo-ferrugineis, fenestratis.

Dytiscus Guttiger. Gyl. *Ins. Suec.* I. 499.
Sahlberg. *Ins. Fen.* 163.
Ilybius Guttiger. Erichs. *Gen. Dyt.* 35.

Long. 9 ½ à 10 millim. Larg. 5 à 5 ¼ millim.

Corps en ovale, assez fortement allongé, atténué en arrière, et un peu moins convexe que les espèces précédentes; il est entièrement noir, sans reflet métallique, et imprimé comme ses congénères.

Tête noire, avec le labre, la partie antérieure de l'épistome et deux taches bien distinctes sur le vertex, d'un rouge ferrugineux; palpes et antennes ferrugineux.

Corselet entièrement noir, de même forme et ponctué de la même manière que dans les précédents.

Écusson noir.

Élytres assez régulièrement ovalaires, atténuées en arrière en s'arrondissant, et médiocrement convexes; elles présentent une petite tache linéaire ferrugineuse près du bord externe, et une autre un peu ovalaire, placée obliquement tout-à-fait en arrière, près de l'extrémité; elles offrent, en outre, trois lignes de points à peine enfoncés et très-peu visibles; la portion réfléchie est d'un noir ferrugineux.

Le dessous du corps et les pattes également ferrugineux; les pattes sont cependant un peu moins foncées.

Il habite le nord de l'Europe.

Il y a quelque analogie de forme et de couleur avec le *Quadriguttatus;* mais il est toujours plus petit, moins convexe, et relativement plus étroit.

6. Ilybius angustior.

Pl. 15. fig. 3.

Oblongo-ovatus, minor, convexus, posterius rotundatim attenuatus, nigro-æneus; elytris aut unimaculatis, aut immaculatis.

Dytiscus Angustior. Gyl. *Ins. Suec.* 1. 500.
Sahlberg. *Ins. Fen.* 164.
Ilybius Guttiger. Var. Erichs. *Gen. Dyt.* 35.

Long. 8 ½ à 9 millim. Larg. 4 ½ à 4 ¾ millim.

Il est tout-à-fait de même forme que le *Guttiger*, mais un peu plus petit et relativement plus étroit; il est également noir, mais offre un reflet métallique.

La tête est marquée de la même manière; les antennes ont les cinq ou six derniers articles noirâtres à l'extrémité; les palpes ont aussi le dernier article presque entièrement noirâtre.

Les élytres ont aussi la même forme, mais elles n'offrent

qu'une seule petite tache, celle qui est près du bord externe; encore souvent disparaît-elle entièrement.

Cette espèce est à peine distincte de l'*Il. Guttiger*; peut-être même n'en est-ce qu'une simple variété!

Il habite le nord de l'Europe.

7. Ilybius fuliginosus.

Pl. 15. fig. 4.

Oblongo-ovalis, minus convexus, posterius rotundatim attenuatus, castaneo-piceus, vix æneo-micans; elytrorum margine exteriori late flava.

Dytiscus Fuliginosus. Fab. *Eleut. Syst.* I. 263.
Panz. *Faun. Germ.* xxxviii. fig. 14.
Dytiscus Lacustris. Fab. *Syst. Eleut.* I. 264.
Ilybius Fuliginosus. Erichs. *Gen. Dyt.* 35.
Sch. *Syn. Ins.* II. 17.

Long. 11 à 12 millim. Larg. 5 ½ à 6 millim.

Corps en ovale assez fortement allongé, atténué en arrière et médiocrement convexe; il est brun foncé, avec un très-léger reflet métallique, et, comme les précédents, marqué de petites impressions analogues, mais plus serrées et plus fines.

Tête brunâtre, avec le labre, l'épistome, le front et

deux taches sur le vertex, d'un rouge ferrugineux ; palpes et antennes ferrugineux.

Corselet brunâtre, avec les bords latéraux assez largement mais vaguement ferrugineux ; quelques points enfoncés près des bords antérieur et postérieur.

Écusson rougeâtre.

Élytres assez régulièrement ovalaires, atténuées en arrière en s'arrondissant, médiocrement convexes ; elles sont brunâtres, avec une bande jaunâtre, assez large, qui suit et touche le bord externe dans toute son étendue ; cette bande est moins large en avant qu'en arrière, où elle est souvent divisée en deux. Elles présentent aussi trois lignes de points enfoncés à peine perceptibles, et quelques poils le long du bord externe ; la portion réfléchie est jaunâtre.

Le dessous du corps et les pattes sont d'un rouge ferrugineux plus ou moins foncé.

Il se rencontre dans toute l'Europe ; il est très-commun partout.

8. Ilybius meridionalis.

Pl. 15. fig. 5.

Oblongo-ovalis, minus convexus, posterius rotundatim attenuatus, piceus, vix æneo-micans. Elytris ad marginem vix anguste ferrugineis.

Colymbetes Meridionalis. Dej. *Cat.* 1836. p. 62.

Long. 11 à 12 millim. Larg. 6 à 6 $\frac{1}{4}$ millim.

Corps en ovale, assez fortement allongé, atténué en arrière et médiocrement convexe; il est d'un brun de poix, avec un très-léger reflet métallique, et couvert de petites impressions comme dans le précédent.

Tête noirâtre, avec le labre, la partie antérieure de l'épistome et deux taches sur le vertex, d'un rouge ferrugineux; antennes et palpes ferrugineux.

Corselet noirâtre, avec les bords latéraux très-étroitement et vaguement ferrugineux; quelques points enfoncés près des bords antérieur et postérieur.

Écusson noirâtre.

Élytres assez régulièrement ovalaires, atténuées en arrière en s'arrondissant et médiocrement convexes; elles sont d'un brun noirâtre, avec les bords latéraux très-étroitement ferrugineux; elles présentent trois lignes de points enfoncés à peine perceptibles; la portion réfléchie est ferrugineuse; le dessous du corps d'un brun ferrugineux; les pattes rougeâtres.

Il se trouve dans le midi de la France, en Italie et en Sardaigne, d'où je l'ai reçu de M. le professeur Gené, de Turin.

Il a quelque analogie avec le *Fuliginosus*; il a la même forme que lui, mais il est un peu moins étroit. Il en diffère encore par sa couleur plus foncée, moins métallique, et l'absence de la large bande jaunâtre qui existe sur le bord externe des élytres du *Fuliginosus*.

XI. AGABUS. *Leach.*

DYTISCUS. *Linné. Fabricius. Olivier.* COLYMBETES. *Clairville.*

Antennes sétacées. Labre court, large, échancré et cilié au milieu. Menton trilobé, le lobe du milieu entier. Dernier article des palpes labiaux aussi long que le précédent. Prosternum droit, comprimé en carène. Élytres ovalaires, plus ou moins convexes, souvent même déprimées. Les trois premiers articles des tarses antérieurs et intermédiaires du mâle comprimés et garnis de petites cupules. Les pattes postérieures terminées par deux crochets égaux et mobiles, leurs jambes ciliées en dessus et en dessous dans les mâles, en dessus seulement dans les femelles.

C'est à Leach que nous devons la création de ce genre; seulement il l'a établi sur une seule espèce dont les antennes sont dilatées dans les mâles (*Agabus serricornis*, Payk). M. Erichson a compris dans ce genre tous les anciens *Colymbetes* de Clairville, qui réunissent les caractères que nous avons signalés plus haut. Ces insectes ont absolument la même manière de vivre que les *Colymbetes* et les *Ilybius*.

Corps ovale, plus ou moins allongé, plus ou moins convexe. Antennes sétacées, le deuxième article de la longueur des autres. Épistome coupé carrément. Labre court, transversal, largement échancré et cilié au milieu. Menton trilobé, le lobe du milieu court, arrondi et entier. Mandibules bidentées. Mâchoires très-aiguës et ciliées. Le premier article des palpes maxillaires très-petit, les deux suivants assez longs et égaux, le dernier plus long que les autres. Languette coupée presque carrément. Le premier article des palpes labiaux très-court, le second et le troisième à peu près de la même longueur, le troisième cependant un peu plus long. Prosternum droit, comprimé en carène, et terminé en pointe. Élytres ovalaires, semblables dans les deux sexes. Les trois premiers articles des tarses antérieurs et intermédiaires à peine dilatés et garnis de cupules dans les mâles, largement dilatés cependant dans l'*Agabus oblongus;* les crochets de ces mêmes pattes égaux dans les deux sexes. Une ou deux espèces s'écartent de cette règle, et ont les crochets antérieurs et intermédiaires très-inégaux dans les mâles. Les pattes postérieures larges et comprimées; leurs tarses ciliés et terminés par deux crochets égaux et mobiles.

Les *Agabus* se rencontrent pour la plupart en Europe et dans le nord de l'Afrique; quelques espèces cependant appartiennent à l'Amérique.

A. *Antennes des mâles dilatées à l'extrémité et dentées en scie.* (*Agabus*, Leach.)

1. AGABUS SERRICORNIS.

Pl. 16. fig. 1.

Oblongo-ovatus, convexus, postice oblique attenuatus, nigro-piceus, vix æneo-micans ; thoracis et elytrorum marginibus obscure pallidioribus.
Mas. : antennis extrorsum dilatatis, serratis. Femina : statura minima, antennis setaceis.

Dytiscus Serricornis. PAYK. *Faun. Suec.* III. add. 433.
GYL. *Ins. Suec.* I. 500.
Agabus Paykullii. LEACH. *Zool. Misc.* III. 72.

Long. 9 à 11 millim. Larg. 5 à 6 millim.

Corps ovale, à peine atténué en arrière et fortement convexe.

Tête noirâtre, avec le labre, la partie antérieure de l'épistome et deux taches sur le vertex, d'un rouge ferrugineux; elle est couverte de très-petits points irréguliers ; palpes et antennes ferrugineux; les antennes des mâles ont les quatre derniers articles largement dilatés, concaves en dedans, convexes en dehors, et présentant la forme d'une cuillère allongée et pointue dont les bords seraient dentés en scie.

Corselet d'un noir de poix légèrement bronzé, avec les bords latéraux assez largement mais très-vaguement ferrugineux; il est tout couvert de petits points irréguliers, et présente, en outre, quelques points un peu plus forts tout le long du bord antérieur, et de chaque côté du bord postérieur.

Écusson court, large, noirâtre.

Élytres assez régulièrement ovalaires, atténuées un peu obliquement en arrière, assez fortement convexes; elles sont de la couleur du corselet, et ont comme lui les bords latéraux assez largement, mais très-vaguement ferrugineux; entièrement couvertes de très-petits points irréguliers, présentant, en outre, trois lignes de points enfoncés peu visibles, et quelques poils rares le long du bord externe, près de l'extrémité; la portion réfléchie est ferrugineuse.

Dessous du corps et pattes d'un noir plus ou moins ferrugineux.

Il habite le nord de l'Europe, la Suède, la Laponie et la Finlande.

B. *Antennes filiformes dans les deux sexes.* (*Agabus*, Erichs. *Colymbetes*, Leach.)

B*. *Les trois premiers articles des tarses antérieurs et intermédiaires des mâles dilatés transversalement.* (*Liopterus*, Esch.-Dej.)

2. AGABUS OBLONGUS.

Pl. 16. fig. 2.

Elongato-ovatus, minus convexus, postice valde attenuatus, acuminatus, subtile punctulatus, rufo-ferrugineus; occipite, pectore abdomineque nigris.

Dytiscus Oblongus. ILLIGER. *Mag.* 1. 72.
GYL. *Ins. Suec.* 1. 494.
Rantus Oblongus. LACORD. *Faun. Ent.* 310.
Liopterus Oblongus. DEJ. *Cat.* 1836. 62.
Agabus Oblongus. ERICHS. *Gen. Dyt.* 38.

Long. 7 $\frac{1}{2}$ millim. Larg. 3 $\frac{1}{2}$ millim.

Corps ovale, très-allongé, fortement atténué en arrière et très-médiocrement convexe.

Tête d'un brun rougeâtre, avec la partie postérieure noire transversalement; elle est entièrement couverte de petits points enfoncés assez sensibles; palpes et antennes testacés.

Corselet de la couleur de la tête, et, comme elle, couvert de petits points enfoncés; il présente, en outre, quelques points un peu plus forts tout le long du bord antérieur.

Écusson ferrugineux et lisse.

Élytres ovalaires, très-allongées, fortement atténuées en arrière et terminées en pointes; elles sont de la couleur de la tête et du corselet, et comme eux entièrement couvertes de points analogues; elles offrent, en outre, quatre à cinq lignes de points enfoncés un peu plus forts; la portion réfléchie un peu plus pâle.

Le dessous du corps est noir, avec les segments de l'abdomen plus ou moins ferrugineux en arrière; pattes testacées; les trois premiers articles des tarses antérieurs et intermédiaires des mâles dilatés transversalement.

Il est très-commun, et se rencontre dans toute l'Europe.

B**. *Les trois premiers articles des tarses antérieurs et intermédiaires des mâles comprimés.* (*Colymbetes.* Esch. Lacordaire.)

3. AGABUS ARCTICUS.

Pl. 16. fig. 3.

Oblongo-ovalis, depressiusculus, reticulato-strigosus,

supra flavicans, infra niger; thorace antice et postice fasciis nigricantibus; elytris confertissime et creberrime nigro-irroratis, ad basin et margines pallidis.

Dytiscus Arcticus. PAYK. *Faun. Suec.* I. 201.
GYLL. *Ins. Suec.* I. 492.
Agabus Arcticus. ERICHS. *Gen. Dyt.* 38.

Long. 7 à 7 ½ millim. Larg. 3 ½ à 3 ¾ millim.

Corps ovale, un peu allongé et très-peu convexe.

Tête noire, avec le labre, l'épistome, le front et deux taches sur le vertex d'un jaune rougeâtre; elle est entièrement couverte de petites impressions linéaires, irrégulières, très-serrées, s'entrecroisant et s'anastomosant dans tous les sens. Antennes et palpes testacés, noirâtres à l'extrémité.

Corselet jaunâtre, avec les bords antérieur et postérieur noirs au milieu, couvert d'impressions comme celles de la tête, mais plus fortes et plus enfoncées; les côtés, légèrement arrondis en arrière, se redressent en avant vers les angles antérieurs, qui sont très-aigus; cette disposition des bords latéraux n'existe d'une manière bien sensible que chez les femelles.

Écusson court, large, noirâtre et lisse.

Élytres ovalaires, à peine atténuées en arrière et peu convexes, jaunâtres et couvertes de petites taches noirâtres irrégulières, tellement rapprochées les unes des autres et tellement confondues, que l'on ne peut souvent apercevoir la couleur du fond ; le bord externe et la base conservent la couleur primitive et sont jaunâtres ; elles sont entièrement couvertes d'impressions analogues à celles du corselet ; la portion réfléchie est jaunâtre.

Dessous du corps noir, avec les segments abdominaux plus ou moins ferrugineux en arrière. Pattes testacées.

Cet insecte habite les parties les plus septentrionales de l'Europe.

4. Agabus fuscipennis.

Pl. 16. fig. 4.

Ovatus, convexus, postice rotundatim attenuatus, fuscus; thoracis et elytrorum marginibus pallidioribus; elytris valde ante medium dilatatis, postice depressiusculis.

Dytiscus Fuscipennis. Payk. *Faun. Succ.* 1. 209.
Dytiscus Fossarum. Germar. *Nov. Ins. Sp.* 29.
Agabus Fuscipennis. Erichs. *Gen. Dyt.* 37.

Long. 9 $\frac{1}{2}$ à 10 millim. Larg. 5 $\frac{1}{2}$ à 5 $\frac{3}{4}$ millim.

Corps ovale, court, assez fortement convexe en avant et légèrement déprimé en arrière.

Tête noirâtre, avec le labre, l'épistome et deux taches sur le vertex d'un rouge ferrugineux ; elle est couverte de points irréguliers à peine perceptibles ; antennes et palpes testacés.

Corselet d'un brun noirâtre, avec les bords latéraux assez largement ferrugineux ; le bord antérieur est aussi ferrugineux, mais très-étroitement ; il est tout couvert de points analogues à ceux de la tête, mais un peu plus sentis, et présente, en outre, quelques points un peu plus forts le long du bord antérieur.

Écusson court, large, ferrugineux et lisse.

Élytres ovalaires, très-sensiblement dilatées en deçà du milieu, atténuées en arrière en s'arrondissant, assez fortement convexes en avant, et déprimées en arrière; elles sont de la couleur du corselet, avec les bords latéraux assez largement mais très-vaguement plus clairs, couvertes de points plus fins encore que ceux de la tête ; elles présentent, en outre, trois lignes de points très-petits et peu visibles ; la portion réfléchie est testacée.

Le dessous du corps est d'un noir de poix, avec les segments de l'abdomen plus ou moins ferrugineux en arrière.

Il habite le nord de l'Europe.

Il ressemble un peu à la femelle du *Serricornis* ; mais il s'en distingue par sa couleur moins noire et plus brillante, et surtout par la forme de ses élytres, qui sont fortement dilatées en deçà du milieu, tandis que dans le *Serricornis* elles sont assez régulièrement ovalaires.

5. Agabus uliginosus.

Pl. 16. fig. 5.

Ovatus, convexus, postice vix attenuatus, nigro-piceus, ni-

tidus, subtile strigoso-subpunctulatus; thoracis et elytrorum marginibus, antennis pedibusque rufo-ferrugineis.

Dytiscus Uliginosus. LINN. *Faun. Suec.* 776.
FAB. *Syst. Eleut.* I. 266.
GYL. *Ins. Suec.* I. 512.
Agabus Uliginosus. ERICHS. *Gen. Dyt.* 37.
SCH. *Syn. Ins.* II. 23.

Long. 7 millim. Larg. 4 millim.

Corps ovale, convexe, à peine atténué en arrière.

Tête noirâtre, avec le labre, l'épistome et deux taches sur le vertex d'un rouge ferrugineux; elle est couverte d'une ponctuation très-fine; palpes et antennes testacés; les derniers articles de ces dernières souvent rembrunis à leur extrémité.

Corselet d'un noir de poix brillant, avec les bords latéraux d'un rouge ferrugineux; il est tout couvert de petits points irréguliers, et offre, en outre, quelques points un peu plus forts le long des bords antérieur et postérieur; les côtés sont légèrement arrondis et assez largement rebordés.

Écusson court, large, noirâtre, très-finement pointillé.

Élytres assez régulièrement ovalaires, à peine atténuées en arrière, où elles sont arrondies, assez fortement convexes, de la couleur du corselet et également brillantes, avec les bords latéraux vaguement ferrugineux; elles sont ponctuées comme le corselet, et présentent, en outre, trois lignes irrégulières de points enfoncés assez forts, et quelques points semblables vers l'extrémité.

Le dessous du corps est noir, avec les segments de l'abdomen plus ou moins ferrugineux en arrière; les pattes et le prolongement des hanches postérieures ferrugineux.

Du nord de l'Europe.

6. Agabus reichei. *Mihi.*

Pl. 16. fig. 6.

Ovatus, maxime convexus, postice vix attenuatus, subtile strigoso-subpunctatus; thoracis et elytrorum marginibus, antennis pedibusque rufo-ferrugineis.

Long. 7 ½ millim. Larg. 4 ¼ millim.

Corps ovale, très-convexe, très-légèrement dilaté au delà du milieu, et à peine atténué en arrière.

Tête et corselet comme dans l'*Uliginosus;* seulement ils sont un peu plus convexes; les antennes sont aussi rembrunies à l'extrémité de leurs derniers articles.

Élytres assez régulièrement ovalaires, cependant un peu dilatées au delà du milieu, à peine atténuées en arrière, où elles sont arrondies, très-fortement convexes, surtout en avant, et assez brusquement abaissées en arrière; du reste, pour la couleur et la ponctuation, elles sont tout-à-fait semblables à celles de l'*Uliginosus*.

Le dessous du corps est assez noir, avec les segments de l'abdomen ferrugineux en arrière; les pattes sont aussi ferrugineuses. Il a la plus grande analogie avec l'*Uliginosus*; cependant il en diffère essentiellement par sa forme, qui est beaucoup plus convexe, et par la légère dilatation qu'on observe un peu au-delà du milieu des élytres.

Je n'ai vu que deux individus de cette espèce; ils appartenaient à M. Reiche, qui a bien voulu m'en sacrifier un.

J'ignore sa patrie, qui est cependant bien certainement l'Europe. Il pourrait bien avoir été pris aux environs de Lille, où M. Reiche a considérablement récolté d'*Hydrocanthares*.

7. Agabus assimilis.

Pl. 17. fig. 1.

Ovatus, minus convexus, fere depressus, postice nullo modo attenuatus, rotundatus, nigro-piceus, nitidus, subtile strigoso-subpunctatus; thoracis et elytrorum marginibus, antennis pedibusque rufo-ferrugineis.

Colymbetes Assimilis. Sturm. *Deuts. Faun.* 112. CXCVI fig. c. c.

Long. 6 ½ millim. Larg. 4 millim.

Corps ovalaire, nullement atténué en arrière, où il est largement arrondi ; très-peu convexe, et presque déprimé.

Tête semblable à celle de l'*Uliginosus*. Les antennes sont aussi rembrunies à l'extrémité de leurs derniers articles.

Corselet un peu plus court que dans l'*Uliginosus*, plus carrément échancré en avant et moins convexe. Quant à la couleur et à la ponctuation, elles sont tout-à-fait semblables dans ces deux espèces.

Élytres assez régulièrement ovalaires, nullement atténuées en arrière, où elles sont largement arrondies, très-peu convexes et presque déprimées ; elles sont de la couleur du corselet, et ponctuées à peu près de la même manière ; elles présentent en outre trois lignes irrégulières de petits points enfoncés, très-peu marqués, et quelques points semblables vers l'extrémité.

Dessous du corps et pattes comme dans l'*Uliginosus*. Cet insecte ressemble beaucoup à l'*Uliginosus* ; mais il s'en éloigne par sa forme générale, qui est beaucoup moins convexe et nullement atténuée en arrière ; la ponctuation des élytres est aussi un peu plus profonde ; les points qui forment les lignes longitudinales sont beaucoup plus petits et moins enfoncés ; et ceux qui sont à l'extrémité se confondent presque avec ceux qui couvrent toute la surface.

Il habite l'Allemagne.

8. Agabus femoralis.

Pl. 17. fig. 2.

Ovatus, minus convexus, postice non attenuatus, nigro-piceus, paulo æneo-micans, vix levissime strigosus, punctulatus; thoracis et elytrorum marginibus, antennis pedibusque rufo-ferrugineis.

Dytiscus Femoralis. Payk. *Faun. Suec.* i. 215.
Gyl. *Ins. Suec.* i. 513.
Colymbetes Femoralis. Lacord. *Faun. Ent.* i. 321.
Agabus Femoralis. Erichs. *Gen. Dyt.* 37.
Sch. *Syn. Ins.* ii. 22.

Long. 6 à 6 $\frac{1}{2}$ millim. Larg. 3 à 3 $\frac{1}{2}$ millim.

Corps ovale, nullement atténué en arrière, où il est arrondi.

Tête et corselet semblables aux parties correspondantes de l'*Uliginosus*; la couleur seulement est un peu plus métallique; les antennes ont les derniers articles rembrunis à l'extrémité; le dernier article des palpes est aussi rembruni à son sommet.

Élytres assez régulièrement ovalaires, arrondies en arrière et médiocrement convexes; elles sont de la couleur du corselet, quelquefois un peu plus pâles, et ont aussi un très-léger reflet métallique; les bords latéraux sont, comme dans les espèces précédentes, très-vaguement ferrugineux; elles sont entièrement couvertes de points analogues à ceux du corselet, mais un peu plus forts et mieux sentis; les trois lignes de points et les points de l'extrémité comme dans l'*Uliginosus*.

Le dessous du corps également comme dans l'*Uliginosus*; les pattes antérieures jaunâtres, les postérieures ferrugineuses.

Cette espèce est la plus petite du genre; elle tient le milieu, pour la convexité, entre l'*Uliginosus* et l'*Assimilis*: les points qui couvrent les élytres sont moins irréguliers et un peu plus isolés que dans les espèces précédentes. Au reste, ces quatre dernières espèces sont très-voisines les unes des autres et diffèrent à peine entre elles.

9. Agabus congener.

Pl. 17. fig. 3.

Oblongo-ovalis, vix convexus, postice depressiusculus, subtilissime punctulato-substrigosus, niger; elytris fusco-nigris, marginibus pallidioribus; pedibus ferrugineis, femoribus posticis nigris, anticis nigris maculatis.

Dytiscus Congener. Payk. *Faun. Suec.* I. 214.
Gyl. *Ins. Suec.* I. 509.
Agabus Congener. Erichs. *Gen. Dyt.* 57.
Sch. *Syn. Ins.* II. 22.

Long. 7 $\frac{1}{2}$ à 8 millim. Larg. 4 $\frac{1}{4}$ à 4 $\frac{1}{2}$ millim.

Corps ovale, un peu allongé, très-médiocrement convexe, et légèrement déprimé en arrière.

Tête noire, avec le labre jaunâtre et deux taches ferrugineuses sur le vertex, entièrement couverte de points très-fins et irréguliers. Palpes et antennes testacés, rembrunis à l'extrémité.

Corselet noir, avec les bords latéraux à peine ferrugineux, couvert d'impressions linéaires très-serrées, s'entrecroisant et s'anastomosant dans tous les sens; il présente, en outre, quelques points enfoncés tout le long du bord antérieur et de chaque côté du bord postérieur.

Écusson court, noirâtre, très-finement pointillé, presque lisse.

Élytres assez régulièrement ovalaires, un peu allongées, très-médiocrement convexes, et déprimées en arrière, d'un brun plus ou moins noir, toujours plus claires que le corselet, avec les bords latéraux et les épaules plus pâles; elles sont couvertes d'impressions analogues à celles du corselet, mais plus ou moins fortement imprimées; il existe, en outre, trois lignes de points enfoncés; la portion réfléchie est testacée.

Le dessous du corps noir, avec les segments de l'abdomen ferrugineux en arrière; les pattes testacées, les cuisses postérieures noires; celles de devant présentent une tache noirâtre à leur base.

Il habite le nord de l'Europe, où il est assez commun.

10. Agabus Sturmii.

Pl. 17. fig. 4.

Ovalis, vix convexus, postice depressiusculus, subtile substrigosus, niger, opacus; elytris fuscis, marginibus pallidioribus; thoracis margine cum antennis et pedibus rufo-ferrugineis.

Dytiscus Sturmii. Gyl. *in* Sch. *Syn. Ins.* II. 18. (note).
Gyl. *Ins. Suec.* I. 493.
Colymbetes Sturmii. Lacord. *Faun. Ent.* I. 320.
Agabus Sturmii. Erichs. *Gen. Dyt.* 37.

Long. 8 ½ à 9 millim. Larg. 4 ¾ à 5 millim.

Cet insecte a la plus grande analogie avec le précédent; il a à peu près la même forme; cependant il est un peu plus grand et proportionnellement plus large. Le corselet et les élytres sont, comme dans le *Congener*, couverts d'impressions linéaires, serrées, dirigées dans tous les sens et s'anastomosant entre elles, mais relativement plus enfoncées et plus écartées; son corselet est toujours beaucoup plus largement bordé de ferrugineux; les élytres sont généralement plus pâles, et aussi plus largement bordées.

Cet insecte se trouve dans presque toute l'Europe; il préfère cependant les contrées septentrionales.

Tête noire, avec le labre, la partie antérieure de l'épistome et deux taches sur le vertex, d'un ferrugineux rougeâtre, entièrement couverte de petites impressions linéaires dirigées dans tous les sens et à peine perceptibles; antennes et palpes testacés, quelquefois rembrunis à l'extrémité.

Corselet ayant les bords latéraux étroitement et très-vaguement ferrugineux; il est tout couvert d'impressions analogues à celles de la tête, et présente quelques points tout le long du bord antérieur et de chaque côté du bord postérieur.

Écusson noirâtre, très-finement chagriné.

Élytres ovalaires, larges et déprimées, ayant les bords latéraux très-étroitement et très-vaguement ferrugineux; elles sont couvertes d'impressions analogues à celles de la tête et du corselet, et très-légèrement plus senties; on observe, en outre, sur le disque trois lignes longitudinales de points enfoncés, et une autre sur le côté près du bord externe; la portion réfléchie est ferrugineuse.

Dessous du corps noir, avec les segments abdominaux plus ou moins ferrugineux en arrière; les pattes ferrugineuses, celles de devant plus pâles.

Il se rencontre assez communément dans toute l'Europe.

12. Agabus maculatus.

Pl. 18. fig. 1.

Ovatus, supra niger, subtilissime reticulato-strigosus; tho-

race late in medio transversim luteo; elytris fascia transversa ad basin, cum lineis longitudinalibus irregularibus pallidis, ornatis.

Dytiscus Maculatus. LIN. *Syst. Nat.* 2. 666.
OLIV. *Ent.* III. 40. 27. t. 2. fig. 16.
FAB. *Syst. Eleut.* I. 266.
Colymbetes Maculatus. LACORD. *Faun. Ent.* I. 318.
Agabus Maculatus. ERICHSON. *Gen. Dyt.* 37.
SCH. *Syn. Ins.* II. 21.

Long. 8 à 9 millim. Larg. 4 ½ à 5 millim.

Corps ovale, court, largement arrondi en arrière et assez convexe.

Tête noirâtre, avec le labre, l'épistome, le front et deux taches arrondies sur le vertex, d'un rouge ferrugineux; elle est couverte de petites impressions très-serrées qui la font paraître chagrinée; antennes et palpes testacés.

Corselet noirâtre, avec une large bande transversale au milieu d'un jaune rougeâtre; cette bande se dilate de chaque côté et occupe tout le bord latéral; il est couvert d'impressions analogues à celles de la tête; les côtés sont très-légèrement arrondis; les angles antérieurs aigus, les postérieurs un peu prolongés en arrière et très-légèrement aigus.

Écusson court, large et noirâtre.

Élytres ovalaires, assez largement arrondies en arrière, noirâtres, avec une bande transversale à la base, qui, partant de l'épaule, descend un peu obliquement en dedans sans atteindre la suture, et deux ou trois autres bandes longitudinales irrégulières plus ou moins interrompues ; toutes ces bandes, ainsi que le bord externe dans toute son étendue, et la portion réfléchie, sont jaunâtres ; elles sont couvertes d'impressions analogues à celles de la tête et du corselet, mais plus fortement imprimées, surtout en arrière, et principalement chez les femelles ; on observe, en outre, trois lignes longitudinales de points enfoncés à peine visibles.

Dessous du corps et pattes rougeâtres.

La disposition des taches des élytres varie beaucoup ; quelquefois même elles disparaissent presque entièrement : les élytres sont alors presque entièrement noires.

Cet insecte se rencontre dans presque toute l'Europe ; il préfère les eaux courantes.

13. Agabus sinuatus. *Victor de M.*

Pl. 18. fig. 2.

Ovatus, depressus, supra niger, confertissime punctatus ; thoracis lateribus anguste ferrugineis ; elytris ad basin macula magna et ad latera linea longitudinali irregulari postice abbreviata, luteo-ornatis.

Long. 9 millim. Larg. 4 $\frac{3}{4}$ millim.

Corps ovale, très-légèrement atténué en arrière, et un peu déprimé.

Tête noire, avec le labre, l'épistome et deux taches sur le vertex, d'un rouge ferrugineux, entièrement couverte de points assez fortement enfoncés et de grosseur inégale ; palpes et antennes ferrugineux.

Corselet noirâtre, avec les bords latéraux ferrugineux, couvert de points analogues à ceux de la tête, mais un peu plus gros et plus enfoncés.

Écusson cordiforme, noirâtre et lisse.

Élytres assez régulièrement ovalaires, faiblement atténuées en arrière et légèrement déprimées ; elles sont noirâtres, avec une large tache irrégulièrement triangulaire à la base d'un jaune rougeâtre, et une bande irrégulièrement onduleuse le long du bord externe, qu'elle ne touche qu'en avant, un peu interrompue en arrière, et aussi d'un jaune rougeâtre ; elles sont couvertes de points entièrement semblables à ceux du corselet, et présentent, en outre, trois lignes longitudinales de points enfoncés un peu plus forts, mais peu visibles ; la portion réfléchie est ferrugineuse.

Le dessous du corps ferrugineux et fortement ponctué ; pattes de la même couleur, mais un peu plus pâles.

Cet insecte a été trouvé en Arménie par M. Victor de M., qui a bien voulu me sacrifier le seul individu qu'il possédait.

14. Agabus abbreviatus.

Pl. 18. fig. 3.

Oblongo-ovatus, nigro-æneus; capite rufo; elytrorum ad basin vitta undulata abbreviata, ad latera macula oblonga, et versus apicem altera rotundata, his omnibus rufo-luteis.

Dytiscus Abbreviatus. Fab. *Syst. Ent.* i. 193.
Oliv. *Ent.* iii. 40. 26. tab. 4. fig. 38.
Colymbetes Abbreviatus. Lacord. *Faun. Ent.* i. 319.
Agabus Abbreviatus. Erichs. *Gen. Dyt.* 37.

Long. 8 millim. Larg. 4 $\frac{1}{4}$ millim.

Corps ovale, assez convexe.

Tête rougeâtre, avec la partie postérieure et une tache noirâtre sur le vertex; antennes et palpes testacés, légèrement rembrunis à leur extrémité.

Corselet noirâtre, avec les bords latéraux assez largement mais vaguement ferrugineux.

Écusson court, large et noirâtre.

Élytres ovales, très-peu allongées et assez convexes, d'un brun noirâtre légèrement bronzé, avec une bande transversale onduleuse près de la base, une autre irrégulière, souvent divisée en deux, vers le milieu de leur longueur; ces deux taches sont souvent réunies par une petite bande longitudinale placée très-près du bord externe, qu'elle ne touche pas; enfin tout-à-fait en arrière existe encore une très-petite tache arrondie; toutes ces taches sont d'un jaune rougeâtre; elles présentent, en outre, trois ou quatre lignes longitudinales de points enfoncés; la portion réfléchie est ferrugineuse.

Dessous du corps et pattes rougeâtres.

Il se trouve dans toute l'Europe.

15. Agabus Didymus.

Pl. 18. fig. 4.

Oblongo-ovatus, nigro-æneus; elytris lævibus, tribus punctorum seriebus simplicibus impressis, macula laterali didyma, cum altera rotundata ad apicem luteo-ornatis.

Dytiscus Didymus. Oliv. *Ent.* III. 40. 26. tab. 4. fig. 37.
Dytiscus Vitreus. Payk. *Faun. Suec.* I. 219.
Dytiscus Abbreviatus. Var. Illig. Col. Bor. I. 265.
Colymbetes Didymus. Lacord. *Faun. Ent.* I. 319.
Agabus Didymus. Erichs. *Gen. Dyt.* 57.

Long. 8 millim. Larg. 4 $\frac{1}{4}$ millim.

Corps ovale, assez convexe.

Tête noire, avec le labre et deux taches sur le vertex d'un rouge ferrugineux; antennes et palpes testacés, à peine rembrunis à l'extrémité.

Corselet noirâtre, avec les bords latéraux assez étroitement ferrugineux.

Écusson cordiforme, d'un brun rougeâtre.

Élytres ovales, peu allongées et assez convexes; elles sont d'un brun-noirâtre légèrement bronzé, avec le bord externe très-vaguement ferrugineux dans ses trois quarts antérieurs; un peu au delà du milieu, près du bord externe, une tache d'un jaune pâle, étranglée dans son milieu et souvent divisée en deux; tout-à-fait en arrière existe une autre petite tache de même couleur et arrondie; elles présentent, en outre, trois ou quatre lignes longitudinales de points enfoncés; la portion réfléchie est ferrugineuse.

Le dessous du corps noirâtre, avec l'extrémité des segments de l'abdomen ferrugineuse; les pattes antérieures et intermédiaires sont rougeâtres, avec une tache noirâtre sur les quatre cuisses, et une autre sur les jambes intermédiaires; les pattes postérieures sont noirâtres, avec les trochanters et l'extrémité des cuisses rougeâtres.

Il habite presque toute l'Europe, et préfère cependant les contrées méridionales.

16. Agabus brunneus.

Pl. 18. fig. 5.

Ovatus, supra pallido-castaneus, nitidus, infra nigro-ferrugineus; pedibus anticis rufo-ferrugineis, posticis ferrugineo-nigris.

Dytiscus Brunneus. Fab. *Syst. Eleut.* i. 256.
Dyt. Castaneus. Gyl. *in* Sch. *Syn. Ins.* ii. 21 (note).
Colymbetes Brunneus. Lacord. *Faun. Ent.* i. 320.
Agabus Brunneus. Erichs. *Gen. Dyt.* 37.

Long. 8 à 9 millim. Larg. $4\frac{3}{4}$ à $5\frac{1}{4}$ millim.

Corps ovale, court, largement arrondi en arrière et assez convexe.

Tête d'un rouge-ferrugineux clair, avec une tache noirâtre arrondie sur le vertex; antennes et palpes testacés.

Corselet de la couleur de la tête.

Écusson cordiforme, brunâtre.

Élytres ovalaires, largement arrondies en arrière et assez convexes, d'un brun-rougeâtre plus ou moins foncé, toujours plus claires à la base, le long de la suture et du bord externe; elles sont lisses et marquées de trois lignes longitudinales de points enfoncés assez sensibles; la portion réfléchie est jaunâtre.

Dessous du corps et pattes postérieures d'un noir ferrugineux; les pattes antérieures et intermédiaires d'un ferrugineux rougeâtre, avec une tache noirâtre sur les cuisses.

Il habite les contrées méridionales de l'Europe et le nord de l'Afrique.

17. Agabus paludosus.

Pl. 18. fig. 6.

Ovalis, vix convexus, posterius depressiusculus et rotundatus, niger, nitidus; thoracis marginibus, antennis et pedibus rufo-ferrugineis; elytris fuscis, ad basin et marginem pallidioribus.

Dytiscus Paludosus. Fab. *Syst. Eleut.* I. 266.
Gyl. *Ins. Suec.* I. 510.
Colymbetes Paludosus. Lacord. *Faun. Ent.* I. 321.
Agabus Paludosus. Erichs. *Gen. Dyt.* 37.
Sch. *Syn. Ins.* II. 22.

Long. 6 ¾ à 7 ½ millim. Larg. 4 à 4 ¼ millim.

Corps ovale, un peu allongé, assez largement arrondi en arrière et peu convexe.

Tête noirâtre, avec le labre, l'épistome et deux taches

sur le vertex, d'un rouge ferrugineux ; antennes et palpes ferrugineux ; corselet lisse, noir, brillant, avec les bords latéraux assez largement mais vaguement ferrugineux.

Écusson cordiforme, brunâtre.

Élytres ovalaires, un peu allongées, assez largement arrondies en arrière et peu convexes, d'un brun plus ou moins foncé, toujours plus claires à la base, le long de la suture et du bord externe ; elles sont lisses et marquées de trois lignes longitudinales de points enfoncés, bien isolées en avant et confondues en arrière ; la portion réfléchie est d'un jaune rougeâtre.

Dessous du corps et pattes postérieures noirâtres ; les pattes antérieures et intermédiaires rougeâtres, avec une tache noirâtre sur les cuisses ; la partie postérieure des segments abdominaux et du prolongement des hanches postérieures ferrugineuse.

Il se rencontre dans toute l'Europe.

18. Agabus bipunctatus.

Pl. 19. fig. 1.

Ovatus, supra flavicans, infra nigro-piceus ; thoracis in disco duabus maculis rotundatis nigris ; elytris punctis plurimis sparsis nigro variegatis.

Dytiscus Bipunctatus. Fab. *Mantis*, 190.
Oliv. *Ent.* III. 40. 22. tab. 2. fig. 15.

Dytiscus Nebulosus. Forster. *Nov. Spec. Ins.* 56.
Colymbetes Nebulosus. Steph. *Illust. of Brit. Ent.* II. p. 72.
Agabus Bipunctatus. Erichs. *Gen. Dyt.* 37.
Sch. *Syn. Ins.* II. 18.

Long. 9 millim. Larg. 5 millim.

Corps ovale, arrondi en arrière et médiocrement convexe.

Tête noire, avec le labre, l'épistome et deux taches sur le vertex, d'un jaune rougeâtre, très-finement réticulée; antennes et palpes testacés.

Corselet jaunâtre, avec le bord antérieur légèrement rembruni, et deux taches arrondies noires placées transversalement sur le milieu du disque; il est très-finement réticulé, plus sensiblement chez les femelles.

Écusson cordiforme, rougeâtre.

Élytres assez régulièrement ovalaires, médiocrement convexes, arrondies en arrière, jaunâtres et couvertes de petites taches arrondies noirâtres, irrégulièrement disposées, assez écartées et quelquefois confluentes; la base, une ligne longitudinale étroite le long de la suture, tout le bord externe et un petit espace arrondi placé en dehors, et un peu au delà du milieu, sont immaculés; elles présentent, en outre, trois lignes longitudinales de points enfoncés très-petits et peu visibles; la portion réfléchie est jaune.

Le dessous du corps est noir, avec les parties latérales et postérieures des segments abdominaux assez largement rougeâtres ; pattes jaunâtres, celles de derrière un peu plus foncées.

Il se trouve dans toute l'Europe, et très-communément.

19. Agabus subnebulosus.

Pl. 19. fig. 2.

Ovatus, supra flavicans, infra nigro-piceus; thorace immaculato; elytris punctis plurimis nigris evanescentibus, variegatis.

Colymbetes Subnebulosus. Steph. *Illust. of Brit. Ent.* II. 72.

Long. 8 millim. Larg. 4 $\frac{1}{3}$ millim.

Il est très-voisin du précédent, avec lequel il a été confondu par plusieurs entomologistes ; il doit cependant en être séparé.

Il est plus petit, son corselet est toujours immaculé, les taches de ses élytres ont la même disposition, mais sont presque toutes confluentes et ressemblent assez bien à de petites taches encore fraîches que l'on aurait cherché à effacer, et qu'au contraire on aurait étalées sans faire disparaître leur place primitive, qui ressortirait encore sur le fond.

Le dessous du corps est plus noir ; les segments de

l'abdomen n'étant ferrugineux qu'en arrière et très-étroitement.

Il se trouve dans toute l'Europe, mais moins fréquemment que le premier. Il est assez répandu en Angleterre.

20. Agabus confinis.

Pl. 19. fig. 3.

Elongato-ovalis; capite et thorace nigris; elytris lævibus, fusco-nigris, margine pallidiore; subtus niger, pedibus nigro-piceis.

Dytiscus Confinis. Gyl. *Ins. Suec.* 1. 511.
Sahlberg. *Ins. Fen.* 167.
Agabus Confinis. Ericus. *Gen. Dyt.* 37.

Long. 8 $\frac{1}{2}$ à 9 $\frac{1}{2}$ millim. Larg. 4 $\frac{3}{4}$ à 5 millim.

Corps ovale, assez fortement allongé, médiocrement arrondi en arrière et peu convexe.

Tête noire, avec le labre et deux taches sur le vertex d'un rouge ferrugineux; palpes et antennes testacés, très-légèrement rembrunis à l'extrémité.

Corselet d'un noir très-légèrement métallique.

Écusson cordiforme, large, noir et lisse.

Élytres ovalaires, assez fortement allongées, médiocrement arrondies en arrière et peu convexes, d'un brun noirâtre, avec les bords latéraux assez largement mais très-vaguement testacés; elles sont lisses et présentent trois lignes longitudinales de points assez forts; la portion réfléchie est d'un jaune testacé.

Le dessous du corps noir, avec l'extrémité des derniers segments de l'abdomen ferrugineuse; les pattes antérieures et intermédiaires ferrugineuses, les postérieures d'un noir de poix.

Cet insecte a quelque analogie de forme avec l'*Agabus congener*, mais il est toujours plus grand; ses élytres sont aussi relativement plus longues et lisses, tandis qu'elles sont réticulées dans le premier.

Il habite le nord de l'Europe, la Suède et la Finlande.

21. Agabus nigricollis.

Pl. 19. fig. 4.

Oblongo-ovalis; capite et thorace nigris; elytris aut castaneo-piceis, aut pallido-castaneis, macula obsoleta paulo ultra medium ad latera alteraque obsoletissima ad apicem pallido-notatis; subtus niger, pedibus nigro-piceis.

Colymbetes Nigricollis. Zoubkoff. *Bullet. de la Soc. imp. des Nat. de Moscou.* VI. 317.

Colymbetes Affinis. Dej. *Cat.* 1836. 63.

Long. 9 millim. Larg. 4 ½ millim.

Corps ovale, un peu allongé, légèrement atténué en arrière et médiocrement convexe.

Tête noire, luisante, avec le labre et deux taches sur le vertex d'un rouge ferrugineux; antennes et palpes ferrugineux; le dernier article de ceux-ci rembruni à la base.

Corselet noir, luisant, avec les bords latéraux assez vaguement et étroitement ferrugineux.

Écusson cordiforme, large, noir et lisse.

Élytres ovalaires, un peu allongées, légèrement atténuées en arrière et médiocrement convexes; leur couleur varie du rouge-brun de poix au brun-clair un peu rougeâtre; elles présentent deux petites taches rougeâtres, l'une près du bord externe, un peu au delà du milieu, et l'autre tout-à-fait en arrière; ces taches sont à peine visibles, et d'autant moins que la couleur des élytres est plus pâle; elles disparaissent même quelquefois complétement; elles offrent aussi trois lignes de points enfoncés assez forts, peu nombreux et assez écartés; la portion réfléchie est de la couleur des élytres.

Dessous du corps et pattes noirs; les jambes antérieures, les tarses intermédiaires et postérieurs ainsi que l'extrémité de l'abdomen, ferrugineux.

Cet insecte se rencontre dans les régions les plus méridionales de l'Europe et dans le nord de l'Afrique; il habite aussi la Russie et la Turquie d'Asie.

AGABUS BINOTATUS. *Gené.*

Pl. 19. fig. 5.

Oblongo-ovalis, capite et thorace nigris; elytris castaneo-brunneis, ad basin et latera pallidioribus, macula paulo ultra medium ad latera alteraque ad apicem pallido-luteis, notatis; subtus niger, pedibus nigro-ferrugineis.

Long. 8 à 8 $\frac{1}{2}$ millim. Larg. 4 à 4 $\frac{1}{2}$ millim.

Corps ovale, un peu allongé, légèrement atténué en arrière et médiocrement convexe.

Tête noire, luisante, lisse, avec deux taches arrondies, rougeâtres, sur le vertex; antennes et palpes ferrugineux.

Corselet noir, lisse, brillant, avec les bords latéraux très-étroitement ferrugineux.

Écusson cordiforme, brunâtre et lisse.

Élytres ovalaires, un peu allongées, légèrement atténuées en arrière et médiocrement convexes, lisses, luisantes, d'un brun-châtain, d'autant plus foncées qu'on les examine plus en arrière, la base et le bord externe étant très-largement et très-vaguement d'un jaune sale; elles sont marquées de deux taches jaunâtres, l'une, irrégulière, placée près du bord externe, un peu au delà du milieu, et l'autre, plus petite et arrondie, tout-à-fait en arrière; elles offrent, en outre, trois lignes longitudinales de points enfoncés assez forts, peu nombreux et écartés; la portion réfléchie est jaunâtre.

Le dessous du corps et les pattes postérieures noires; les pattes antérieures et intermédiaires ont les jambes et les tarses ferrugineux.

J'ai reçu cet insecte de M. Gené, qui l'a pris en Sardaigne.

25. Agabus Gory. *Mihi.*

Pl. 20. fig. 1.

Oblongo-ovalis, supra castaneo-brunneus, infra niger; elytris macula paulo ultra medium ad latera alteraque minima ad apicem luteo-notatis; pedibus nigro-ferrugineis.

Long. 8 à 9 millim. Larg. 4 ½ à 4 ¾ millim.

Corps ovale, assez large, peu allongé, nullement atténué en arrière et assez convexe.

Tête brunâtre, avec le labre, l'épistome, le front et deux taches sur le vertex d'un rouge pâle; antennes et palpes ferrugineux.

Corselet brunâtre, avec les bords latéraux rougeâtres.

Écusson cordiforme, rougeâtre et lisse.

Élytres ovalaires, assez larges, peu allongées, nullement atténuées en arrière, où elles sont assez largement arrondies, assez convexes, brunâtres, avec la base et les bords latéraux plus pâles; elles sont marquées de deux taches jaunâtres, l'une, irrégulière, placée près du bord externe, un peu au delà du milieu, et l'autre, plus petite, arrondie, tout-à-fait en arrière; elles présentent trois lignes longitudinales de points enfoncés assez forts, peu nombreux et écartés; la portion réfléchie est jaunâtre.

Le dessous du corps est noir, avec l'extrémité des segments de l'abdomen ferrugineuse; les pattes antérieures et intermédiaires ferrugineuses; les postérieures presque noires.

Il a été rapporté de Morée ou d'Orient par feu M. Carcel.

24. Agabus guttatus.

Pl. 20. fig. 2.

Elongato-ovalis, subdepressus, subtile reticulatus, niger; antennis pedibusque ferrugineis; elytris maculis minimis rufo-ferrugineis, notatis, una paulo ultra medium ad latera, altera ad apicem.

Dytiscus Guttatus. Payk. *Faun. Suec.* 1. 211.
Gyl. *Ins. Suec.* 1. 502.
Colymbetes Guttatus. Lacord. *Faun. Ent.* 1. 316.
Agabus Guttatus. Erichs. *Gen. Dyt.* 37.

Long. 8 à 9 millim. Larg. 4 à 4 ½ millim.

Corps ovale, assez fortement allongé, arrondi en arrière et déprimé.

Tête noire, avec le labre et deux taches sur le vertex d'un rouge-ferrugineux; elle est entièrement et assez fortement réticulée; antennes et palpes ferrugineux.

Corselet noir, avec les bords latéraux très-étroitement ferrugineux, il est réticulé comme la tête, surtout sur les côtés, le disque étant un peu moins chagriné.

Écusson cordiforme, noir et finement chagriné.

Élytres ovalaires, assez fortement allongées, arrondies en arrière et déprimées; elles sont, en avant, à peu près de la largeur du corselet, marchent quelque temps presque parallèlement, et s'arrondissent ensuite vers l'extrémité, assez fortement réticulées et très-finement ponctuées, surtout en arrière; elles sont noires et marquées de deux petites taches ferrugineuses, arrondies, peu visibles, l'une près du bord externe, un peu au delà du milieu, et l'autre tout-à-fait en arrière; elles présentent, en outre, trois lignes longitudinales de points enfoncés à peine visibles; la portion réfléchie est noire.

Dessous du corps noir; pattes ferrugineuses, celles de derrière presque noires.

Il se rencontre dans toute l'Europe.

25. AGABUS DILATATUS.

Pl. 20. fig. 3.

Oblongo-ovalis, latior, subdepressus, vix subtilissime reticulatus, nigro-piceus; antennis pedibusque ferrugineis; elytris macula paulo ultra medium ad latera alteraque minore ad apicem rufo-notatis.

Colymbetes Dilatatus. BRULL. *Exp. Scient. de Mor.* III. *Ent.* 127.
Colymbetes Aquilus. DEJ. *Cat.* 1836. 62.
Dytiscus Guttatus. Var. b. GYL. *Ins. Suec.* IV. 380?

Long. 8 $\frac{1}{2}$ millim. Larg. 4 $\frac{2}{3}$ millim.

Corps ovale, assez allongé, arrondi en arrière et déprimé, d'un noir de poix assez brillant.

Tête brunâtre, avec le labre, la partie antérieure de l'épistome et deux taches sur le vertex d'un rouge-ferrugineux; elle est presque imperceptiblement réticulée; antennes et palpes ferrugineux.

Corselet brunâtre, avec les bords latéraux ferrugineux, réticulé comme la tête.

Écusson cordiforme, brunâtre et lisse.

Élytres ovalaires, assez allongées, arrondies en arrière et déprimées, très-finement réticulées chez les femelles, presque lisses dans les mâles, brunâtres, avec les bords latéraux plus pâles, et deux taches rougeâtres, l'une près du bord externe, un peu au delà du milieu, l'autre tout-à-fait en arrière; elles présentent, en outre, trois lignes longitudinales de points enfoncés assez forts et écartés; la portion réfléchie est rougeâtre.

Le dessous du corps est noir, avec l'extrémité des segments de l'abdomen ferrugineuse; pattes antérieures ferrugineuses, les postérieures presque noires.

Cette espèce est très-voisine de la précédente, dont elle ne peut être qu'une variété; elle est un peu plus large, beaucoup plus finement réticulée, et d'une couleur brunâtre plus ou moins foncée.

Il a été rapporté de Morée par M. Brullé; il se trouve aussi dans le Midi de la France.

26. AGABUS BIGUTTATUS.

Pl. 20. fig. 4

Ovatus, convexior, nitidus, vix subtilissime reticulatus, niger; antennis ferrugineis; pedibus nigro-piceis; elytris macula paulo ultra medium ad latera alteraque minore ad apicem pallido-notatis.

Dytiscus Biguttatus. OLIV. *Ent.* III. 40. 26. t. 4. fig. 36.
Colymbetes Biguttatus. LACORD. *Faun. Ent.* I. 315.

Long. 9 millim. Larg. 5 millim.

Corps ovale, un peu allongé, arrondi en arrière et assez fortement convexe, d'un beau noir très-brillant.

Tête large, noire, avec deux taches d'un rouge-ferrugineux sur le vertex ; elle est presque imperceptiblement réticulée ; antennes ferrugineuses ; palpes noirâtres, rougeâtres à l'extrémité.

Corselet entièrement noir.

Écusson cordiforme, large, lisse.

Élytres ovalaires, un peu allongées, arrondies en arrière et assez fortement convexes, d'un noir brillant, avec deux petites taches arrondies d'un jaune très-pâle ; l'une près du bord externe, un peu au delà du milieu, l'autre, plus petite, peu visible, tout-à-fait en arrière ; à peine réticulées en avant, un peu plus sensiblement en arrière, elles présentent trois lignes longitudinales de points enfoncés assez forts, peu nombreux et assez écartés ; la portion réfléchie est noire.

Le dessous du corps et les pattes noirs ; les genoux et les tarses ferrugineux.

Il est très-voisin des deux précédents ; il se distingue du *Dilatatus* par sa couleur entièrement noire et très-brillante ; il est aussi beaucoup plus convexe ; il diffère du *Guttatus* par sa forme générale, qui est moins parallèle et beaucoup plus convexe, et enfin par sa couleur beaucoup plus brillante ; à peine aussi s'il est réticulé, tandis que le *Guttatus* l'est très-sensiblement.

Il se rencontre dans les contrées méridionales de l'Europe, en Sicile, en Italie, en Espagne, et dans le Midi de la France.

27. AGABUS MELAS. *Mihi.*

Pl. 20. fig. 5.

Oblongo-ovalis, minus convexus, nitidus, vix subtilissime reticulatus, niger; antennis pedibusque nigro-piceis; elytris macula paulo ultra medium ad latera alteraque minore ad apicem rufo-notatis.

Long. $8\frac{3}{4}$ millim. Larg. $4\frac{1}{2}$ millim.

Corps ovale, assez allongé, à peine atténué en arrière et un peu déprimé, d'un beau noir très-brillant.

Tête étroite, noire, avec deux taches sur le vertex d'un brun-ferrugineux, visibles seulement sous un certain jour; elle est presque inperceptiblement réticulée; antennes et palpes d'un noir-ferrugineux.

Corselet entièrement noir, brillant.

Écusson cordiforme, noir et lisse.

Élytres ovalaires, assez allongées, à peine atténuées en arrière et légèrement déprimées; elles sont d'un noir brillant, avec deux taches arrondies d'un jaune rougeâtre, l'une près du bord externe, un peu au delà du milieu, l'autre tout-à-fait en arrière; à peine réticulées en avant, plus sensiblement en arrière, elles présentent trois lignes longitudinales de points enfoncés assez forts, peu nombreux et écartés; la portion réfléchie est noire.

Dessous du corps et pattes noirs.

Cet *Agabus*, très-voisin du *Biguttatus*, en diffère par sa forme générale, qui est plus étroite en avant et en arrière; il est aussi beaucoup moins convexe et légèrement déprimé.

Il a été rapporté de Morée ou d'Orient par feu M. Carcel.

28. Agabus adpressus. *Mannerheim.*

Pl. 21. fig. 1.

Elongato-ovalis, subtilissime reticulato-punctatus, niger; antennis ferrugineis; pedibus ferrugineo-piceis; elytris tribus punctorum majorum seriebus notatis.

Long. 8 millim. Larg. 4 millim.

Corps ovale, assez allongé, très-légèrement dilaté, assez brusquement atténué en arrière et médiocrement convexe; il est d'un noir de poix très-foncé et très-brillant.

Tête noire, avec le labre et deux taches sur le vertex d'un rouge ferrugineux, presque imperceptiblement réticulée; antennes et palpes ferrugineux.

Corselet noir, avec les bords latéraux très-étroitement ferrugineux, plus sensiblement en arrière qu'en avant, un peu plus fortement réticulé que la tête.

Écusson cordiforme, noir et lisse.

Élytres ovalaires, assez allongées, très-légèrement dilatées et assez brusquement atténuées en arrière, médiocrement convexes, très-finement réticulées et ponctuées; elles sont entièrement noires, brillantes, sans taches, et présentent, en outre, trois lignes longitudinales de points enfoncés assez forts et assez écartés; la portion réfléchie est noire.

Le dessous du corps noir, avec les segments de l'abdomen à peine ferrugineux en arrière; les pattes ferrugineuses, celles de derrière un peu plus foncées.

Il se trouve en Daurie, d'où il m'a été envoyé en communication par M. le comte de Mannerheim.

29. Agabus Hæffneri. *Mannerheim.*

Pl. 21, fig. 2.

Oblongo-ovalis, brevior, nitidus, subtilissime reticulato punctatus, niger; antennis ferrugineis; pedibus ferrugineo-piceis; elytris paulo ultra medium vix ampliatis, tribus seriebus punctorum minorum notatis.

Long. 7 ¼ millim. Larg. 3 ¾ millim.

Cette espèce a la plus grande analogie avec la précédente; elle en diffère à peine; elle est généralement plus petite, un peu moins brillante et sensiblement réticulée; les trois lignes de points enfoncés sont un peu moins senties, et les angles postérieurs du corselet plus obtus et presque arrondis.

Peut-être même ces deux *Agabus* ne sont-ils que deux variétés d'une seule et même espèce, dues à la différence de patrie, question que je ne puis décider, n'ayant à ma disposition que deux individus de l'*Agabus adpressus* et un seul de l'*Hæffneri*.

Il se trouve en Suède, d'où il m'a été envoyé en communication par M. le comte de Mannerheim.

50. Agabus Wasastjernæ.

Pl. 21. fig. 3.

Elongato-ovatus, minus nitidus, undique reticulato-punctulatus; antennis pedibusque ferrugineis; elytris tribus seriebus punctorum majorum notatis.

Dytiscus Wasastjernæ. Sahlb. *Ins. Fen.* 167.

Long. 7 ½ millim. Larg. 5 ¾ millim.

Corps ovale, assez allongé, très-légèrement dilaté,

assez brusquement atténué en arrière et médiocrement convexe ; il est d'un noir de poix et peu brillant.

Tête noire, avec deux taches sur le vertex d'un rouge-ferrugineux, très-finement et assez visiblement réticulée et ponctuée; antennes et palpes ferrugineux.

Corselet noir, avec les bords latéraux très-étroitement ferrugineux en arrière, un peu plus fortement réticulé et ponctué que la tête.

Écusson cordiforme, noir et lisse.

Élytres ovalaires, assez allongées, à peine dilatées et assez brusquement atténuées en arrière, médiocrement convexes, ponctuées et réticulées comme le corselet, mais la ponctuation y est beaucoup plus sensible; elles sont entièrement noires et sans taches, et présentent trois lignes longitudinales de points enfoncés assez forts et assez écartés; la portion réfléchie est noire.

Dessous du corps noir, avec les segments de l'abdomen assez largement ferrugineux en arrière; pattes ferrugineuses, les postérieures un peu plus foncées.

Cette espèce est bien voisine des deux précédentes; mais elle en est bien certainement distincte : son corselet est beaucoup moins arrondi sur les côtés, les angles postérieurs de cet organe sont plus aigus et nullement émoussés, et enfin la ponctuation des élytres est beaucoup plus sensible.

Il se trouve en Laponie et en Finlande.

31. Agabus opacus. *Mannerheim.*

Pl. 21. fig. 4

Oblongo-ovalis, latus, subdepressus, opacus, vix visibiliter subtilissime reticulato-coriaceus, supra brunneus, subtus rufo-ferrugineus; antennis, pedibus marginibusque thoracis et elytrorum rufescentibus. ♀

Long. 9 millim. Larg. 4 ½ millim.

Corps ovale, un peu allongé, très-légèrement atténué, en pointe, en arrière et assez fortement déprimé.

Tête brunâtre, avec le labre, la partie antérieure de l'épistome et deux taches sur le vertex d'un rouge ferrugineux; elle est très-finement réticulée; antennes et palpes ferrugineux.

Corselet de la couleur de la tête, terne, avec les bords latéraux assez largement rougeâtres et assez arrondis; base sinueuse, les deux extrémités se relevant assez fortement vers les angles postérieurs, qui sont obtus; il est réticulé comme la tête, mais un peu plus fortement.

Écusson cordiforme, rougeâtre, très-finement chagriné.

Élytres ovalaires, un peu allongées, très-légèrement atténuées en arrière et assez fortement déprimées; elles sont chagrinées et réticulées presque inperceptiblement, mais d'une manière si serrée qu'elles sont tout-à-fait ternes, brunâtres, avec les bords latéraux très-vaguement rougeâtres; elles présentent trois lignes longitudinales de points enfoncés très-petits et à peine visibles; la portion réfléchie est rougeâtre.

Le dessous du corps et les pattes également rougeâtres.

Je n'ai vu qu'un individu (♀) de cet *Agabus*; il m'a été communiqué par M. le comte Mannerheim, comme ayant été pris en Finlande.

32. Agabus affinis.

Pl. 21. fig. 5.

Oblongo-ovalis, nitidus, subtilissime reticulato-punctulatus, niger; antennis pedibusque rufo-ferrugineis; elytris duabus vittis oblongis rufo-ferrugineo-ornatis, una paulo ultra medium ad latera, altera ad apicem.

Dytiscus Affinis. Payk. *Faun. Suec.* i. 211.
Gyl. *Ins. Suec.* i. 513.
Colymbetes Affinis. Sturm. *Deuts. Faun.* viii. p. 115. t. 197. fig. a. A.
Agabus Affinis. Erichs. *Gen. Dyt.* 37.
Sch. *Syn. Ins.* ii. 19.

Long. 6 $\frac{1}{2}$ à 7 $\frac{1}{4}$ millim. Larg. 3 $\frac{3}{4}$ à 4 millim.

Corps ovale, légèrement allongé, arrondi en arrière et médiocrement convexe; il est noir, avec un très-léger reflet métallique.

Tête noire, avec le labre, la partie antérieure de l'épistome et deux taches sur le vertex d'un rouge ferrugineux, presque imperceptiblement réticulée; palpes et antennes ferrugineux, légèrement rembrunis à leur extrémité.

Corselet noir, avec les bords latéraux très-étroitement ferrugineux, un peu plus fortement réticulé que la tête.

Écusson cordiforme, noir et lisse.

Élytres ovalaires, légèrement allongées, arrondies en arrière et médiocrement convexes, réticulées comme le corselet, mais beaucoup plus finement, et entièrement couvertes de points infiniment petits; elles sont noires, avec deux taches ferrugineuses allongées, peu visibles, l'une placée près du bord externe, un peu au delà du milieu, et l'autre tout-à-fait en arrière, près de l'extrémité; elles présentent, en outre, trois lignes de points enfoncés assez isolées en avant, et confondues en arrière; la portion réfléchie est ferrugineuse.

Le dessous du corps noir; pattes ferrugineuses; celles de derrière plus foncées.

Il se trouve dans le Nord de l'Europe, en Suède, en Laponie et en Finlande.

33. Agabus elongatus.

Pl. 21. fig. 6.

Ovalis, valde elongatus, nitidus, subtilissime reticulato-coriaceus, niger; antennis pedibusque rufo-ferrugineis; elytrorum margine late rufo-brunneo.

Dytiscus Elongatus. Gyl. *Ins. Suec.* iv. 381.
Colymbetes Angustus. Dej. *Cat.* 1836. 63.

Long. 8 millim. Larg. 3 $\frac{1}{3}$ millim.

Corps ovale, très- allongé, arrondi en arrière et médiocrement convexe, noir, avec un très-léger reflet métallique.

Tête noire, avec le labre et deux taches sur le vertex d'un rouge ferrugineux, très-finement réticulée; palpes et antennes-ferrugineux.

Corselet noir, avec les bords latéraux à peine ferrugineux en avant et en arrière, un peu plus fortement réticulé que la tête.

Écusson cordiforme, noir et lisse.

Élytres ovalaires, très-allongées, arrondies en arrière et médiocrement convexes, réticulées comme la tête, et couvertes de points infiniment petits; elles sont noirâtres, avec le bord externe très-largement et très-vaguement d'un brun rougeâtre; elles présentent, en outre, trois lignes longitudinales irrégulières de points enfoncés assez forts; la portion réfléchie est ferrugineuse.

Le dessous du corps noir; les pattes ferrugineuses; les cuisses de derrière noirâtres.

Il se trouve en Laponie.

Il est très-voisin de l'*Affinis*; mais il est beaucoup plus allongé; les angles postérieurs du corselet sont un peu plus émoussés, et nullement prolongés en arrière; la couleur des élytres est aussi différente.

34. Agabus vittiger.

Pl. 22. fig. 1.

Oblongo-ovatus, convexior, nitidus, subtilissime reticulatus, niger; antennis ferrugineis; pedibus ferrugineo-piceis; elytris vix paulo ultra medium ampliatis, tribus seriebus punctorum majorum cum vitta oblonga ferruginea ad marginem notatis.

Dytiscus Vittiger. Gyl. *Ins. Suec.* IV. 379.
Agabus Vittiger. Erichs. *Gen. Dyt.* 37.

Long. 7 ½ millim. Larg. 3 ¾ millim.

Corps ovale, très-médiocrement allongé, à peine dilaté

au delà du milieu, très-légèrement atténué en arrière et fortement convexe; il est d'un noir peu brillant.

Tête noire, avec le labre et deux taches sur le vertex d'un rouge ferrugineux, très-finement réticulée; antennes et palpes ferrugineux.

Corselet noir, avec les bords latéraux très-étroitement et à peine visiblement ferrugineux, un peu plus fortement réticulé que la tête.

Écusson cordiforme, noir et lisse.

Élytres ovalaires, très-médiocrement allongées, à peine dilatées au delà du milieu, très-légèrement atténuées en arrière et fortement convexes, réticulées comme le corselet, mais plus fortement encore, surtout en arrière; elles sont noires, avec une courte ligne longitudinale très-peu visible, placée vers le milieu environ de leur longueur, à quelque distance du bord externe; elles présentent, en outre, trois lignes longitudinales de points enfoncés assez forts; la portion réfléchie est noire.

Le dessous du corps noir, avec les segments de l'abdomen à peine ferrugineux en arrière; pattes d'un brun ferrugineux, les postérieures presque noires.

Il habite le nord de l'Europe.

35. Agabus striolatus.

Pl. 22. fig. 2.

Elongato-ovalis, minus convexus, striis irregularibus anas-

tomozantibus longitudinaliter strigosus, niger; antennis pedibusque rufis.

Dytiscus Striolatus. GYL. *Ins. Suec.* I. 508.
SAHLB. *Ins. Fen.* 166.

Long. 8 millim. Larg. 4 ¼ millim.

Corps ovale, légèrement allongé, arrondi en arrière et médiocrement convexe; il est noir et peu brillant.

Tête noire, avec le labre et deux taches sur le vertex d'un rouge ferrugineux, très-finement réticulée; antennes et palpes ferrugineux.

Corselet noir, avec les bords latéraux étroitement ferrugineux, un peu plus largement vers les angles antérieurs; il est tout couvert d'impressions linéaires dirigées dans tous les sens.

Écusson cordiforme, noir et lisse.

Élytres ovalaires, légèrement allongées, arrondies en arrière et médiocrement convexes, couvertes d'impressions linéaires, irrégulières, assez serrées, moins fortement imprimées que celles du corselet, et dont la direction principale est longitudinale; elles sont noires, sans taches, et présentent trois lignes longitudinales de points enfoncés assez fins, isolées en avant, et confondues en arrière; la portion réfléchie est noire.

Le dessous du corps noir, avec les segments de l'abdomen ferrugineux en arrière; les pattes d'un rouge ferrugineux, celles de derrière plus foncées, surtout les cuisses, qui sont presque noires.

Il se trouve en Suède et en Finlande.

56. Agabus melanarius. *Mihi.*

Pl. 22. fig. 3.

Ovalis, depressiusculus, vix nitidus, striis anastomozantibus irregularibus vix longitudinaliter strigosus, niger; antennis vittaque vix conspicua ad elytrorum marginem ferrugineis; pedibus rufo-piceis.

Long. 8 $\frac{1}{2}$ millim. Larg. 4 $\frac{3}{4}$ millim.

Corps ovale, un peu déprimé, arrondi en arrière, noir et peu brillant.

Tête noire, avec le labre et deux taches sur le vertex d'un rouge ferrugineux, très-finement réticulée; palpes et antennes ferrugineux.

Corselet noir, couvert d'impressions linéaires dirigées dans tous les sens.

Écusson cordiforme, noir et lisse.

Élytres assez régulièrement ovalaires, déprimées, arrondies en arrière, couvertes d'impressions linéaires, irrégulières, assez serrées, s'anastomosant entre elles, un peu moins fortement imprimées que celles du corselet, et dont la direction, sans être bien déterminée, est cepen- un peu longitudinale vers la base; mais en arrière

Elongato-... dirigées dans tous les sens; elles sont noires, avec une bande étroite d'un brun ferrugineux, visible seulement lorsqu'on les mouille; cette bande est placée près du bord externe, dont elle décrit le contour, et n'occupe que la partie postérieure; elles présentent, en outre, trois lignes longitudinales de points enfoncés assez forts; la portion réfléchie est noire.

Le dessous du corps noir, avec les segments de l'abdomen à peine ferrugineux en arrière; les pattes d'un brun ferrugineux; les cuisses presque noires.

Il diffère du précédent par sa taille un peu plus grande, sa forme plus régulièrement ovale, la direction moins franchement longitudinale des impressions des élytres, et enfin par la bande ferrugineuse qui existe sur la partie latérale de ces dernières.

Je n'ai vu qu'un seul individu de cette espèce; il appartient à M. le comte Dejean, et est indiqué dans sa collection comme venant de Russie.

37. AGABUS BIPUSTULATUS.

Pl. 22. fig. 4.

Oblongo-ovalis, vix nitidus, striis irregularibus anastomozantibus longitudinaliter dense strigosulus, niger; antennis ferrugineis; pedibus nigro-piceis.

Dytiscus Bipustulatus. LINN. *Syst. Nat.* II. 667.
OLIV. *Ent.* III. 40. 21. t. 3. fig. 26.

Fab. *Syst. Eleut.* I. 363.
Dytiscus Carbonarius. Gyl. *Ins. Suec.* I. 506.
Sch. *Syn. Ins.* II. 17.

Corps ovale, assez allongé, plus étroit en arrière et un peu déprimé, surtout postérieurement; il est d'un beau noir, peu brillant, et presque terne chez les femelles.

Tête noire, avec le labre et deux taches sur le vertex d'un rouge ferrugineux, couverte d'impressions linéaires assez serrées, dirigées dans tous les sens; antennes et palpes ferrugineux.

Corselet noir, couvert d'impressions analogues à celles de la tête, mais plus fines, moins enfoncées, et dont la direction principale est longitudinale.

Écusson noir, brillant, et marqué de quelques petites impressions linéaires.

Élytres ovalaires, assez allongées, plus étroites en arrière, un peu déprimées, surtout postérieurement, couvertes d'impressions linéaires très-serrées chez les mâles, plus encore chez la femelle, ce qui les fait paraître plus ternes; ces impressions s'anastomosent souvent entre elles, et sont dirigées longitudinalement; elles présentent, en outre, trois lignes longitudinales de points enfoncés peu visibles; la portion réfléchie est noire.

Le dessous du corps est noir, avec les segments de l'abdomen à peine ferrugineux; pattes d'un noir de poix; les jambes antérieures et les tarses ferrugineux; les crochets des tarses antérieurs et intermédiaires des mâles très-inégaux et comprimés.

Il se trouve très-communément dans toute l'Europe.

38. Agabus soliERI. *Mihi.*

Pl. 22. fig. 5.

Elongato-ovalis, valde depressus, opacus, striis irregularibus anastomozantibus longitudinaliter densius strigosulus, niger; antennis pedibusque nigro-piceis; thorace brevissimo, ad latera magis rotundato (♀).

Long. 10 millim. Larg. 5 $\frac{1}{4}$ millim.

Corps ovale, fortement allongé, rétréci en avant et en arrière, très-déprimé; il est d'un noir mat et terne, dans les femelles du moins : les mâles nous étant inconnus.

Tête noire, avec le labre et deux taches sur le vertex d'un rouge ferrugineux, couverte de petites impressions linéaires, très-peu enfoncées, assez serrées, et dirigées dans tous les sens; antennes et palpes ferrugineux, rembrunis à l'extrémité.

Corselet noir, très-court, avec les côtés assez fortement arrondis, se redressant en avant vers les angles antérieurs, qui sont très-aigus; les postérieurs sont très-obtus et fortement émoussés; il est couvert d'impressions analogues à celles de la tête, mais plus fines, plus serrées, et dont la direction est longitudinale.

Écusson noir, brillant, marqué de quelques impressions irrégulières.

Élytres ovalaires, allongées, beaucoup plus larges à la base que le corselet, dilatées environ au milieu et rétrécies en arrière, où elles se terminent en s'arrondissant, très-fortement déprimées, couvertes d'impressions semblables à celles du corselet, très-serrées et dirigées longitudinalement ; elles présentent, en outre, trois lignes longitudinales de points enfoncés, assez petits et bien visibles ; la portion réfléchie est noire.

Le dessous du corps noir, avec les segments de l'abdomen à peine ferrugineux en arrière ; pattes noirâtres ; les jambes antérieures et les tarses ferrugineux.

Cet insecte a quelque analogie avec l'*Agabus bipustulatus ;* mais il est relativement plus étroit, plus déprimé, plus finement strié et plus terne ; la forme de son corselet est aussi différente ; il est plus petit, plus arrondi sur les côtés, et les angles postérieurs sont plus mousses.

Je n'ai vu que deux individus de cette espèce, deux femelles ; l'un m'a été envoyé comme venant de Grenoble, par M. Solier, auquel je l'ai dédié ; et l'autre appartient à M. de Laporte, mais sans indication de patrie.

Je n'ai pu me procurer les espèces suivantes, qui doivent être comprises dans l'un ou l'autre des trois genres précédents : *Colymbetes*, *Ilybius* et *Agabus*.

Colymbetes Consobrinus. Curtis. *Brit. Ent.* 207. (*Agabus?*)

Colymbetes Fontinalis. LEACH-STEPH. *Illust*. II. 66. (*Agabus*?)

Colymbetes Nigro-æneus. MARSH. STEPH. *Illust*. II. 77. (*Agabus*?)

Colymbetes Montanus. LEACH. STEPH. *Illust*. II. 76. (*Agabus*?)

Colymbetes Ferrugineus. STEPH. *Illust*. II. 79. (*Agabus*?)

Colymbetes Aterrimus. STEPH. *Illust*. II. 79. (*Ilybius*?)

Colymbetes Anulatus. ZOUBKOFF. *Bullet. de la Soc. des Nat. de Moscou*. t. VI. 318. (*Agabus*?)

Colymbetes Impressus. ZOUBKOFF. *Loc. cit*. 317.

M. le comte Dejean possède dans sa collection un *Agabus* qui lui a été envoyé par M. Faldermann, sous le nom d'*Impressus* Zoubkoff; et cet *Agabus* diffère à peine du *Femoralis*, dont certainement il n'est qu'une simple variété. Je ne sais si M. Faldermann aurait commis une erreur, ou bien si M. Zoubkoff lui-même aurait cru reconnaître dans cette simple variété une espèce distincte du *Femoralis*.

Dytiscus Melanopterus. ZETT. *Faun*. LAP. *Pars* 1ª. 24. (*Agabus*?)

Colymbetes Sex-Punctatus. DRAPIER. *Ann. des Sciences Phys*. I. p. 48. (??)

Colymbetes Ruficeps. MENET. FALD. *Nouv. Mém. de la Soc. des Nat. de Moscou*. t. IV. p. 113. (*Agabus*?)

Colymbetes. GŒDBLII. VILLA. *Catalog*. 33. (*Agabus*?)

XII. COPELATUS. *Erichson.*

DYTISCUS. *Fabricius.* COLYMBETES. *Laporte.*

Antennes sétacées. Labre court, large, échancré et cilié au milieu. Menton trilobé, le lobe du milieu arrondi et nullement échancré. Premier article des palpes maxillaires très-court, les deux suivants assez longs et égaux, le dernier un peu plus long que les autres. Les trois articles des palpes labiaux presque égaux, le premier cependant un peu plus court, et le dernier tronqué à son sommet. Prosternum droit, comprimé et simplement arrondi. Élytres ovalaires, plus ou moins déprimées, striées longitudinalement dans les deux sexes, quelquefois réticulées dans l'intervalle des stries, chez les femelles. Les trois premiers articles des tarses antérieurs et intermédiaires des mâles légèrement dilatés et garnis de cupules. Les pattes postérieures terminées par deux crochets presque égaux et mobiles, leurs jambes ciliées en dessus et en dessous dans les deux sexes.

M. Erichson a établi ce genre sur le *Dytiscus posticatus* de Fabricius, et sur deux autres espèces de l'Amérique. C'est dans son *Genera Dyticeorum* qu'il en a donné les caractères distinctifs. Il diffère si peu du genre *Agabus* que, si l'on fait abstraction des stries des élytres, qui ne peuvent être prises pour caractère générique, il est fort difficile de saisir ses caractères particuliers; il n'en diffère réellement que par le lobe médian du menton, qui n'a pas la moindre échancrure, par son prosternum, qui n'est pas comprimé en carène et est simplement arrondi, par les tarses antérieurs et intermédiaires des mâles, qui sont un peu plus largement dilatés, et enfin par les jambes postérieures, qui sont ciliées en dessus et en dessous dans les deux sexes : ce qui n'existe que pour le mâle dans les insectes du genre *Agabus*.

1. Copelatus sulcipennis.

Pl. 23. fig. 1. 2.

Ovalis, depressus, niger; capite in ore et vertice, thorace in angulo antico rufo-ferrugineis; elytris in disco, striis undecim longitudinalibus alteraque ad marginem antice abbreviata, utrinque valde impressis.

Femina : elytrorum interstitiis subtilissime reticulato-strigosis.

Colymbetes Sulcipennis. Lap. *Etud. Ent.* 103. ♂

Strigipennis. Lap. *Etud. Ent.* 103. ♀

Copelatus Striatipennis. Buquet. Dej. *Cat.* 1836. 63.

Long. 9 millim. Larg. 4 ½ millim.

Corps ovale, légèrement atténué en arrière, et assez fortement déprimé.

Tête noire, avec le labre et deux taches réunies sur le vertex d'un rouge ferrugineux; antennes et palpes ferrugineux.

Corselet noir, avec les angles antérieurs et une très-faible partie du bord externe ferrugineux, couvert de petites stries légèrement onduleuses, assez serrées, mais isolées et disposées longitudinalement.

Écusson triangulaire, noir et lisse.

Élytres assez régulièrement ovalaires, noires, et marquées sur le disque de onze stries longitudinales très-fortement enfoncées; ces stries naissent de la base et vont jusqu'à l'extrémité; les deuxième, quatrième, sixième, huitième et dixième, en comptant de dedans en dehors, sont abrégées en arrière; il existe, en outre, une autre strie longitudinale, abrégée en avant près du bord externe, et entre cette strie et le bord quelques petits points enfoncés.

Le dessous du corps est noir, avec quelques taches rougeâtres, très-vagues, de chaque côté de l'abdomen; pattes antérieures et intermédiaires ferrugineuses, les postérieures et les jambes intermédiaires noirâtres.

Les femelles ont le corselet plus largement bordé de ferrugineux, l'extrémité des élytres également ferrugineuse, l'intervalle des stries est très-finement réticulé.

Il se trouve à Cayenne.

XIII. MATUS. *Mihi.*

Colymbetes. *Say.*

Antennes sétacées. Labre court, large, échancré et cilié au milieu. Épistome également échancré. Menton trilobé, le lobe du milieu bifide. Dernier article des palpes labiaux un peu plus long que le précédent. Prosternum droit, profondément sillonné au milieu. Élytres ovalaires. Les trois premiers articles des tarses antérieurs et intermédiaires des mâles à peine dilatés, comprimés, et garnis de petites cupules. Les pattes postérieures terminées par deux crochets inégaux, dont un seul mobile.

J'ai cru devoir séparer ce genre des anciens *Colymbetes*, dont il diffère essentiellement par son prosternum profondément sillonné, par le lobe du milieu du menton, qui est bifide; et enfin par l'épistome, qui est très-largement et profondément échancré.

Corps ovalaire. Antennes sétacées. Le premier article un peu plus long que les autres. Épistome largement échancré. Labre court, large, échancré et cilié au milieu. Menton trilobé, le lobe du milieu court, bifide, les divisions aiguës. Mandibules bidentées. Mâchoires très-aiguës et ciliées en dedans. Le premier article des palpes maxillaires très-court, les deux suivants un peu plus longs, et le quatrième presque aussi long que les trois autres réunis.

Languette coupée presque carrément. Les deux premiers articles des palpes labiaux assez allongés et égaux; le troisième un peu plus long que les autres. Prosternum droit, très-profondément sillonné dans toute sa longueur. Élytres ovalaires, semblables dans les deux sexes. Les trois premiers articles des tarses antérieurs et intermédiaires des mâles à peine dilatés, comprimés et garnis de très-petites cupules. Les crochets de ces mêmes pattes égaux dans les deux sexes. Les pattes postérieures larges et comprimées; leurs tarses ciliés, et terminés par deux crochets inégaux dont un seul est mobile.

Je ne connais qu'une seule espèce de ce genre; elle est propre à l'Amérique du Nord.

1. Matus bicarinatus.

Pl. 23. fig. 3.

Elongato-ovalis, convexus, postice attenuatus, undique punctulatus, brunneo-castaneus; elytris obscurioribus.

Colymbetes Bicarinatus. Say. *Trans. of the Amer. phil. Soc. of Philad.* II. 98.
Emarginatus. Dej. *Cat.* 1836. 63.
Elongatus. Dej. *Cat.* 1836. 63.

Long. 7 ¾ millim. Larg. 4 ¼ millim.

Corps ovale, très-allongé, atténué en arrière et très-convexe.

Tête ferrugineuse, couverte de petits points assez écartés; antennes et palpes ferrugineux.

Corselet de la couleur de la tête et couvert de points analogues.

Écusson très-grand, triangulaire, brunâtre et lisse.

Élytres ovalaires, très-allongées, atténuées en arrière et très-convexes; elles sont d'un ferrugineux brunâtre, plus foncées que la tête et le corselet, couvertes de petits points assez écartés; elles offrent aussi trois lignes de points enfoncés très-peu sensibles; la portion réfléchie, le dessous du corps et les pattes d'un rouge ferrugineux.

La couleur de cet insecte varie beaucoup quant à son intensité : quelquefois il est presque brun, souvent aussi il est testacé, ce qui est dû, je crois, à son développement plus ou moins complet. En tous cas, les élytres sont toujours un peu plus foncées que la tête et le corselet.

De l'Amérique du Nord.

XIV. COPTOTOMUS. *Say.*

DYTISCUS. *Fabricius.*

Antennes sétacées. Labre court, large, échancré et cilié au milieu. Épistome coupé carrément. Menton trilobé, le lobe du milieu bifide. Dernier article des palpes échancré au sommet. Prosternum droit, très-fortement comprimé.

Elytres ovalaires. Les trois premiers articles des tarses antérieurs et intermédiaires des mâles à peine dilatés, comprimés, et garnis de petites cupules. Les pattes postérieures terminées par deux crochets presque égaux et rapprochés l'un de l'autre; un seul mobile.

Ce genre a été établi par Say dans un travail ayant pour titre : *Descriptions of New species of North American insects*, sur un *Hydrocanthare* qu'il nomme *Copt. serripalpus*, et que M. Brullé, dans son *Histoire Naturelle des Insectes*, rapporte au *D. interrogatus* de Fabricius. Malgré le témoignage de ce savant entomologiste, je doute que ces deux insectes appartiennent à une seule et même espèce, et d'autant plus que Say lui-même, immédiatement avant de faire la description de son *Copt. serripalpus*, reconnaît avoir décrit dans les *Transactions* le *D. interrogatus*, Fab., sous le nom de *Col. venustus*, et que cette erreur lui a été signalée par M. le comte Dejean. Du reste, le *D. interrogatus* doit aussi être compris dans le genre *Coptotomus*, et c'est sur cet insecte que nous donnons les caractères de ce genre.

Corps ovalaire. Antennes sétacées, le premier article un peu plus long que les autres. Épistome coupé carrément. Labre court, transversal, largement échancré et cilié au milieu. Menton trilobé, le lobe du milieu court, bifide, les divisions aiguës. Mandibules bidentées. Mâchoires très-aiguës et ciliées en dedans. Le premier article des palpes maxillaires très-court, le second et le troisième un peu plus longs, le quatrième le plus long de tous, échancré obliquement à son sommet. Languette coupée presque carrément. Le premier article des palpes labiaux court, le second assez allongé, le dernier de la longueur du pénultième, échancré obliquement à son sommet. Prosternum droit, très-fortement comprimé. Élytres ovalaires, semblables dans les deux sexes. Les trois premiers articles des tarses antérieurs et intermédiaires des mâles à peine dilatés, comprimés, et garnis de très-petites cupules ; les crochets de ces mêmes patt s égaux dans les deux sexes. Les pattes postérieures larges, comprimées ; leurs tarses ciliés et terminés par deux crochets presque égaux, rapprochés l'un de l'autre, et dont un seul est mobile.

1. Coptotomus interrogatus.

Pl. 23. fig. 4.

Obconico-ovalis, subtilissime punctulato-coriaceus ; thorace late in medio transversim luteo ; elytris fasciis longitudinalibus irregularibus, interruptis, pellucidis, luteo-ornatis.

Dytiscus Interrogatus. Fab. *Syst. Eleut.* I. 367.

Colymbetes Venustus. Say. *Trans. of the Amer. Phil. Soc. of Philad.* II. 98.

Coptotomus Serripalpus. Say. *Descrip. of New. Sp.* 30?

Long. 7 à 7 ½ millim. Larg. 4 ¾ à 5 millim.

Corps ovalaire, légèrement obconique, un peu allongé et assez convexe.

Tête rougeâtre, avec toute la partie postérieure noirâtre, très-finement chagrinée; palpes et antennes testacés.

Corselet rougeâtre, avec les bords antérieur et postérieur noirs au milieu, chagriné comme la tête.

Écusson triangulaire, rougeâtre, très-finement chagriné.

Élytres ovalaires, légèrement obconiques, à peine tronquées obliquement à l'extrémité et assez convexes; elles sont d'un brun plus ou moins foncé résultant du mélange de petites taches noires, arrondies, avec la couleur jaunâtre du fond, et présentent plusieurs taches jaunâtres ainsi disposées : une assez large près de la suture, naissant de la base, dépassant un peu le tiers de leur longueur, et bifide en arrière, une autre courte et large placée transversalement à la base; et enfin une très-large bande qui occupe le bord externe dans toute son étendue et envoie deux ou trois prolongements irréguliers en dedans; souvent cette bande est divisée longitudinalement dans ses trois quarts postérieurs par une ligne noire, étroite; elles sont chagrinées comme le corselet; la portion réfléchie, le dessous du corps et les pattes d'un ferrugineux plus ou moins testacé.

De l'Amérique du Nord.

XV. ANISOMERA. *Brullé.*

Antennes sétacées, mais assez fortes. Labre court, large, échancré et cilié au milieu. Epistome très-largement mais très-peu profondément échancré. Menton trilobé, le lobe médian court, légèrement saillant au milieu. Dernier article des palpes labiaux un peu plus court que le pénultième. Prosternum droit, à peine comprimé latéralement et presque aplati. Elytres allongées. Les quatre premiers articles des tarses antérieurs et intermédiaires courts, le cinquième presque aussi long que les autres réunis. Pattes postérieures....

M. Brullé a créé ce genre dans le cinquième volume de l'*Histoire Naturelle des Insectes*, sur un seul individu femelle d'un insecte qui a été rapporté du Chili par M. Gay.

Corps étroit, allongé et déprimé. Antennes sétacées, assez fortes, dont le premier article est plus long que les autres. Épistome très-largement et très-peu profondément échancré. Labre court, transversal, largement échancré et cilié au milieu. Menton trilobé, le lobe du milieu court, légèrement saillant à son sommet. Mandibules et mâchoires. . . . . Le premier article des palpes maxillaires très-court, les deux suivants un peu plus longs, égaux entre eux, le dernier ovalaire, à peine plus long que le pénultième. Languette. . . . . . Le premier article des palpes labiaux très-court, le second assez allongé, le troisième un peu plus court que le pénultième, ovalaire et tronqué au sommet. Prosternum droit, à peine comprimé sur les côtés, et presque aplati. Élytres allongées, déprimées. Les quatre premiers articles des tarses antérieurs et intermédiaires courts, le cinquième aussi long que les autres réunis.

Je ne sais rien sur la structure des pattes antérieures et intermédiaires des mâles, non plus que sur les pattes postérieures, n'ayant vu qu'une seule femelle privée de ses pattes de derrière.

1. Anisomera bistriata.

Pl. 25. fig. 5

Oblongo-elongata, depressa, supra flavicans, infra rufescens; thorace postice angustiori; elytris elongatis, ad apicem dilatatis, creberrime nigro-irroratis.

Anisomera Bistriata. Brullé. *Hist. Nat. des Ins.* v. p. 205. pl. 8. fig. 5.

Long. 6 ½ millim. Larg. 3 millim.

Corps allongé, dilaté en arrière, légèrement arrondi à son extrémité et fortement déprimé.

Tête large, jaunâtre, légèrement rembrunie sur le front, très-finement réticulée; palpes et antennes testacés.

Corselet jaunâtre, rembruni en avant et en arrière, à peine plus large que long, assez fortement arrondi sur les côtés, plus étroit en arrière qu'en avant, et réticulé comme la tête.

Écusson cordiforme, brunâtre et lisse.

Élytres allongées, étroites en avant, dilatées en arrière, largement arrondies à l'extrémité, et très-déprimées; elles sont jaunâtres, entièrement couvertes de petites taches noires, arrondies, très-rapprochées les unes des autres, et les faisant paraître brunâtres; trois ou quatre lignes longitudinales sur le disque, une autre très-étroite le long de la suture, et une tache irrégulière à la base conservent la couleur du fond et sont jaunâtres; on observe, en outre, deux lignes longitudinales de gros points, larges et très-peu enfoncés, du fond desquels naissent de petits poils jaunâtres; il existe aussi le long du bord externe quelques poils analogues; la portion réfléchie est jaunâtre.

Le dessous du corps d'un ferrugineux brunâtre; les pattes testacées.

Il se trouve au Chili, d'où il a été rapporté par M. Gay. Il fait partie de la collection du Muséum.

XVI. NOTERUS. *Clairville.*

DYTISCUS. *Auctorum.*

Antennes dilatées et comprimées au milieu dans les mâles, presque subuliformes dans les femelles. Labre et épistome coupés presque carrément. Menton trilobé, le lobe du milieu bifide. Dernier article des palpes labiaux élargi et échancré latéralement près de l'extrémité. Prosternum droit, arrondi en arrière. Ecusson invisible. Les trois premiers articles des tarses antérieurs et intermédiaires des mâles peu dilatés et garnis de cupules. Pattes postérieures terminées par deux crochets égaux et mobiles.

Le genre *Noterus* a été créé par Clairville, dans son *Entomologie Helvétique*, sur le *Dytiscus crassicornis* de Fabricius, seule espèce qu'il connût. Dans l'état actuel de la science, ce genre renferme trois espèces bien distinctes, qui toutes appartiennent à l'Europe; toutes celles qui sont exotiques devant faire partie du genre *Hydrocanthus* de Say.

Corps ovalaire, un peu obconique. Antennes des mâles plus ou moins élargies, et comprimées à partir du cinquième article, les quatre premiers étant toujours très-petits; les articles dilatés varient de nombre et de forme selon les espèces; celles des femelles sont presque subuliformes, le septième article un peu plus fort que les autres.

Labre et épistome coupés presque carrément. Menton trilobé, le lobe du milieu bifide, les divisions courtes et peu aiguës. Mandibules bidentées. Mâchoires très-aiguës et ciliées en dedans. Les trois premiers articles des palpes maxillaires courts, le dernier presque aussi long que les autres réunis. Languette coupée presque carrément. Le premier article des palpes labiaux très-petit, le second un peu plus grand et plus large, le dernier plus grand que les deux autres réunis, assez large, échancré latéralement près de son sommet. Prosternum droit, arrondi en arrière. Écusson invisible. Élytres ovalaires, semblables dans les deux sexes. Dans les mâles, les cuisses antérieures sont échancrées sur les côtés, les jambes des mêmes pattes élargies à l'extrémité et armées d'un éperon court et recourbé; les trois premiers articles des tarses antérieurs et intermédiaires dans le même sexe dilatés et garnis de cupules, le premier beaucoup plus grand et plus fort que les deux autres. Dans les femelles, les pattes antérieures et intermédiaires sont simples; celles de devant conservent l'éperon de l'extrémité des jambes, qui est même plus fort que chez les mâles. Les pattes postérieures larges, comprimées; leurs tarses ciliés et terminés par deux crochets égaux et mobiles. Le prolongement des hanches postérieures large, assez long, coupé obliquement en dedans, et terminé en pointe.

1. NOTERUS CRASSICORNIS.

Pl. 24. fig. 1.

Oblongo-ovalis, convexus, testaceus, nitidus; elytris pallido-castaneis, tribus punctorum majorum seriebus, valde impressis.

Dytiscus Crassicornis. MÜLLER. *Zool. Danic. Prod.* 779.
FAB. *Syst. Ent.* I. 201.
GYL. *Ins. Suec.* I. 516.
Dytiscus Clavicornis. DE GEER. *Ins.* IV. 402.
Dytiscus Capricornis. HERBST. *Arch.* 1. 8. pl. 28.
Noterus Geerii. LEACH. *Zool. Misc.* III. 71.
SCH. *Syn. Ins.* II. 24.

Long. 4 millim. Larg. 2 ½ millim.

Corps ovalaire, un peu obconique.

Tête testacée; yeux noirs, peu saillants; antennes testacées; celles des mâles ont les quatre premiers articles très petits, le cinquième très-grand, largement dilaté et comprimé, le sixième plus court, dilaté extérieurement, les quatre suivants un peu plus courts et plus étroits que le sixième, et à peu près égaux entre eux, le dernier plus étroit encore, ovalaire et assez pointu à son extrémité; le cinquième et le sixième forment entre eux un coude assez sensible; celles des femelles presque subuliformes; le septième article un peu plus fort que les autres.

Corselet de la couleur de la tête, légèrement rembruni en avant et en arrière, court, transversal, et un peu prolongé en pointe sur les élytres; il présente un sillon très-étroit qui occupe les bords antérieurs et latéraux.

Élytres un peu plus sombres que le corselet, ovalaires, un peu obconiques, de la largeur du corselet en avant, se rétrécissant ensuite insensiblement jusqu'à l'extrémité, où elles sont arrondies; elles sont marquées de points enfoncés assez forts, disposés en lignes longitudinales irrégulières.

Dessous du corps d'un brun ferrugineux; pattes testacées; les mâles présentent une tache noire à l'extrémité des quatre cuisses antérieures.

Il se rencontre dans toute l'Europe.

La synonymie de cet insecte et du suivant est un peu embrouillée; mais cependant il est à croire que les noms de *Crassicornis*, *Clavicornis* et *Capricornis* des anciens auteurs se rapportent à l'espèce la plus commune. Dans cette persuasion, je crois devoir adopter pour l'espèce ci-dessus le nom de *Crassicornis*, qui lui a été donné par Müller en 1777, ses autres noms étant plus récents. Quant à l'espèce suivante, en lui conservant le nom de *Sparsus*, qui lui a été assigné par Marsham, toute espèce de confusion deviendra impossible à l'avenir.

2. Noterus sparsus.

Pl. 24. fig. 2.

Oblongo-ovalis, convexus, testaceus, nitidus; elytris castaneis, punctis majoribus sparsis vix antice in seriebus ordinatis valde impressis.

Dytiscus Sparsus. Marsh. *Ent. Brit.* 1. 430.
Noterus Sparsus. Curtis. *Brit. Ent.* 236.
Noterus Crassicornis. Lacord. *Faun. Ent.* 1. 322.

Long. 5 millim. Larg. 2 $\frac{1}{4}$ millim.

Cet insecte a la plus grande analogie avec le précédent, dont il diffère très-peu.

Il est généralement plus grand, proportionellement un peu plus large; ses élytres sont aussi plus foncées et marquées de points plus gros, disposés moins régulièrement en lignes longitudinales, surtout en arrière, où ils sont placés sans ordre.

Les antennes des mâles ont une forme différente; les quatre premiers articles sont très-petits, le cinquième quadrangulaire, très-grand, largement dilaté et comprimé, les cinq suivants aussi larges et un peu plus courts, également quadrangulaires et comprimés, leur angle antérieur externe relevé en pointe assez aiguë; le dernier est beaucoup plus étroit que les précédents, ovalaire et assez pointu à son extrémité; le cinquième et le sixième forment aussi entre eux un coude assez sensible.

Il se trouve en France, en Allemagne, en Angleterre, et très-probablement dans d'autres contrées de l'Europe.

3. Noterus Lævis.

Pl. 24. fig. 3.

Oblongo-ovalis, convexus, nitidus; elytris castaneis, lævibus, vix punctis minutissimis in seriebus ordinatis impressis.

Noterus Lævis. Dej. Sturm. *Deuts. Faun.* 135, t. 199. fig. r. s.

Long. 4 $\frac{1}{2}$ millim. Larg. 2 $\frac{1}{2}$ millim.

Il tient le milieu entre le *Crassicornis* et le *Sparsus*; sa taille le rapproche de ce dernier, et la forme des antennes du premier, et il diffère de l'un et de l'autre par les points des élytres, qui sont très-petits et à peine sensibles.

Les antennes des mâles ont les quatre premiers articles très-petits, le cinquième très-grand, comprimé, plus large au sommet qu'à la base, l'angle antérieur externe relevé en pointe assez aiguë, le sixième beaucoup plus court, dilaté extérieurement, les quatre suivants plus courts et plus étroits que le sixième, à peu près égaux entre eux, le dernier très-petit et coupé obliquement en dehors; le cinquième et le sixième forment aussi entre eux un coude assez sensible.

L'on voit que dans l'analyse ces antennes diffèrent peu de celles du *Crassicornis*; mais dans leur ensemble elles sont essentiellement différentes; elles sont relativement moins longues, plus dilatées au milieu; le cinquième article est beaucoup plus large, et l'angle antérieur externe beaucoup plus saillant; l'onzième est aussi plus petit, et fortement tronqué obliquement en dehors.

Il habite les contrées les plus méridionales de l'Europe, et le nord de l'Afrique.

XVII. HYDROCANTHUS. *Say.*

NOTERUS. *Laporte.*

Antennes subuliformes, à peine plus larges à l'extrémité, semblables dans les deux sexes. Labre et épistome coupés presque carrément. Menton trilobé, le lobe du milieu très-court, très-légèrement échancré au milieu, à peine bifide. Dernier article des palpes labiaux très-large, sécuriforme, coupé obliquement à son sommet, entier ou très-légèrement et très-peu profondément échancré. Prosternum droit, très-large en arrière, où il est coupé carrément. Écusson invi-

sible. Les trois premiers articles des tarses antérieurs des mâles peu dilatés et garnis de cupules. Pattes postérieures terminées par deux crochets égaux et mobiles.

Ce genre est à peine différent des *Noterus* : il ne s'en distingue que par ses palpes labiaux plus largement dilatés et presque toujours sans échancrure, et par l'extrémité postérieure du prosternum, qui est très-large et coupé carrément, tandis que cette même pièce, dans les *Noterus*, est arrondie et en forme de spatule. Ces différences sont si peu essentielles, qu'il serait peut-être raisonnable de réunir les espèces de ce genre aux véritables *Noterus*, dont, au reste, ils ont tout-à-fait le faciès. Le genre *Hydrocanthus* a été créé par Say, dans les *Transactions of the Americ. Philos. Societ. of Philad.*, sur un insecte de l'Amérique du Nord qu'il nomme *Hydrocanthus iricolor*.

Corps ovalaire, un peu obconique. Antennes subuliformes, à peine plus larges à l'extrémité, semblables dans les deux sexes. Labre et épistome coupés presque carrément. Menton trilobé, le lobe du milieu très-court, très-légèrement échancré au milieu et à peine bifide. Mâchoires et mandibules. . . . . Les trois premiers articles des palpes maxillaires courts, égaux entre eux, le dernier le plus long de tous. Languette. . . . . . Les deux premiers articles des palpes labiaux très-courts, le dernier très-large, sécuriforme, tronqué obliquement à son sommet, entier ou à peine échancré. Prosternum droit, très-large en arrière, où il est coupé carrément. Écusson invisible. Élytres ovalaires, semblables dans les deux sexes. Les jambes de devant armées d'un éperon très-fort et recourbé. Les trois premiers articles des tarses antérieurs et intermédiaires des mâles peu dilatés et garnis de petites cupules, le premier beaucoup plus grand et plus fort que les deux autres. Les pattes postérieures larges, comprimées; leurs tarses ciliés et terminés par deux crochets égaux et mobiles. Le prolongement des hanches postérieures large, assez long, coupé obliquement en dedans et terminé en pointe.

Les insectes qui composent ce genre sont tous étrangers à l'Europe. Nous n'en connaissons que sept espèces : quatre propres à l'Amérique, deux qui habitent l'Afrique, et enfin une autre qui se trouve aux Indes-Orientales.

1. Hydrocanthus grandis.

Pl. 24. fig. 4.

Oblongo-ovalis, obconicus, antice ampliatus, postice acuminato-attenuatus, nitidus, ferrugineus; elytris ad basim, thorace angustioribus, castaneo-brunneis, tribus punctorum minorum seriebus leviter impressis.

Noterus Grandis. Lap. *Etud. Ent.* 105.

Long. 6 $\frac{1}{4}$ millim. Larg. 3 $\frac{1}{2}$ millim.

Corps ovalaire, allongé, obconique, atténué en pointe en arrière, et très convexe.

Tête d'un rouge ferrugineux; yeux noirs, peu saillants; antennes et palpes testacés.

Corselet de la couleur de la tête, légèrement rembruni en avant et en arrière, court, transversal, et un peu prolongé en pointe sur les élytres, très-largement arrondi sur les côtés; il présente un sillon très-étroit qui occupe les bords antérieur et latéraux.

Élytres ovalaires, obconiques, beaucoup moins larges en avant que le corselet, se rétrécissant ensuite insensiblement jusqu'à l'extrémité, où elles se terminent en pointe; elles sont d'un brun noirâtre, très-légèrement irisées, et marquées de trois lignes longitudinales irrégulières de points très-petits.

Le dessous du corps et les pattes d'un rouge ferrugineux.

Il se trouve au Sénégal, et fait partie de la collection de M. Buquet.

XVIII. SUPHIS. *Mihi.*

Antennes sétacées, semblables dans les deux sexes. Labre très-légèrement échancré. Epistome coupé presque carrément. Menton trilobé, le lobe du milieu très-petit et entier. Le dernier article des palpes maxillaires plus long que les autres, et bifide à son sommet. Le dernier article des palpes labiaux très-large, sécuriforme et très-légèrement échancré. Prosternum droit, large en arrière et coupé carrément. Ecusson invisible. Les trois premiers articles des tarses antérieurs et intermédiaires des mâles peu dilatés et garnis de petites cupules. Pattes postérieures terminées par deux crochets égaux et mobiles.

Ce genre a beaucoup d'analogie avec les deux précédents; il doit cependant en être séparé. Ses palpes maxillaires sont échancrés et bifides à l'extrémité, ce qui n'existe ni dans les *Noterus* ni dans les *Hydrocanthus*. Les insectes qui le composent ont aussi un faciès bien différent : ils sont beaucoup plus raccourcis, très-convexes et presque globuleux. Nous n'en connaissons que deux espèces : l'une du Brésil, et l'autre de l'Amérique du Nord.

Corps ovoïde, très-court, très-convexe, et presque globuleux. Antennes sétacées, semblables dans les deux sexes. Labre très-légèrement échancré. Épistome coupé presque carrément. Menton trilobé, le lobe du milieu très-petit et entier. Mandibules et mâchoires. . . . . Les trois premiers articles des palpes maxillaires courts et presque égaux entre eux, le dernier presque aussi long que les autres réunis, et bifide à son sommet. Languette. . . . Le premier article des palpes labiaux très-court, le second un peu plus long et plus large, le dernier plus long que les deux autres réunis, très-large, sécuriforme et très-largement échancré. Prosternum droit, large en arrière, où il est coupé carrément. Écusson invisible. Élytres ovalaires, semblables dans les deux sexes. Les jambes de devant armées d'un éperon très-fort et recourbé. Les trois premiers articles des tarses antérieurs et intermédiaires des mâles peu dilatés et garnis de petites cupules, le premier beaucoup plus grand et plus fort que les deux autres. Les pattes postérieures larges, comprimées; leurs tarses ciliés et terminés par deux crochets égaux et mobiles. Le prolongement des hanches postérieures large, assez long, coupé obliquement en dedans et terminé en pointe.

1. SUPHIS CIMICOIDES. *Chevrolat.*

Pl. 24. fig. 5.

Ovatus, brevior, maxime convexus, antice latius, postice attenuatus, rufo-ferrugineus, maculis irregularibus nigro-irroratus, valde undique dense punctatus.

Long. 4 millim. Larg. 2 ¾ millim.

Corps très-court, ovoïde, un peu obconique, atténué en pointe en arrière, très-convexe et presque globuleux.

Tête ferrugineuse, marquée de taches noires irrégulières sur le front et le vertex, et couverte de très-petits points épars; antennes et palpes d'un rouge ferrugineux.

Corselet ferrugineux, couvert de taches noires irrégulières, mais assez symétriquement disposées; il est une fois et demie environ aussi large que long, beaucoup plus étroit en avant qu'en arrière, où il est sinueux, le milieu de la base se prolongeant en pointe sur les élytres; il est tout couvert de points enfoncés assez forts et très-serrés.

Élytres très-courtes, tout au plus deux fois aussi longues que le corselet, obconiques et presque triangulaires, aussi larges en avant que la base du corselet, se rétrécissant ensuite assez brusquement pour se terminer en pointe; elles sont ferrugineuses, marquées de taches irrégulières, noires, semblables à celles du corselet, et couvertes comme lui de points enfoncés, mais un peu plus forts et plus serrés.

Le dessous du corps d'un noir ferrugineux; les pattes rougeâtres, plus ou moins foncées.

Il se trouve à Cayenne et au Brésil, et fait partie des collections de MM. Chevrolat et Buquet.

XIX. LACCOPHILUS. *Leach.*

1. Dytiscus auctorum.

Antennes sétacées. Labre étroitement et assez profondément échancré. Epistome coupé presque carrément. Menton trilobé, le lobe du milieu très-court, et à peine échancré à son sommet. Dernier article des palpes plus long que les autres, aciculaire. Prosternum droit, fortement comprimé en carène et terminé en pointe. Ecusson invisible. Les trois premiers articles des tarses antérieurs et intermédiaires des mâles à peine dilatés et garnis de cupules. Pattes postérieures terminées par deux crochets inégaux dont un seul est mobile.

Leach a établi ce genre dans le *Zoological Miscellany*, sur le *Dytiscus Minutus* de Linné. Les insectes qui le composent sont tous de petite taille, et ont la même manière de vivre que les autres Dytiques.

Corps ovalaire, plus ou moins déprimé. Labre étroitement et assez profondément échancré, et cilié au milieu. Épistome coupé presque carrément. Menton trilobé, le lobe du milieu très-petit et très-légèrement échancré au sommet. Mandibules bidentées. Mâchoires très-aiguës et ciliées en dedans. Le premier article des palpes maxillaires très-petit, les deux suivants un peu plus longs, presque égaux entre eux, le quatrième le plus long de tous, aciculaire. Languette légèrement arrondie à son sommet. Le premier article des palpes labiaux très-petit, le suivant assez long et un peu large, le dernier le plus long et aciculaire. Prosternum droit, court, fortement comprimé en carène et terminé en pointe. Écusson invisible. Élytres ovalaires, semblables dans les deux sexes, presque toujours marquées de taches irrégulières. Les trois premiers articles des tarses antérieurs et intermédiaires des mâles à peine dilatés et garnis de cupules assez grandes. Les pattes postérieures larges, comprimées, et terminées par deux crochets très-inégaux dont un seul est mobile; chacun des quatre premiers articles de leurs tarses présente en dehors un appendice assez long, dirigé en arrière et appliqué le long du bord externe du suivant; le prolongement des hanches postérieures coupé carrément.

Les *Laccophilus* habitent toutes les parties du monde. Nous en connaissons environ une vingtaine, dont quatre seulement sont propres à l'Europe.

1. Laccophilus interruptus.

Pl. 25. fig. 1.

Ovalis, subdepressus; thorace postice in medio brevissime acute producto; elytris pellucidis, testaceo-virescentibus, maculis irregularibus ad marginem, basin et suturam lineolisque plus minusve interrupto-abbreviatis, pallido-ornatis, postice rotundatim attenuatis.

Dyt. Interruptus. Panz. *Faun. Germ.* xxvi. t. 5.
Dyt. Minutus. Gyl. *Ins. Suec.* i. 514.
Laccophilus Minutus. Steph. *Illust. of Brit. Ent.* ii. 64.
Dyt. Marmoreus. Oliv. *Ent.* iii. 40. 27. t. 5. fig. 49.
Dyt. Hyalinus. de Geer. *Ins.* iv. 106.
Sch. *Syn. Ins.* ii. 24.

Long. 5 millim. Larg. 2 ¾ millim.

Corps ovale, à peine atténué en arrière, arrondi à l'extrémité et déprimé.

Tête large, testacée; yeux d'un noir glauque, à peine saillants; antennes et palpes jaunâtres.

Corselet de la couleur de la tête, très-court; le milieu de la base prolongé un peu en pointe mousse sur les élytres.

Élytres assez régulièrement ovalaires, très-légèrement atténuées en arrière, arrondies à l'extrémité et déprimées;

elles sont d'un testacé un peu verdâtre, légèrement plus foncées que la tête et le corselet, avec le bord externe et quelques petites taches de forme différente d'un jaune très-pâle; ces taches sont ainsi disposées : trois ou quatre près du bord externe, les deux antérieures trapézoïdales et touchant la bande marginale, les deux postérieures irrégulières et isolées; une cinquième au milieu de la base, bifide ou trifide en arrière; enfin une sixième près de la suture, un peu au delà de l'écusson, et qui envoie en arrière un prolongement linéaire occupant les trois quarts de leur longueur; il existe, en outre, sur le disque, trois ou quatre petites lignes de la même couleur, plus ou moins interrompues.

Dessous du corps d'un testacé plus ou moins rougeâtre; les pattes également téstacées; celles de devant souvent un peu verdâtres.

Il se rencontre dans toute l'Europe, où il est fort commun.

2. Laccophilus minutus.

Pl. 25. fig. 2.

Ovalis, subdepressus, testaceo-virescens; thorace postice in medio acute producto; elytris pellucidis, brunneo-virescentibus, maculis irregularibus obsoletissimis ad marginem et basin lineolisque raris plus minusve interrupto-abbreviatis, pallidioribus, vix conspicue ornatis.

Dytiscus Minutus. Linn. *Syst. Nat.* ii. 267.
Dytiscus Obscurus. Panz. *Faun. Germ.* xxvi. t. 3.

Dyt. Minutus. Var. b. Gyll. *Ins. Suec.* i. 515. ?
Dyt. Interruptus. Steph. *Illust. of Brit. Ent.* ii. 64.
Sch. *Syn. Ins.* ii. 24.

Long. 4 $\frac{3}{4}$ millim. Larg. 2 $\frac{1}{2}$ millim.

Cet insecte, très-voisin du précédent, a été souvent confondu avec lui et considéré comme une de ses variétés; il doit cependant bien certainement en être séparé.

Sa forme générale et surtout celle de son corselet l'en distinguent essentiellement. Il est toujours un peu plus petit et relativement plus étroit; son corselet est aussi beaucoup plus prolongé en arrière sur les élytres, caractère qui, à ma connaissance, n'a encore été signalé par aucun entomologiste. En outre, sa couleur est plus verdâtre, plus sombre, et les taches des élytres sont moins apparentes, souvent même à peine visibles.

Il habite toute l'Europe, où, comme le précédent, il est fort commun.

3. Laccophilus testaceus. *Mihi.*

Pl. 25. fig. 3.

Ovalis, brevior, depressiusculus, testaceus; thorace postice in medio brevissime acute producto; elytris pellucidis, vix thorace obscurioribus, maculis irregularibus raris, obsoletissimis, ad marginem et basin pallidioribus, vix cons picue ornatis, sæpius immaculatis, postice late rotundatis.

Long. 5 millim. Larg. 3 millim.

Corps ovale, assez largement arrondi en arrière et à peine déprimé.

Tête et corselet comme dans le *Minutus*.

Élytres assez régulièrement ovalaires, largement arrondies en arrière, à peine déprimées, testacées, très-légèrement plus foncées que la tête et le corselet, et un peu verdâtres, avec quelques taches irrégulières, jaunâtres, à peine perceptibles, le long du bord externe et à la base; le plus souvent elles sont immaculées.

Dessous du corps et pattes testacés.

Il a la plus grande analogie avec le *Minutus*, dont cependant il est assez différent pour constituer une espèce distincte. Il est relativement plus large, plus convexe, moins atténué en arrière, et les taches des élytres, lorsqu'elles existent, sont à peine visibles.

Il ne se rencontre pas non plus dans les mêmes contrées; le *Minutus* habite presque indistinctement toutes les parties de l'Europe, préférant toutefois le Nord, où il est plus abondant; tandis que le *Testaceus* se trouve presque exclusivement dans le Midi, en Espagne, en Italie et dans le midi de la France. M. Rambur a rapporté d'Espagne plus d'une centaine d'individus de cette espèce qui sont tous identiques, et parmi lesquels il est impossible d'en trouver un seul que l'on puisse rapporter aux *Lac. Minutus* ou *Obscurus*.

4. Laccophilus variegatus.

Pl. 25. fig. 4.

Oblongo-ovalis, subdepressus, rufo-testaceus; thorace postice in medio brevissime acute producto, antice et postice nigro; elytris confertissime et creberrime nigro-irroratis, cum lateribus fasciaque ad basin, et altera transversa paulo ultra medium rufo-luteo-ornatis, postice rotundatim attenuatis.

Dytiscus Variegatus. Germ. *Faun. Ins. Europ. Fasc.* III. t. 6.

Laccophilus Variegatus. Sturm. *Deuts. Faun.* 125. t. 198. fig. a. A.

Long. 4 millim. Larg. 2 ½ millim.

Corps ovale, allongé, atténué en arrière, arrondi à l'extrémité et déprimé.

Tête d'un testacé rougeâtre, très-légèrement rembrunie sur le vertex; yeux noirs à peine saillants; antennes et palpes testacés.

Corselet de la couleur de la tête, noirâtre en avant et en arrière, très-court; le milieu de la base prolongé en pointe très-mousse sur les élytres.

Élytres ovalaires, un peu allongées, atténuées en

arrière, arrondies à l'extrémité et déprimées; elles sont d'un testacé rougeâtre, et couvertes de petites taches irrégulières, noirâtres, très-rapprochées les unes des autres et les faisant paraître d'un brun noirâtre; le bord externe dans toute son étendue, et deux taches sur chaque élytre conservent la couleur du fond; ces taches sont ainsi disposées : la première est transversale, irrégulièrement onduleuse, assez large, placée un peu au delà de la base, et dirigée obliquement; de chaque angle antérieur de cette tache part un petit crochet étroit; ces petits crochets se dirigent en avant en se recourbant l'un vers l'autre et se rejoignent souvent, de sorte qu'alors la tache constitue une espèce d'anneau; la seconde est aussi transversale, irrégulière, et placée en arrière, au delà du milieu de leur longueur.

Le dessous du corps est d'un testacé un peu rougeâtre; les pattes antérieures jaunâtres, celles de derrière testacées.

Il se trouve en France, en Allemagne, en Italie et en Espagne.

HYDROPORIDES.

Les insectes qui composent cette tribu sont tous de petite taille, et se distinguent des *Dytiscides*, avec lesquels ils ont la plus grande analogie, par la disposition des tarses antérieurs et intermédiaires, qui, en apparence, n'offrent que quatre articles distincts, mais qui, en réalité, sont composés de cinq, le quatrième, très-petit, étant caché dans l'échancrure du troisième. Ils offrent aussi cela de particulier, que les mâles se distinguent à peine des femelles, et n'en diffèrent que par un peu plus de largeur dans les trois premiers articles des tarses antérieurs et intermédiaires, qui, dans les deux sexes, sont garnis de petites brosses soyeuses. Les *Hydroporides* comprennent deux divisions principales; la première composée d'insectes dont l'écusson est visible, celle-ci n'offre qu'un seul genre; la seconde présente trois genres différents dont l'écusson est invisible. Nous donnons ci-dessous l'analyse de cette tribu.

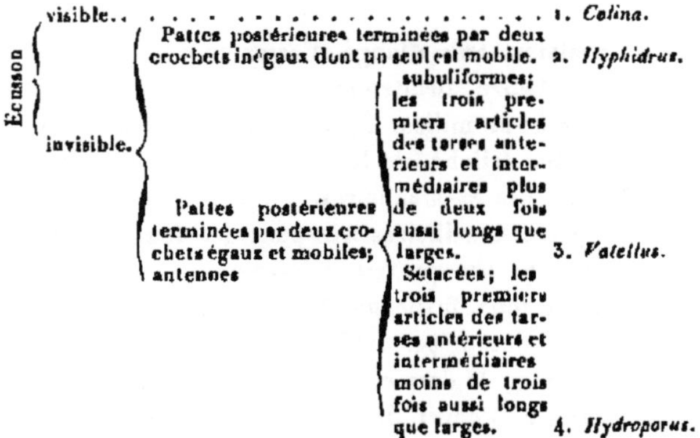

Écusson
- visible . . . . 1. *Colina.*
- invisible.
  - Pattes postérieures terminées par deux crochets inégaux dont un seul est mobile. 2. *Hyphidrus.*
  - Pattes postérieures terminées par deux crochets égaux et mobiles; antennes
    - subuliformes; les trois premiers articles des tarses antérieurs et intermédiaires plus de deux fois aussi longs que larges. 3. *Vatellus.*
    - Setacées; les trois premiers articles des tarses antérieurs et intermédiaires moins de trois fois aussi longs que larges. 4. *Hydroporus.*

XX. CELINA. *Mihi.*

Antennes sétacées. Labre étroitement et assez profondément échancré. Epistome coupé presque carrément. Menton trilobé, le lobe du milieu très-petit et entier. Le dernier article des palpes plus long que les autres. Prosternum droit, aplati et spatuliforme. Ecusson apparent. Les trois premiers articles des tarses antérieurs et intermédiaires garnis de petites brosses soyeuses dans les deux sexes. Pattes postérieures terminées par deux crochets égaux et mobiles.

Corps ovalaire, très-allongé et assez convexe. Antennes sétacées. Labre étroitement et assez profondément échancré et cilié au milieu. Épistome coupé presque carrément. Menton trilobé, le lobe du milieu très-petit et entier. Mandibules et mâchoires. . . . . . Le premier article des palpes maxillaires très-petit, les deux suivants un peu plus longs, presque égaux entre eux, le quatrième le plus long de tous, fusiforme. Languette. . . . . . Le premier article des palpes labiaux très-petit, le suivant un peu plus long, le dernier le plus long de tous, fusiforme. Prosternum court, droit, aplati et terminé en une spatule bicanaliculée. Ecusson apparent. Élytres ovalaires, allongées, semblables dans les deux sexes. Les trois premiers articles des tarses antérieurs et intermédiaires aussi larges que longs, garnis de petites brosses soyeuses dans les deux sexes, le quatrième très-petit, caché dans l'échancrure du troisième et à peine perceptible; les jambes antérieures et intermédiaires larges, à peine aplaties, ciliées, et terminées par deux crochets égaux et mobiles.

Nous ne connaissons que trois espèces de ce genre, toutes propres à l'Amérique.

1. Celina latipes.

Pl. 26. fig. 1.

Elongato-ovalis, postice valde acuminata, convexa, supra undique valde punctata; capite et thorace rufo-ferrugineis; elytris rufo-piceis.

Hydroporus Latipes. Brull. *Voy. de M. d'Orbig. dans l'Am. mér.* vi. p. 51.

Long. 6 millim. Larg. 2 $\frac{1}{4}$ millim.

Corps ovale, allongé, très-fortement atténué en pointe en arrière, et assez convexe.

Tête rougeâtre, finement pointillée; antennes et palpes testacés.

Corselet de la couleur de la tête, un peu moins de deux fois aussi large que long, légèrement sinueux en arrière, le milieu de la base s'avançant un peu sur l'écusson; il est tout couvert de points assez forts et assez serrés, et présente de chaque côté de la base, un peu en dedans et en avant de l'angle postérieur, une petite fossette assez profonde.

Écusson court, large, brunâtre et lisse.

Élytres ovalaires, très-allongées, un peu obconiques, très-fortement atténuées en pointe en arrière, brunâtres, avec les bords latéraux et l'extrémité, dans une petite étendue, vaguement rougeâtres; elles sont couvertes de points analogues à ceux du corselet et répandus d'une manière uniforme sur toute leur surface; la portion réfléchie est rougeâtre et ponctuée.

Le dessous du corps d'un rouge ferrugineux, avec les flancs brunâtres; pattes d'un testacé rougeâtre; la poitrine très-fortement ponctuée.

Il se trouve dans l'intérieur du Brésil.

XXI. VATELLUS. *Mihi* (1).

Hydroporus. *Laporte.*

Antennes subuliformes. Labre très-largement et très-peu profondément échancré. Epistome largement échancré,

---

(1) Je n'ai pas cru devoir adopter pour ce nouveau genre le nom de *Leucorea* que M. de Laporte a proposé, dans le cas où l'on voudrait par la suite le séparer des *Hydroporus*; et cela parce que je ne puis comprendre qu'on impose aux entomologistes à venir, un nom pour une division générique qu'on ne s'est pas cru fondé à créer soi-même.

caché par le front. Menton trilobé, le lobe du milieu très-petit, très-étroit et entier. Dernier article des palpes plus long que les autres. Prosternum coudé et terminé en fer de lance. Ecusson invisible. Les trois premiers articles des tarses antérieurs et intermédiaires plus de deux fois aussi longs que larges, garnis de petites brosses spongieuses dans les deux sexes. Pattes postérieures terminées par deux crochets égaux et mobiles.

Corps ovalaire. Antennes subuliformes. Labre très-largement et très-profondément échancré et cilié. Épistome largement échancré, recourbé en avant et caché par le front, qui s'avance antérieurement en une carène demi-circulaire. Menton trilobé, le lobe du milieu très-petit, très-étroit et entier. Mandibules et mâchoires..... Le premier article des palpes maxillaires très-petit, les deux suivants à peine plus longs, le quatrième presque aussi long que les trois autres réunis, fusiforme. Languette. . . . . Les deux premiers articles des palpes labiaux très-petits, presque égaux, le troisième un peu plus long, renflé et fusiforme. Prosternum coudé à angle presque droit et terminé en arrière en fer de lance. Écusson invisible. Élytres ovalaires, semblables dans les deux sexes. Les trois premiers articles des tarses antérieurs et intermédiaires plus de deux fois aussi longs que larges, écartés et réunis par un pédicule étroit, garnis de petites brosses spongieuses dans les deux sexes, le quatrième très-petit, caché dans l'échancrure du troisième, et à peine perceptible, le dernier long, grêle, et nullement engagé dans l'échancrure du troisième. Les pattes postérieures longues, grêles, à peine aplaties et ciliées, et terminées par deux crochets égaux et mobiles.

Je ne connais qu'une seule espèce de ce genre; elle a été trouvée à Cayenne.

1. Vatellus tarsatus.

Pl. 26. fig. 2.

Oblongo-ovalis, supra planus, infra convexus, undique coriaceo-punctulatus, niger; thorace quadrato, elytris angustiore; pedibus nigro-piceis; femoribus anticis et intermediis rufo-ferrugineis.

Hydroporus Tarsatus. Lap. *Etud. Ent.* 106.

Long. 5 millim. Larg. 2 $\frac{1}{3}$ millim.

Corps ovalaire, un peu allongé, aplati en dessus, convexe en dessous, entièrement couvert de points enfoncés très-serrés, et de plus en plus forts qu'on les observe successivement sur la tête, le corselet, les élytres et l'abdomen; il est d'un noir mat.

Tête petite, arrondie en avant; yeux assez saillants; antennes et palpes ferrugineux.

Corselet deux fois environ aussi large que long, à peine

plus étroit en avant, sinueux en arrière, le milieu de la base s'avançant un peu sur les élytres, les côtés arrondis en avant vers les angles antérieurs, rentrent un peu au delà du milieu, et ressortent ensuite vers les angles postérieurs, qui sont un peu aigus.

Élytres régulièrement ovalaires, beaucoup plus larges que le corselet, légèrement déprimées en dessus.

Les pattes d'un noir de poix, avec la base des cuisses antérieures et intermédiaires d'un rouge ferrugineux dans une assez grande étendue.

Il a été trouvé à Cayenne.

XXII. HYDROPORUS. *Clairville.*

DYTISCUS. *Linné, Fabricius.* HYPHIDRUS. *Illiger, Schonherr, Gyllenhal.* HYGROTUS. *Stephens.*

Antennes sétacées. Labre plus ou moins échancré. Epistome peu échancré et coupé presque carrément. Menton trilobé, le lobe du milieu très-petit et entier. Dernier article des palpes plus long que les autres. Prosternum un peu comprimé et terminé en pointe en arrière. Ecusson invisible. Les trois premiers articles des tarses antérieurs et intermédiaires aussi larges que longs ou à peine plus longs, garnis de petites brosses spongieuses dans les deux sexes. Pattes postérieures terminées par deux crochets égaux et mobiles.

Ce genre a été créé par Clairville, dans son *Entomo-*

logie Helvétique, aux dépens de quelques petites espèces du genre *Dytiscus* des anciens auteurs. Avant lui, Illiger, dans son *Magasin*, 1, p. 299, avait déjà fait remarquer que quelques petits Dytiques n'offraient que quatre articles aux tarses antérieurs et intermédiaires, et les avait réunis sous le nom d'*Hyphidrus*. Depuis lors Latreille divisa les *Hyphidrus* d'Illiger en deux coupes génériques distinctes : la première conserva le nom que lui avait assigné Clairville, et il maintint à la seconde celui donné par Illiger Plus récemment encore, M. Stéphens établit un nouveau genre aux dépens des *Hydroporus* de Latreille, et qu'il nomma *Hygrotus*. Voici comment cet entomologiste le distingue : Corps court, ovoïde et très-convexe, le dernier article des palpes renflé et presque pointu, et enfin les troisième et quatrième articles des antennes plus courts que les autres. Ces deux derniers caractères se retrouvant chez beaucoup d'autres, la forme plus ou moins convexe ne peut plus servir à elle seule pour motiver la création d'un genre nouveau; nous nous bornerons donc à la division de Latreille.

Corps ovalaire et déprimé ou ovoïde, raccourci et très-convexe. Antennes sétacées, les troisième et quatrième articles souvent plus courts que les autres. Labre plus ou moins échancré et cilié. Epistome peu échancré ou coupé presque carrément, et quelquefois caché par le front, qui s'avance antérieurement en une carène demi-circulaire (*Hyd. inæqualis, reticulatus*, etc.). Menton trilobé, le lobe du milieu très-petit et entier. Mandibules bidentées. Mâchoires très-aiguës et ciliées en dedans. Les trois premiers articles des palpes maxillaires courts, le dernier le plus long de tous, fusiforme. Languette un peu triangulaire au sommet. Les deux premiers articles des palpes labiaux courts; le troisième le plus long et fusiforme. Prosternum légèrement comprimé et terminé en pointe. Les trois premiers articles des tarses antérieurs et intermédiaires aussi larges que longs ou à peine plus longs, garnis de petites brosses spongieuses dans les deux sexes, le quatrième très-petit, caché dans l'échancrure du troisième, et très-difficilement perceptible, le dernier assez long et à peine engagé dans l'échancrure du troisième. Les pattes postérieures longues, grêles, un peu comprimées, ciliées, et terminées par deux crochets égaux et mobiles.

Les insectes qui composent ce genre sont répandus sur toute la surface du globe.

1. Hydroporus duodecim-pustulatus.

Pl. 26. fig. 3.

Oblongo-ovalis, testaceo ferrugineus; thorace late ad latera rotundato, antice transversim nigro, ad basin macula gemina nigra; elytris nigris, sex maculis testaceis utrinque ornatis, apice attenuato-rotundatis.

Dytiscus 12-*Pustulatus*. Fab. *Syst. Eleut.* I. 270.
Oliv. *Ent.* III. 40. t. 5. fig. 46. a. b.
Hyphidrus 12-*Pustulatus*. Gyl. *Ins. Suec.* I. 527.
Sch. *Syn. Ins.* II. 33.

Long. 6 millim. Larg. 3 millim.

Corps ovale, un peu allongé et très-médiocrement convexe.

Tête testacée, à peine assombrie en arrière; antennes et palpes testacés.

Corselet de la couleur de la tête, avec une tache transversale au milieu du bord antérieur, et une autre bilobée au milieu de la base, deux fois environ aussi large que long, sinueux à la base, dont les côtés sont coupés presque carrément, et le milieu prolongé en pointe mousse sur les élytres; les bords latéraux largement arrondis.

Élytres ovalaires, atténuées en arrière, étroitement arrondies à l'extrémité, moins larges en avant que le milieu du corselet, et formant à leur point de réunion avec lui un angle rentrant très-marqué; elles sont noires, avec le bord externe testacé et six taches de même couleur ainsi disposées : deux près de la suture, et quatre le long du bord externe auquel elles sont réunies; la portion réfléchie est testacée.

Le dessous du corps et les pattes sont d'un testacé un peu ferrugineux.

Cet insecte varie beaucoup : tantôt le noir des élytres est très-réduit et les taches sont très-larges; tantôt, au contraire, le noir domine et les taches sont très-petites, et quelquefois même disparaissent en partie.

Il habite presque toute l'Europe.

2. Hydroporus depressus.

Pl. 26. fig. 4.

Oblongo-ovalis, testaceus; thorace ad latera late rotundato, antice anguste transversim nigro, ad basin macula gemina nigra; elytris nigris, maculis irregularibus lineolisque testaceis ornatis, apice denticulatis.

Dytiscus Depressus. Fab. *Syst. Eleut.* I. 268.
Dyt. Elegans. Panz. *Faun. Germ.* XXIV. fig. 5.
Dyt. Neuhoffii. Cederh. *Faun. Ing.* 32. t. II. fig. 1?
Hyphidrus Depressus. Gyl. *Ins. Suec.* I. 526.
Hydroporus Depressus. Sturm. *Deuts. Faun.* IX. p. 9. t. CCV. fig. b. B.
Hydroporus Elegans. Sturm. *Deuts. Faun.* IX. p. 7. t. CCV. fig. a. A.

Long. 5 millim. Larg. 2 $\frac{3}{4}$ millim.

Corps ovale, un peu allongé et très-médiocrement convexe.

Tête testacée; antennes et palpes testacés, avec le dernier article noirâtre.

Corselet de la couleur de la tête, avec le bord antérieur très-étroitement noirâtre et une tache de même couleur bilobée au milieu de la base, un peu plus de deux fois aussi large que long, sinueux à la base, dont les côtés sont coupés un peu obliquement et le milieu prolongé en pointe mousse sur les élytres; les bords latéraux largement arrondis.

Élytres ovalaires, atténuées en arrière et armées chacune, près de l'extrémité, d'une petite dent épineuse assez saillante, moins larges en avant que le milieu du corselet, et formant, à leur point de réunion avec lui, un angle rentrant très-marqué ; elles sont noires, avec le bord externe, six taches irrégulières et quelques lignes plus ou moins interrompues testacés; les taches sont ainsi disposées : deux près de la suture, et quatre le long du bord externe auquel elles sont réunies; la portion réfléchie est testacée.

Le dessous du corps et les pattes d'un testacé un peu ferrugineux.

Cette espèce, comme la précédente, offre beaucoup de variétés; tantôt les taches sont très-larges et le noir est très-réduit (*Hyd. Elegans*, Sturm); tantôt, au contraire, le noir domine. Il arrive aussi quelquefois que toutes les taches disparaissent, et sont remplacées par des lignes testacées (ce qui constitue la var. b. de Gyll.).

Il se trouve dans presque toute l'Europe.

3. Hydroporus marginicollis.

Pl. 26. fig. 5.

Oblongo-ovalis, pallide testaceus; thorace ad latera rotundato, anguste nigro-circumcincto; elytris sutura nigra, angustissimeque nigro-circumcinctis, apice denticulatis.

Hydroporus Marginicollis. Dej. *Cat.* 1836. 64.

Long. 5 millim. Larg. 2 ½ millim.

Il a absolument la même forme et la même couleur que le *Depressus*, dont il n'est peut-être qu'une variété ; seulement il est immaculé et n'offre qu'une petite bordure très-étroite, noirâtre tout autour du corselet et des élytres ; la suture de ces dernières est également de cette couleur.

La tête, les antennes, les palpes, le dessous du corps et les pattes sont absolument semblables aux parties correspondantes du *Depressus*.

Il se trouve en Suisse.

4. Hydroporus sansii. *Solier.*

Pl. 26. fig. 6.

Oblongo-ovalis, pallide testaceus; thorace ad latera late rotundato, vix postice nigro-maculato, transversim ad basin depressiusculo; elytris tribus fasciis irregularibus oblique transversis, plus minusve confluentibus, nigro-ornatis, apice vix denticulatis.

Long. 5 millim. Larg. 2 ½ millim.

Corps ovale, un peu allongé et très-médiocrement convexe.

Tête testacée; antennes et palpes également testacés, avec les derniers articles rembrunis à l'extrémite.

Corselet de la couleur de la tête, avec la base étroitement noirâtre, et marquée de chaque côté, au tiers environ de sa largeur, d'une petite tache de même couleur, peu sensible, un peu plus de deux fois aussi large que long, sinueux à la base, dont les côtés sont coupés un peu obliquement, et le milieu prolongé en pointe mousse sur les élytres; il est transversalement déprimé en arrière; les bords latéraux largement arrondis.

Élytres ovalaires, atténuées en arrière et armées chacune, près de l'extrémité, d'une petite dent à peine sensible, moins larges en avant que le milieu du corselet, et formant, à leur point de réunion avec lui, un angle rentrant très-marqué; elles sont d'un testacé pâle, avec la suture noire et trois bandes de même couleur irrégulières, transversales et un peu obliques; ces bandes ne touchent pas le bord externe; la première et la seconde sont réunies entre elles, à peu près dans leur milieu, par une petite bande longitudinale; la portion réfléchie est jaunâtre.

Le dessous du corps et les pattes testacés; les tarses antérieurs et intermédiaires brunâtres en dessus.

Il ressemble beaucoup au *Depressus*, dont il diffère par sa taille, relativement plus étroite, son corselet assez largement déprimé en arrière, la maculature des élytres, et les petites dents de l'extrémité, qui sont beaucoup moins saillantes.

Je n'ai vu que deux individus de cette espèce ; ils m'ont été envoyés par M. Solier, comme ayant été pris en Espagne, aux environs de Barcelonne.

5. Hydroporus affinis.

Pl. 27. fig. 1.

Oblongo-ovalis, convexiusculus, supra pallide testaceus, infra niger; thorace ad latera rotundato, ad basin macula gemina nigro notato; elytris lineolis nigris in maculis plus minusve confluentibus notatis, apice vix obtuse denticulatis.

Long. 5 $\frac{1}{3}$ millim. Larg. 2 $\frac{2}{3}$ millim.

Corps ovale, un peu allongé et très-médiocrement convexe.

Tête testacée, noirâtre en arrière et entre les yeux; antennes et palpes également testacés, avec le dernier article noirâtre.

Corselet de la couleur de la tête, avec une tache transversale étroite au milieu du bord antérieur, et une autre bilobée au milieu de la base; un peu plus de deux fois aussi large que long, sinueux à la base, dont les côtés sont coupés très-peu obliquement, et le milieu prolongé en pointe mousse sur les élytres; les bords latéraux faiblement arrondis.

Élytres ovalaires, atténuées en arrière, et armées chacune, près de l'extrémité, d'une petite dent très-mousse et à peine saillante, moins larges en avant que le milieu du corselet, et formant, à leur point de réunion avec lui, un angle rentrant très-marqué; elles sont testacées, avec la région de l'écusson, la suture et six ou sept lignes noires; les lignes sont plus ou moins abrégées en avant et en arrière, une ou deux fois interrompues et souvent réunies latéralement pour former de larges taches, surtout en dehors; la portion réfléchie est jaunâtre.

Le dessous du corps est noir; les pattes d'un testacé ferrugineux, avec les tarses antérieurs et intermédiaires noirâtres en dessus.

Il a quelque analogie avec le *Depressus*, mais il est un peu plus grand et relativement plus étroit; ce qui le distingue essentiellement, c'est que le dessous du corps est noir, tandis qu'il est testacé dans le *Depressus*.

Il se trouve en Sardaigne, d'où il m'a été envoyé par M. Gené, de Turin.

6. HYDROPORUS FENESTRATUS. *Escher.*

Pl. 27. fig. 2.

Oblongo-ovalis, convexiusculus, supra pallide testaceus, infra niger; thorace ad latera rotundato, nigro circumcincto, ad basin macula gemina nigro notato; elytris duabus maculis vel tribus rotundatis ad marginem altera-

quæ versus suturam nigram spatium quadratum testaceum circumdante, nigro-ornatis, paulo ante apicem obtuse denticulatis.

Long. 5 millim. Larg. $2\frac{1}{2}$ millim.

Corps ovale, un peu allongé et très-médiocrement convexe.

Tête testacée, noirâtre en arrière et entre les yeux; antennes et palpes également testacés, avec les derniers articles noirâtres à l'extrémité.

Corselet de la couleur de la tête, entièrement et étroitement bordé de noir, avec une tache bilobée au milieu de la base, un peu plus de deux fois aussi large que long, sinueux à la base, dont les côtés sont coupés très-peu obliquement, et le milieu prolongé en pointe mousse sur les élytres; les bords latéraux faiblement arrondis.

Élytres ovalaires, atténuées en arrière, et armées chacune, près de l'extrémité, d'une petite dent à peine visible, moins larges en avant que le milieu du corselet, et formant, à leur point de réunion avec lui, un angle rentrant très-marqué; elles sont testacées, avec la suture et quatre taches irrégulières noires, et ainsi disposées: trois le long du bord externe, et une longitudinale placée sur le disque, au milieu environ; celle-ci envoie de ses extrémités antérieure et postérieure un petit prolongement interne atteignant la suture, et entourant ainsi un petit espace testacé irrégulièrement quadrilatère; la forme et la disposition de toutes ces taches sont assez variables;

ainsi, quelquefois la tache discoïdale ne touche pas la suture par ses deux prolongements internes; souvent aussi les angles externes de cette tache sont réunis aux petites taches latérales antérieure et postérieure; la portion réfléchie est jaunâtre.

Le dessous du corps noir; les pattes brunâtres.

Il se trouve en Sicile.

7. Hydroporus luctuosus.

Pl. 27. fig. 3.

Elongato-ovalis, depressiusculus, niger; capite in vertice rufo-ferrugineo; thorace ad latera rotundato; elytris macula transversa ad basin, duabus rotundatis externis versus apicem alteraque oblonga ad suturam paulo ultra medium pallido-ornatis, paulo ante apicem obtuse denticulatis.

Long. 5 $\frac{1}{2}$ millim. Larg. 2 $\frac{2}{3}$ millim.

Corps ovale, allongé et très-légèrement déprimé.

Tête noire, avec une large tache ferrugineuse sur le vertex; antennes et palpes testacés, avec les derniers articles rembrunis à l'extrémité.

Corselet de la couleur de la tête, présentant souvent une tache ferrugineuse assez vague sur le milieu du disque, un peu plus de deux fois aussi large que long, sinueux à la base, dont les côtés sont coupés presque carrément, et le milieu prolongé en pointe mousse sur les élytres; les bords latéraux largement arrondis.

Élytres ovalaires, armées chacune, près de l'extrémité, d'une petite dent peu saillante, moins larges en avant que le milieu du corselet, et formant, à leur point de réunion avec lui, un angle rentrant très-marqué; elles sont noires, avec une large bande transversale à la base, et trois taches à peu près égales d'un jaune pâle; les taches sont placées un peu en arrière : l'une en dedans, près de la suture, et les deux autres le long du bord externe; la portion réfléchie est jaunâtre en avant, noirâtre en arrière.

Le dessous du corps noir; pattes ferrugineuses.

Il se trouve dans le midi de la France et en Sardaigne.

8. Hydroporus variegatus.

Pl. 27. fig. 4.

Oblongo-ovalis, convexiusculus, niger; capite testaceo, postice anguste nigro; thorace vix ad latera rotundato testaceo, nigro-circumcincto, macula gemina irregulari in disco nigra; elytris nigris, transversim late ad basin, anguste ad latera, maculis tribus inæqualibus in margine duabusque minimis in disco testaceo-ornatis, paulo ante apicem denticulatis.

Long. 5 $\frac{1}{4}$ millim. Larg. 3 millim.

Corps ovale et très-médiocrement convexe.

Tête testacée, étroitement noirâtre en arrière; antennes et palpes également testacés, avec le dernier article rembruni.

Corselet de la couleur de la tête, entièrement bordé de noir, très-étroitement en avant et sur les côtés, et un peu plus largement à la base; il présente sur le disque deux taches irrégulières également noires, très-rapprochées l'une de l'autre, et seulement séparées par un petit espace en forme de cœur; il est un peu plus de deux fois aussi large que long, et sinueux à la base, dont les côtés sont coupés obliquement et le milieu prolongé en pointe mousse sur les élytres; les bords latéraux très-peu arrondis.

Élytres ovalaires, assez larges, atténuées en arrière, et armées chacune, près de l'extrémité, d'une petite dent peu saillante, aussi larges en avant que la base du corselet, et formant, à leur point de réunion avec lui, un angle rentrant très-ouvert et très-peu sensible; elles sont noires, avec une large bande transversale à la base, une ligne étroite le long du bord externe, et cinq taches de grandeur inégale d'un jaune pâle; trois des taches sont le long du bord externe, et les deux autres transversalement placées au milieu du disque; la portion réfléchie est jaune.

Le dessous du corps noir, avec l'extrémité du segment anal ferrugineuse; les pattes d'un testacé un peu ferrugineux.

Je n'ai vu qu'un seul individu de cette espèce; il a été pris en Arménie par M. Victor de M.

9. Hydroporus carinatus.

Pl. 27. fig. 5.

Oblongo-ovalis, depressiusculus, supra nigro-brunneus, infra testaceo-ferrugineus, opacus; capite rufo-ferrugineo; thorace ad latera late rotundato, marginibus, maculaque minima in disco rufo-testaceis; elytris fascia transversa ad basin, altera ultra medium, vitta irregulari ad marginem maculaque apicali confuse rufo-testaceo ornatis, in medio disco carina valde elevata, apice denticulatis.

Hydroporus Carinatus. Dej. *Cat.* 1836. p. 64.

Long. 5 ¼ millim. Larg. 2 ¾ millim.

Corps ovale, un peu allongé et très-légèrement déprimé.

Tête d'un rouge-ferrugineux terne; antennes et palpes testacés, avec les derniers articles noirâtres à l'extrémité.

Corselet d'un brun-noirâtre terne, avec les bords latéraux ferrugineux, et une petite tache de même couleur sur le milieu du disque, deux fois et demie aussi large que long, sinueux à la base, dont les côtés sont coupés très-peu obliquement et le milieu prolongé en pointe mousse sur les élytres; les bords latéraux largement arrondis.

Élytres ovalaires, atténuées en arrière et armées chacune, près de l'extrémité, d'une petite dent épineuse assez saillante, moins larges en avant que le milieu du corselet, et formant, à leur point de réunion avec lui, un angle rentrant très-marqué; elles sont ternes, d'un brun noirâtre, avec le bord externe, une large bande transversale à la base, une autre plus petite placée en dehors, aux deux tiers postérieurs environ, et une tache tout-à-fait à l'extrémité, d'un testacé rougeâtre; elles présentent, en outre, sur le milieu du disque, une côte longitudinale élevée et un peu arquée en dedans; la portion réfléchie d'un testacé ferrugineux.

Le dessous du corps et les pattes également d'un testacé ferrugineux.

Il a été trouvé en Espagne par M. le comte Dejean.

10. Hydroporus Alpinus.

Pl. 28. fig. 1.

Oblongo-ovalis, postice attenuatus, depressiusculus, supra pallide testaceus, infra niger, ano pallidiore; vertice anguste nigro; thorace ad latera paulo rotundato, postice transversim depresso, utrinque stria minima valde impressa; elytris sex lineis, lineolisque duabus externis, præter suturam angustissimam, utrinque nigro ornatis, apice oblique truncatis; pedibus totis pallide testaceis.

Dytiscus Alpinus. Payk. *Faun. Suec.* 1. 226.

Hyphidrus Alpinus. Gyl. *Ins. Suec.* I. 524.
Hydroporus Alpinus. Germ. *Faun. Ins. Eur.* IX. fig. 7.

Long. 4 ¾ millim. Larg. 2 ½ millim.

Corps ovale, un peu allongé et légèrement déprimé.

Tête d'un testacé pâle, noirâtre en arrière; palpes et antennes testacés, avec le dernier article noirâtre à l'extrémité.

Corselet de la couleur de la tête, avec le bord antérieur noirâtre au milieu, et quelquefois une ligne transversale d'un brun sombre au-devant de la base, deux fois et demie aussi large que long, sinueux à la base, dont les côtés sont coupés très-peu obliquement et le milieu prolongé en pointe mousse sur les élytres; les bords latéraux un peu arrondis.

Élytres ovalaires, atténuées en arrière, tronquées obliquement à l'extrémité, plus larges en avant que le corselet, et formant, à leur point de réunion avec lui, un angle rentrant assez sensible; elles sont d'un testacé pâle, avec la suture, six lignes longitudinales qui n'atteignent ni la base ni l'extrémité, et deux petites taches externes noirâtres; elles sont aussi entièrement couvertes de points enfoncés infiniment petits, très-espacés et à peine visibles; la portion réfléchie est jaunâtre.

Le dessous du corps noir, avec l'extrémité du segment anal à peine ferrugineuse; pattes d'un testacé pâle.

Il habite le Nord de l'Europe, la Suède, la Norvège, la Laponie, etc.

11. HYDROPORUS BIDENTATUS.

Pl. 28. fig. 2.

Oblongo ovalis, postice attenuatus, depressiusculus, supra pallide testaceus, infra niger, ano pallidiore; vertice anguste nigro; thorace ad latera vix rotundato, postice transversim depresso, utrinque stria minima valde impresso; elytris sex lineis, lineolisque duabus externis, præter suturam angustissimam, utrinque nigro-ornatis, apice emarginatis, valde denticulatis; pedibus totis pallide testaceis.

Hyphidrus bidentatus. Gyl. *Ins. Suec.* 1. 525.
Zett. *Faun. Ins. Lapp.* pars. 1ª. p. 224.
Hydroporus bidentatus. Germ. *Faun. Ins. Europ.* tab. IX. fig. 8.

Long. 4 $\frac{2}{3}$ millim. Larg. 2 $\frac{1}{3}$ millim.

Cet *Hydropore* est entièrement semblable, pour la forme, la couleur et les dessins, à l'*Hyd. Alpinus*, dont il ne diffère que par l'extrémité des élytres, qui sont armées chacune d'une petite dent assez saillante; le dernier segment de l'abdomen est aussi entièrement ferrugineux.

Il se trouve dans les mêmes localités que l'*Alpinus*.

12. Hydroporus borealis.

Pl. 28. fig. 3.

Oblongo-ovalis, vix postice attenuatus, depressiusculus, supra flavo-testaceus, infra niger; capite arcu nigro notato; thorace ad latera vix rotundato, postice transversim depresso, utrinque stria minima valde impresso, ad basin macula nigra transversa; elytris sex lineis maculisque externis, his plus minusve connexis, præter suturam angustissimam, utrinque nigro-ornatis, apice oblique truncatis; pedibus pallido-testaceis, femoribus ad basin nigricantibus.

Hyphidrus Borealis. Gyl. *Ins. Suec.* iv. 386.
Dytiscus Alpinus. Duft. *Faun. Aust.* i. 273.
Hyphidrus Alpinus. Kunze. *Ent. Fragm.* 67.
Hydroporus Alpinus. Sturm. *Deuts. Faun.* ix. p. 18.

Long. 4 ½ millim. Larg. 2 ¼ millim.

Il est très-voisin de l'*Hyd. Alpinus*, dont il diffère à peine; il est cependant un peu plus petit, plus déprimé, moins atténué en arrière, avec les bords latéraux du corselet un peu plus arrondis; la tête offre un chaperon noir; les lignes et taches des élytres sont un peu plus larges, souvent réunies latéralement sur quelques points de leur étendue; la portion réfléchie est noire, et enfin les cuisses sont rembrunies à la base.

Il se trouve dans le nord de l'Europe et aussi dans les Alpes.

13. Hydroporus davisii.

Pl. 28. fig. 4.

Oblongo-ovalis, depressus, supra obscure testaceus, infra niger; capite arcu umbroso notato; thorace ad latera paulo rotundato, postice transversim depresso, utrinque stria minima valde impresso, ad basin macula nigra irregulari; elytris sex lineis duabusque maculis externis, præter suturam angustissimam, utrinque nigro-ornatis, apice rotundatis, vix oblique truncatis; pedibus testaceis, femoribus ad basin infuscatis.

Hydroporus Davisii. Curtis. *Brit. Ent.* 343.

Long. 4 millim. Larg. 2 ½ millim.

Cette espèce ne diffère de l'*Hyd. Borealis* que par sa taille un peu plus petite, sa forme plus déprimée, l'extrémité des élytres un peu plus arrondie, et par sa couleur beaucoup plus sombre.

Je crois que cette espèce n'est qu'une simple variété

du *Borealis*, mais je n'ai pas osé décider cette question d'une manière positive, n'ayant à ma disposition qu'un seul individu du *Davisii*, et privé, par là, du moyen de faire des comparaisons multipliées.

Il habite l'Angleterre.

14. Hydroporus frater.

Pl. 28. fig. 5.

Oblongo-ovalis, convexiusculus, testaceo-ferrugineus; vertice anguste nigro; thorace ad latera rotundato, antice vix nigro, ad basin macula gemina nigra; elytris sex lineis lineolaque externa, præter suturam, nigro-ornatis, lineola sexta abbreviata, paulo ante apicem denticulatis.

Hyphidrus Frater. Kunz. *Ent. Fragm.* 62.
Hyphidrus Frater. Zett. *Faun. Ins. Lap.* pars 1ª. 226.
Hydroporus Frater. Steph. *Illust. of Brit. Ent.* II. 50.
Hydrop. Assimilis. Sturm. *Deuts. Faun.* IX. 13. tab. CCV. fig. C. c.

Long. 4 $\frac{2}{3}$ millim. Larg. 2 $\frac{1}{2}$ millim.

Corps ovale, très-peu allongé et très-médiocrement convexe.

Tête testacée, noire en arrière; antennes et palpes également testacés, avec les derniers articles noirâtres à l'extrémité.

Corselet de la couleur de la tête, avec le bord antérieur très-étroitement noir au milieu, et une tache de même couleur largement bilobée au milieu de la base, un peu plus de deux fois aussi large que long, sinueux à la base, dont les côtés sont coupés un peu obliquement, et le milieu prolongé en pointe mousse sur les élytres; les bords latéraux assez largement arrondis.

Élytres ovalaires, atténuées en arrière et armées, chacune près de l'extrémité, d'une petite dent épineuse assez saillante, moins larges en avant que le milieu du corselet, et formant, à leur point de réunion avec lui, un angle rentrant très-marqué; elles sont d'un testacé ferrugineux un peu terne, avec la suture, six lignes longitudinales, et une petite tache linéaire externe noires; les lignes n'atteignent ni la base ni l'extrémité, et la sixième est fortement abrégée en arrière; elles sont très-finement ponctuées et réticulées; la portion réfléchie est testacée.

Le dessous du corps et les pattes d'un testacé ferrugineux; les tarses rembrunis.

Il se trouve, mais très-rarement, en Laponie, en Finlande, en Allemagne et en Angleterre.

15. HYDROPORUS HYPERBOREUS.

● Pl. 28. fig. 6.

Ovalis, vix elongatus, convexiusculus, tenue pubescens, supra testaceus, infra niger, segmentis abdominis rufescentibus; vertice anguste nigro; thorace ad latera vix rotundato, maculis duabus transversis ante basin; elytris quinque lineis lineolaque externa, præter suturam angustissimam, utrinque nigro-ornatis, paulo ante apicem vix denticulatis.

Hyphidrus Hyperboreus. GYL. *Ins. Suec.* IV. 388.
Hydroporus Affinis. STURM. *Deuts. Faun.* IX. 17. tab. CCIV. fig. C. c.

Long. 4 millim. Larg. 2 $\frac{1}{3}$ millim.

Corps ovale, à peine allongé et assez convexe.

Tête testacée, très-étroitement noirâtre en arrière; antennes et palpes également testacés, avec les derniers articles noirâtres à l'extrémité.

Corselet de la couleur de la tête, avec le bord antérieur noir au milieu, le bord postérieur dans toute son étendue, et une tache un peu oblique d'un brun sombre placée de chaque côté, un peu au-devant de la base, un peu moins de deux fois et demie aussi large que long, sinueux à la base, dont les côtés sont coupés très-peu obliquement, et le milieu prolongé en pointe mousse sur les élytres; les bords latéraux à peine arrondis.

Élytres ovalaires, atténuées en arrière, armées chacune près de l'extrémité d'une petite dent peu saillante, un peu plus larges en avant que le corselet, et formant, à leur point de réunion avec lui, un angle rentrant peu sensible; elles sont testacées, avec la suture, cinq lignes et deux petites taches linéaires externes noires; entre la première ligne et la suture on observe souvent le rudiment d'une autre ligne, qui quelquefois existe tout entière, mais est toujours plus étroite que les autres; elles sont finement réticulées et légèrement pubescentes; la portion réfléchie est testacée.

Le dessous du corps noir, avec les derniers segments de l'abdomen ferrugineux; les pattes testacées, les tarses brunâtres.

Il se trouve en Laponie.

16. Hydroporus septentrionalis.

Pl. 29. fig. 1.

Oblongo-ovalis, convexiusculus, supra testaceus, infra niger; capite vertice anguste nigro, cum umbra fusca ad oculum; thorace ad latera paulo rotundato, postice vix transversim depresso, utrinque stria minima valde impresso, maculisque duabus obscuris confuse semilunaribus in disco; elytris lineis septem, præter suturam, utrinque nigro-ornatis, 5-6 lineis postice abbreviatis, septima bi-interrupta, apice rotundatim attenuatis.

Hyphidrus Septentrionalis. Gyl. *Ins. Suec.* iv. 385.

Hyd. Fluviatilis. Sturm. *Deuts. Faun.* ix. 23. tab. ccv. fig. D. d.

Hydroporus Striolatus. Dej. *Cat.* 1836. 64.

Long. 3 ¼ millim. Larg. 1 ¾ millim.

Corps ovale, à peine allongé et assez convexe.

Tête testacée, avec deux petites taches arrondies sur le front, et une autre transversale sur le vertex d'un brun sombre; antennes et palpes également testacés, avec les derniers articles noirâtres à l'extrémité.

Corselet de la couleur de la tête, avec deux taches brunâtres, irrégulièrement semi-lunaires sur le milieu du disque, un peu moins de deux fois aussi large que long, sinueux à la base, dont les côtés sont coupés un peu obliquement, et le milieu prolongé en pointe mousse sur les élytres; les bords latéraux un peu arrondis; il est légèrement déprimé en arrière et marqué, un peu en dedans du bord latéral, d'une petite strie assez fortement enfoncée.

Élytres ovalaires, très-peu allongées, légèrement atténuées en arrière, un peu plus larges en avant que la base du corselet, et formant, à leur point de réunion avec lui, un angle rentrant assez sensible; elles sont testacées, avec sept lignes longitudinales noires qui n'atteignent ni la base ni l'extrémité; les cinquième et sixième fortement abrégées en arrière, la septième deux fois interrompue; il existe aussi quelquefois en dehors de celle-ci une autre petite ligne étroite, fortement abrégée en avant et en arrière; elles sont très-finement pointillées; la portion réfléchie est testacée.

Le dessous du corps noir; les pattes testacées, avec les tarses légèrement rembrunis.

Il se trouve en Laponie. M. le comte Dejean possède deux individus de cette espèce, qu'il suppose avoir reçus, l'un d'Allemagne et l'autre d'Angleterre.

17. Hydroporus assimilis.

Pl. 29. fig. 2.

Ovalis, brevior, convexus, supra testaceus, infra niger; vertice anguste nigro; thorace ad latera paulo rotundato, vix transversim depresso, utrinque stria minima arcuata valde impresso, maculisque duabus confuse obscuris in disco; elytris quinque lineis lineolaque externa, præter suturam angustam, utrinque nigro-ornatis, quarta linea postice abbreviata, quinta valde interrupta, apice rotundatim attenuatis.

Dytiscus Assimilis. Payk. *Faun. Suec.* 1. 236.
Hyphidrus Assimilis. Kunz. *Ent. Frag.* p. 63.
Gyl. *Ins. Suec.* 1. 522.
Hygrotus Assimilis. Steph. *Illust. of Brit. Ent.* II. 46.

Var. β. Elytris quinque lineis, linea quinta aut integra aut valde interrupta, absque lineola externa.

Hydroporus Sanmarkii. Sahlb. *Ins. Fen.* p. 172.

Long. 3 millim. Larg. 1 ¾ millim.

Corps ovale, court et convexe.
Tête testacée, très-étroitement rembrunie en arrière;

antennes et palpes testacés, avec les derniers articles rembrunis à l'extrémité.

Corselet de la couleur de la tête, très-légèrement assombri au milieu; deux fois et demie aussi large que long, sinueux à la base, dont les côtés sont coupés un peu obliquement et le milieu prolongé en pointe mousse sur les élytres; les bords latéraux peu arrondis; il est légèrement déprimé en arrière et marqué, un peu en dedans du bord latéral, d'une petite strie assez fortement enfoncée.

Élytres ovalaires, courtes, atténuées en arrière et étroitement arrondies à l'extrémité, un peu plus larges en avant que la base du corselet, et formant, à leur point de réunion avec lui, un angle rentrant assez sensible; elles sont testacées, avec la suture et cinq lignes noires, qui n'atteignent ni la base ni l'extrémité; la première est souvent interrompue au milieu, la quatrième très-fortement abrégée en arrière, la cinquième, très-rarement entière, est le plus souvent très-largement interrompue un peu au delà du milieu; au côté externe de celle-ci existe une très-petite ligne de même couleur, et qui lui est souvent réunie; elles sont presque imperceptiblement pointillées; la portion réfléchie est testacée.

Le dessous du corps noir; les pattes testacées, avec les tarses légèrement rembrunis.

La var. β diffère du type de l'espèce en ce qu'elle est un peu plus petite, un peu moins foncée, et que les lignes des élytres sont toujours isolées et jamais accompagnées de la petite tache linéaire externe.

Il se trouve en Suède, en Finlande, en Allemagne, en Angleterre et en Suisse. Il est assez rare partout.

18. Hydroporus rivalis.

Pl. 29. fig. 3.

Ovalis, brevior, convexus, supra testaceus, infra niger; vertice anguste nigro; thorace ad latera paulo rotundato, postice transversim depresso, in medio late et confuse nigricante, utrinque stria minima arcuata valde impresso; elytris nigris, cum fascia late transversa ad basin, margine exteriori, apice maculisque angustis in disco testaceo-pallidis, apice rotundatim attenuato.

Hyphidrus Rivalis. Gyll. *Ins. Suec.* iv. 384.
Assimilis. Var. β. Kunz. *Ent. Fragm.* 64?
Hygrotus Fluviatilis. Steph. *Illust. of Brit. Ent.* ii. 46.
Hydroporus Fluviatilis. Lacord. *Faun. Ent.* i. 338.

Long. 3 millim. Larg. 1 $\frac{2}{3}$ millim.

Corps ovale, court et convexe.

Tête testacée, noirâtre en arrière; antennes et palpes testacés, avec les derniers articles noirâtres à l'extrémité.

Corselet de la couleur de la tête, avec une très-large tache sombre sur le milieu du disque; deux fois et demie aussi large que long, sinueux à la base, dont les côtés sont coupés un peu obliquement, et le milieu prolongé en pointe mousse sur les élytres; les bords latéraux peu arrondis; il est légèrement déprimé en arrière et marqué, un peu en dedans du bord latéral, d'une petite strie assez fortement enfoncée.

Élytres ovalaires, courtes, atténuées en arrière et étroitement arrondies à l'extrémité, un peu plus larges en avant que la base du corselet, et formant, à leur point de réunion avec lui, un angle rentrant assez sensible; elles sont noires, avec la base, le bord externe, l'extrémité, quelques taches plus ou moins allongées sur le disque, et une autre irrégulièrement triangulaire placée en dehors, un peu au delà du milieu, d'un jaune pâle; il serait peut-être plus exact de les considérer comme étant d'un jaune pâle, avec une très-large tache noire, qui en occupe tout le milieu, irrégulièrement découpée dans son contour, et marquée de taches linéaires plus ou moins allongées; la portion réfléchie est testacée.

Le dessous du corps noir; les pattes testacées, avec le dernier article des tarses noirâtre.

Il se trouve dans presque toute l'Europe, mais il n'est pas commun; il se tient de préférence dans les eaux courantes, d'après le témoignage de quelques entomologistes.

Il est absolument de la même taille et de la même forme que l'*Assimilis*, dont il ne diffère que par la maculature.

19. Hydroporus halensis.

Pl. 29. fig. 4.

Ovalis, convexiusculus, tenue pubescens, supra testaceo griseus, infra niger; abdominis apice plus minusve ferrugineo; capite in vertice anguste nigro, cum umbra fusca ad oculum; thorace ad latera vix rotundata depressiusculo, antice et postice anguste nigro, maculis duabus nigris triangularibus in disco; elytris quinque aut sex lineis cum maculis interjectis, præter suturam, utrinque nigro-ornatis, apice rotundatis.

Dytiscus Halensis. Fab. *Syst. Eleut.* 1. 270.
Hyphidrus Halensis. Kunz. *Ent. Frag.* 1. 66.
Dytiscus Areolatus. Duft. *Faun. Aust.* 1. 274.
Hydroporus Areolatus. Lacord. *Faun. Ent.* 1. 328.

Long. 4 $\frac{1}{4}$ à 4 $\frac{1}{2}$ millim. Larg. 2 $\frac{1}{3}$ à 2 $\frac{1}{2}$ millim.

Corps ovale et très-médiocrement convexe.

Tête testacée, noirâtre en arrière, avec deux taches arrondies brunâtres à la partie interne des yeux; antennes et palpes testacés, avec les derniers articles rembrunis à l'extrémité.

Corselet de la couleur de la tête, étroitement bordé de

noir en avant et en arrière, et marqué sur le disque de deux taches noirâtres, irrégulièrement triangulaires, quelquefois réunies; deux fois et demie environ aussi large que long, sinueux à la base, dont les côtés sont coupés un peu obliquement, et le milieu prolongé en pointe mousse sur les élytres; les bords latéraux à peine arrondis; il est légèrement déprimé sur les côtés.

Élytres ovalaires, arrondies à l'extrémité, aussi larges en avant que la base du corselet, et formant, à leur point de réunion avec lui, un angle rentrant très-peu sensible; elles sont d'un testacé grisâtre, avec cinq ou six lignes noirâtres, les externes plus ou moins abrégées et interrompues; ces lignes sont réunies entre elles sur un ou deux points de leur étendue par de petites taches de même couleur irrégulièrement quadrilatères, et placées dans les intervalles; elles sont très-finement réticulées et légèrement pubescentes; la portion réfléchie est testacée.

Le dessous du corps noir, avec l'abdomen ferrugineux dans une plus ou moins grande étendue; pattes testacées, avec les tarses légèrement assombris.

Cet insecte habite le sud et le centre de l'Europe; il devient de plus en plus rare au fur et mesure qu'on s'approche du Nord, et finit même par disparaître dans les contrées les plus septentrionales.

20. Hydroporus fuscitarsis. *Gené.*

Pl. 29. fig. 5.

Oblongo-ovalis, convexiusculus, tenue pubescens, supra testaceo-ferrugineus, infra niger, ano vix ferrugineo; capite in vertice et inter oculos nigro; thorace ad latera fere obliqua depresso, antice et postice anguste nigro, maculis duabus nigris triangularibus in disco; elytris quinque aut sex lineis cum maculis nigris interjectis, præter suturam, utrinque confuse nigro-ornatis, apice attenuatis, vix acuminatis.

Long. 5 millim. Larg. 2 ¾ millim.

Corps ovale, un peu allongé et très-médiocrement convexe.

Tête, palpes et antennes comme dans l'*Halensis*, mais un peu plus foncé.

Corselet également comme dans l'*Halensis*, mais un peu plus foncé, relativement un peu plus étroit et plus déprimé vers les bords latéraux, qui sont presque rectilignes et un peu obliques.

Élytres ovalaires, un peu allongées, atténuées en arrière et très-légèrement acuminées à l'extrémité, un peu plus larges en avant que la base du corselet, et formant, à leur point de réunion avec lui, un angle rentrant peu sensible; elles sont d'un testacé un peu ferrugineux et maculées de la même manière que l'*Halensis*, mais les lignes et les taches sont plus larges et plus confluentes; la portion réfléchie également testacée.

Le dessous du corps noir, avec l'extrémité du segment anal ferrugineux; pattes d'un testacé ferrugineux, avec la base des cuisses brunâtre et les tarses noirâtres.

Cet *Hydroporus* est très-voisin de l'*Halensis*, dont il ne diffère réellement que par sa taille un peu plus grande, sa forme relativement un peu plus étroite et plus allongée, et par les élytres, qui sont beaucoup plus couvertes de noir; en définitive, il pourrait bien, malgré ces différences, n'être qu'une simple variété locale de cette dernière espèce.

Il se trouve en Sardaigne, d'où je l'ai reçu de M. Gené; il habite aussi l'Italie.

21. HYDROPORUS CANALICULATUS.

Pl. 29. fig. 6.

Oblongo-ovalis, depressiusculus, tenue pubescens, supra pallido-testaceus, infra niger, ano ferrugineo; vertice vix nigro; thorace ad latera rotundato, postice depresso; elytris griseo-testaceis, lineolis et maculis irregularibus umbrosis confusissime ornatis, sulcisque tribus longitudinalibus vix impressis, apice rotundatim attenuato.

Hydroporus Canaliculatus. DEJ. LACORD. *Faun. Ent.* 1. p. 328.

Long. $5\frac{1}{4}$ millim. Larg. $2\frac{3}{4}$ millim.

Corps ovale, assez allongé et légèrement déprimé.

Tête d'un testacé pâle, à peine rembrunie sur le vertex; palpes et antennes testacés, avec les derniers articles à peine assombris.

Corselet de la couleur de la tête, à peine brunâtre le long des bords antérieurs et postérieurs, et marqué au devant de la base de deux petites taches transversales noirâtres, un peu plus de deux fois aussi large que long, sinueux à la base, dont les côtés sont coupés très-peu obliquement, et le milieu prolongé en pointe mousse sur les élytres; les bords latéraux arrondis en avant, presque droits en arrière.

Élytres ovalaires, un peu allongées, légèrement atténuées en arrière et arrondies à l'extrémité, un peu plus larges en avant que la base du corselet, et formant, à leur point de réunion avec lui, un angle rentrant très-sensible; elles sont d'un testacé grisâtre, avec la suture, six ou sept lignes étroites, et deux ou trois bandes transversales obliques très-vaguement dessinées, d'un brun grisâtre; la première de ces lignes recouvre une série longitudinale de points enfoncés; les troisième, quatrième et cinquième sont placées sur de petites côtes à peine saillantes; elles sont très-finement réticulées et ponctuées, et légèrement pubescentes; la portion réfléchie est testacée.

Le dessous du corps noir, avec les derniers segments de l'abdomen ferrugineux à leur extrémité; pattes testacées.

Il se trouve en Espagne et dans le midi de la France.

22. HYDROPORUS GRISEOSTRIATUS.

Pl. 30. fig. 4.

Elongato-ovalis, depressiusculus, vix pubescens, supra testaceo-ferrugineus, infra niger, ano ferrugineo; capite in vertice et inter occulos nigro; thorace ad latera vix rotundato, angulis posticis obtusis, antice et postice nigro, maculis rotundatis duabus nigris ante basin; elytris septem lineis plus minusve confluentibus, præter suturam angustam, utrinque nigro-ornatis, lineis sexta et septima abbreviatis et interruptis in maculis confluentibus; apice rotundato.

Dytiscus Griseostriatus. DE GEER. *Ins.* IV. 403. 11.
Dyt. Halensis. PAYK. *Faun. Suec.* I. 230.
Hyphydrus Griseostriatus. GYL. *Ins. Suec.* I. 523.
Hyphidrus Quadristriatus. ESCH. *Mém. de la Soc. des Nat. de Mosc.* VI. p. 107.
SCH. *Syn. Ins.* II. 33.

Long. 4 ¾ millim. Larg. 2 ¼ millim.

Corps ovale, allongé et très-légèrement déprimé.

Tête testacée, avec le sommet et la partie interne des yeux noirs; antennes et palpes testacés, les derniers articles noirâtres à l'extrémité.

Corselet de la couleur de la tête, avec les bords antérieur et postérieur, deux taches arrondies un peu au devant de la base, souvent une autre petite linéaire oblique, un peu en dedans du bord latéral, noirs; il est deux fois et demie aussi large que long, sinueux à la base, dont les côtés sont coupés obliquement, et le milieu prolongé en pointe mousse sur les élytres, les bords latéraux à peine arrondis, presque rectilignes; les angles postérieurs droits et émoussés au sommet.

Élytres ovalaires, allongées, légèrement atténuées en arrière et arrondies à l'extrémité, aussi larges en avant que la base du corselet, dont elles continuent l'arc sans former d'angle rentrant sensible, à leur point de réunion avec lui; elles sont d'un testacé plus ou moins ferrugineux, avec la suture et sept lignes noires; la première beaucoup plus étroite que les autres, les quatrième et cinquième réunies postérieurement, les sixième et septième une ou deux fois interrompues et souvent réunies en forme de tache; toutes ces lignes sont larges et quelquefois réunies latéralement sur un ou plusieurs points de leur étendue; elles sont finement réticulées et légèrement pubescentes; la portion réfléchie est testacée.

Le dessous du corps noir, avec le segment anal ferrugineux à l'extrémité; les pattes testacées, avec la base des cuisses légèrement rembrunies en dessus et l'extrémité des tarses noirâtre.

Il habite presque toute l'Europe, sans être cependant très-commun; il se trouve aussi aux Iles Aleutiennes, d'où il a été rapporté par Eschcholtz

23. Hydroporus Ceresyi.

Pl. 30. fig. 1.

Elongato-ovalis, depressiusculus, tenue pubescens, supra pallide testaceus, infra niger; thorace ad latera vix rotundato, antice umbroso, postice anguste nigro maculisque minimis duabus obscuris vix ad basin notato, angulis posticis acutis; elytris lineis quinque, præter suturam angustam, utrinque nigro-ornatis, quinta linea postice abbreviata et in medio interrupta cum macula externa confluente; apice modice acuminato.

Corps ovale, allongé et très-légèrement déprimé.

Tête d'un testacé très-pâle; antennes et palpes également testacés, avec l'extrémité des derniers articles à peine assombrie.

Corselet de la couleur de la tête, avec le bord antérieur à peine rembruni et le bord postérieur très-étroitement noirâtre; il est aussi marqué, un peu au devant de la base, de deux petites taches brunâtres qui souvent n'existent pas; il est un peu plus de deux fois aussi large que long, sinueux à la base, dont les côtés sont coupés presque carrément, et le milieu prolongé en pointe mousse sur les élytres; les bords latéraux sont légèrement arrondis en avant, presque rectilignes et un peu obliques en arrière; les angles postérieurs aigus.

Élytres ovalaires, allongées, légèrement atténuées en arrière, et étroitement arrondies à l'extrémité, aussi larges en avant que la base du corselet, et formant, à leur point de réunion avec lui, un angle rentrant très-ouvert et à peine sensible; elles sont d'un testacé très-pâle, avec la suture et cinq lignes noires, la première et la troisième légèrement abrégées en avant, la quatrième est aussi souvent abrégée en arrière, la cinquième l'est beaucoup plus, et, en outre, interrompue au milieu; en dehors de celle-ci, existe une petite tache linéaire qui lui est réunie, et tout-à fait en arrière une autre analogue un peu oblique; on observe aussi souvent, tout-à-fait en arrière, entre la première ligne et la suture, le rudiment d'une autre ligne; elles sont très-finement réticulées, et légèrement pubescentes; la portion réfléchie est jaunâtre.

Le dessous du corps noir; les pattes testacées.

Cet insecte ressemble un peu au *Griseostriatus*, mais il est toujours plus grand; son corselet est aussi un peu moins court, avec les côtés de la base coupés plus carrément, et les angles postérieurs plus aigus; il est toujours plus pâle, n'offre que quatre lignes entières sur les élytres au lieu de cinq, la ligne suturale n'existant jamais qu'à l'état rudimentaire.

Il se trouve dans le midi de la France, en Italie, en Sardaigne, et aussi en Égypte, d'où je l'ai reçu de M. de Ceresy, auquel je l'ai dédié.

24. HYDROPORUS PICIPES.

Pl. 30. fig. 3.

Elongato-ovalis, convexiusculus, profunde punctatus, nitidulus, supra testaceo-ferrugineus, infra niger; capite postice nigro; thorace in medio baseos transversim nigro, lateribus obliquis; elytris striis quatuor punctis minoribus antice impressis, lineis quatuor præter suturam, utrinque confuse nigro-ornatis, apice late rotundatis.

Dytiscus Picipes. FAB. *Syst. Eleut.* I. 269.
Dyt. Ovalis. THUNBERG. *Nov. Act. Ups.* IV. 19.
Dyt. Punctatus. MARSH. *Ent. Brit.* 426.
SCH. *Syn. Ins.* II. 31.

Long. 5 millim. Larg. 2 ¾ millim.

Corps ovale, allongé et assez convexe.

Tête d'un testacé ferrugineux, noire en arrière; antennes et palpes ferrugineux, avec les derniers articles légèrement rembrunis à l'extrémité.

Corselet de la couleur de la tête, avec les bords antérieur et postérieur légèrement noirâtres, deux fois et demie aussi large que long, sinueux à la base, dont les côtés sont coupés très-peu obliquement, et le milieu prolongé en pointe mousse sur les élytres; les bords latéraux presque rectilignes et obliques; il est couvert, à l'exception du centre du disque, de points fortement enfoncés.

Élytres ovalaires, allongées, largement arrondies en arrière, aussi larges en avant que le bas du corselet, et formant, à leur point de réunion avec lui, un angle rentrant à peine sensible; elles sont d'un brun ferrugineux, avec la suture et quatre lignes noires peu visibles, et couvertes de points fortement enfoncés, d'autant plus forts et plus écartés qu'ils sont plus près de la base; elles offrent, en outre, dans leur moitié antérieure, quatre lignes longitudinales d'autres points plus petits et plus serrés; la portion réfléchie est d'un rouge testacé.

Le dessous du corps noir; les pattes ferrugineuses.

Il habite toute l'Europe, où il est fort commun.

25. HYDROPORUS LINEELLUS (1).

Pl 30. fig. 4.

Elongato-ovalis, convexiusculus, subtilissime dense punctulatus, opacus, supra testaceo-ferrugineus, infra niger; capite postice nigro; thorace in medio baseos transversim nigro, lateribus obliquis; elytris striis quatuor tenuissimis vix conspicuis antice impressis, lineis quatuor, præter suturam, utrinque confuse nigro-ornatis, apice late rotundatis.

Hyphidrus Lineellus. GYL. *Ins. Suec.* I. 529.

---

(1) Je reçois à l'instant même une lettre de M. Erichson dans laquelle il m'assure avoir pris en copulation l'*Hyd. Picipes* et l'*Hyd. Lineellus.* Malgré toute la confiance due au témoignage d'un observateur aussi consciencieux, il est difficile de ne pas croire à une erreur de sa part, lorsqu'on réfléchit que l'*Hyd. Picipes* est extrêmement commun aux environs de Paris, et que jamais, que je sache, le *Lineellus* n'y a été trouvé. Certes, si l'un était la femelle de l'autre, il devrait nécessairement se rencontrer dans le même pays.

Hyph. Alternans. KUNZE. *Ent. Fragm.* 60.

Hydrop. Picipes ♀. ERICHS. *Kaf. der Mark Brand.* I. 169.

Hydroporus Alternans. STEPH. *Illust. of Brit. Ent.* II. p. 55.

Long. 4 $\frac{9}{10}$ millim. Larg. 2 $\frac{4}{5}$ millim.

Cet insecte ressemble beaucoup à l'*Hyd. Picipes;* il en diffère par sa forme un peu plus étroite en avant, sa couleur un peu plus pâle, la tache postérieure du coselet plus grande, et les lignes des élytres un peu plus apparentes; il est terne, beaucoup plus finement ponctué, et les quatre lignes longitudinales de petits points enfoncés qu'on observe sur la partie antérieure des élytres à peine visibles; du reste il est entièrement semblable.

Il se trouve en France, en Suède, en Allemagne, en Angleterre, etc., mais il est moins répandu que le précédent.

26. HYDROPORUS CONSOBRINUS.

Pl. 30. fig. 5.

Elongato-ovalis, convexiusculus, dense punctatus, nitidulus, supra testaceo-ferrugineus, infra niger; vertice anguste infuscato; thorace ad latera vix rotundato, in medio macula rumbea nigro notato; elytris lineis quatuor lineolisque duabus externis, præter suturam, utrinque nigro-ornatis, linea tantum secunda basin attingente, apice late rotundatis.

Hyphidrus Consobrinus. KUNZ. *Ent. Fragm.* 61.

Hyd. Consobrinus. Steph. *Illust. of Brit. Ent.* II. 52.

Hydroporus Parallegrammus ♂. Erich. *Käf. der Mark Brand.* I. 169.

Hydroporus Distinctus. Dej. *Cat.* 1836. 64.

Long. 5 millim. Larg. 2 $\frac{1}{2}$ millim.

Corps ovale, allongé et assez convexe.

Tête d'un testacé plus ou moins ferrugineux, noirâtre en arrière et entre les yeux; antennes et palpes ferrugineux.

Corselet de la couleur de la tête, avec les bords antérieur et postérieur noirâtres, et une petite tache romboïdale de même couleur sur le milieu du disque, deux fois et demie aussi large que long, sinueux à la base, dont les côtés sont coupés très-peu obliquement, et le milieu prolongé en pointe mousse sur les élytres; les bords latéraux à peine arrondis; il est couvert, à l'exception du centre du disque, de points assez fortement enfoncés.

Élytres ovalaires, allongées, largement arrondies à l'extrémité, aussi larges en avant que la base du corselet, et formant, à leur point de réunion avec lui, un angle rentrant à peine sensible; elles sont ferrugineuses, un peu plus claires sur les côtés, avec la partie interne de la base, la suture et quatre lignes noires; ces lignes, à l'exception de la seconde, dont l'extrémité antérieure va se perdre dans la portion noire de la base, n'atteignent ni la base ni l'extrémité; la quatrième est fortement abrégée en arrière et interrompue au milieu; en dehors de celle-ci existent deux autres petites lignes, l'une au milieu environ, et l'autre placée un peu obliquement près de l'extrémité; elles sont entièrement couvertes de points enfoncés, assez forts et très-serrés, un peu plus forts et plus écartés en avant; elles présentent, en outre, deux lignes longitudinales de points plus petits et plus serrés, placés sur les seconde et quatrième ligne noire; la portion réfléchie est d'un testacé rougeâtre.

Le dessous du corps noir; les pattes ferrugineuses.

Il se trouve dans presque toute l'Europe, mais il préfère les contrées méridionales.

27. Hydroporus parallelogrammus.

Pl. 30. fig. 6.

Elongato ovalis, convexiusculus, subtilissime dense punctulatus, opacus, supra testaceus, infra niger; vertice anguste infuscato; thorace ad latera vix rotundato, in medio macula rhumbea nigro-notato; elytris lineis quatuor lineolisque duabus externis, præter suturam, utrinque nigro-ornatis, linea tantum secunda basin attingente, apice late rotundatis.

Dytiscus Parallelogrammus. Ahr. *Nov. Act. Hal.* 2. . 11.

Dyt. Lineatus. Marsh. *Ent. Brit.* 1. 426.

Hyphidrus Nigrolineatus. Kunz. *Ent. Fragm.* 60.

Zett. *Faun. Ins. Lap.* pars 1ª. p. 226?

Hydroporus Lineatus. Steph. *Illust. of Brit. Ent.* 11. 52.

Hydroporus Parallelogrammus ♀. Erichs. *Kaf. der Mark Brand.* 1. 170.

Long. 5 millim. Larg. 2 $\frac{2}{3}$ millim.

Cet *Hydroporus* est au *Consobrinus* ce que le *Lineellus* est au *Picipes*; il n'en diffère que par sa couleur un peu plus pâle, sa ponctuation beaucoup plus fine, et enfin parce qu'il est entièrement terne, tandis que le *Consobrinus* est un peu brillant.

Il se trouve dans les mêmes contrées que ce dernier, mais il est plus rare.

28. Hydroporus Schönherri. *Mihi.*

Pl. 51, fig. 1.

Elongato-ovalis, convexiusculus, dense punctatus, nitidulus, supra testaceus, infra niger; vertice anguste infuscato; thorace ad latera paulo rotundato; in medio macula rhumbea nigro-notato; elytris lineis quatuor nec basin, nec apicem attingentibus, lineolaque externa brevissima, præter suturam, utrinque nigro-ornatis, apice rotundatis.

Hyphidrus Nigrolineatus. Gyl. *Ins. Suec.* III. 688?
Consobrinus. Zett. *Faun. Ins. Lap.* pars 1ª. p. 227?
Hydroporus Nigrolineatus. Steph. *Illust. of Brit. Ent.* p. 52?

Long. 4 millim. Larg. 2 millim.

Cet insecte ressemble beaucoup à l'*Hyd. Consobrinus*, dont il se distingue par sa taille beaucoup plus petite, sa forme relativement plus étroite, sa ponctuation plus fine et sa couleur beaucoup plus pâle; aucune des lignes noires des élytres ne touche la base, et il n'existe, tout-à-fait en dehors, qu'une seule petite ligne très-courte, qui souvent même disparaît complétement; la ponctuation des élytres est assez régulièrement répandue sur toute leur surface, tandis que dans le *Consobrinus* elle est assez visiblement plus forte en avant qu'en arrière.

Je n'ai vu que deux individus de cette espèce; ils appartiennent à M. Dejean, qui les a reçus de Laponie; ils se rapportent très-probablement au *Consobrinus* de Zetterstedt.

29. HYDROPORUS PARALLELLUS. *Mihi.*

Pl. 31. fig. 2.

Oblongo-ovalis, vix conspicue dense punctulatus, opacus, supra testaceus, infra niger; thorace ad latera vix rotundato, in medio macula rhumbea nigro notato; elytris lineis quatuor, præter suturam angustissimam, utrinque nigro-ornatis, linea prima antice valde abbreviatis, tertia postice, quarta in medio interruptis; apice late rotundatis.

Long. 4 millim. Larg. 2 ¼ millim.

Il a la même taille que le *Schönherri*, mais il est un peu plus large en arrière; sa couleur est à très-peu de chose près la même; il est presque imperceptiblement pointillé et entièrement terne; la tête et le corselet sont maculés de la même manière, et les élytres offrent aussi, en outre de la suture, quatre lignes noires qui n'atteignent ni la base ni l'extrémité; la première est fortement abrégée en avant; la troisième interrompue en arrière; la quatrième, également interrompue au milieu, aucune trace de la petite tache linéaire externe.

Je n'ai vu qu'un seul individu de cette espèce; il appartient à M. le comte Dejean, qui l'a reçu du Caucase.

30. Hydroporus lapponum.

Pl. 31. fig. 3.

Oblongo-ovalis, paulo ellipticus, depressiusculus, punctulatus, pubescens, supra nigro-brunneus, infra niger; capite antice et postice rufo-ferrugineo; thorace ad latera paulo rotundato, postice transversim depresso, marginibus ferrugineis; elytris sæpe ad basin et marginem rufescentibus, apice late rotundatis.

Hyphidrus Lapponum. Gyll. *Ins. Suec.* I. 532.

Hydroporus Marginatus. Steph. *Illust. of Brit. Ent.* II. 56?

Long. 5 millim. Larg. 2 ½ millim.

Corps ovale, un peu elliptique, allongé et légèrement déprimé.

Tête noirâtre, avec la partie antérieure et le vertex ferrugineux; antennes et palpes ferrugineux, avec les derniers articles noirâtres à l'extrémité.

Corselet de la couleur de la tête, avec les bords latéraux ferrugineux, deux fois et demie aussi large que long, sinueux à la base, dont les côtés sont coupés presque carrément, et le milieu prolongé en pointe mousse sur les élytres, les bords latéraux légèrement arrondis; il est un peu convexe au milieu, assez fortement déprimé en arrière et sur les côtés, et couvert, à l'exception du centre du disque qui est lisse, de points assez forts et peu serrés.

Élytres ovalaires, allongées, un peu dilatées au delà du milieu, arrondies à l'extrémité, aussi larges en avant que la base du corselet, et formant, à leur point de réunion avec lui, un angle rentrant peu sensible; elles sont d'un brun noirâtre, avec la base et les bords latéraux assez souvent roussâtres, largement pubescentes et couvertes de petits points peu serrés; la portion réfléchie est d'un brun plus ou moins ferrugineux.

Le dessous du corps noir; pattes ferrugineuses, avec la base des cuisses très-légèrement assombrie.

Il se trouve en Laponie, peut-être aussi en Allemagne et en Angleterre.

31. Hydroporus dorsalis.

Pl. 31. fig. 4. 5. 6.

Elongato-ovalis, depressiusculus, subtile dente punctulatus, pubescens, supra fusco-brunneus, infra brunneo-ferrugineus; capite rufo-ferrugineo; thorace ad latera rotundato, postice transversim depresso, marginibus fasciaque transversa interrupta ferrugineis; elytris fascia transversa ad basin, vitta irregulari ad marginem confuse ferrugineo-notatis, apice late rotundatim attenuatis.

Dytiscus Dorsalis. Fab. *Syst. Ent.* i. 269.
Oliv. *Ent.* iii. 40. 21. tab. 1. fig. 3. a. b.
Hyphidrus Dorsalis. Gyl. *Ins. Suec.* i. 530.
Sch. *Syn. Ins.* ii. 33.

Var. β. Elytris fascia transversa ad basin alteraque ultra medium et macula paulo ante apicem rufo-ferrugineis.

Var. γ. Rufo testaceus, elytrorum basin interiore, sutura, puncto humerali, plaga magna oblonga in disco, macula postica, linea obliqua intra marginalis, apiceque nigris.

Hyphidrus Figuratus. Gyl. *Ins. Suec.* iv. 387.

Long. $4\frac{1}{2}$ à 5 millim. Larg. $2\frac{1}{2}$ à $\frac{2}{3}$ millim.

Corps ovale, un peu elleptique, allongé, et légèrement déprimé.

Tête d'un ferrugineux rougeâtre, avec une tache sombre à la partie externe des yeux; antennes et palpes ferrugineux, les derniers articles noirâtres à l'extrémité.

Corselet d'un brun noirâtre, avec les bords latéraux largement ferrugineux et une bande transversale de même couleur interrompue au milieu; sur les individus ou le noir domine, cette bande est réduite à une petite tache de chaque côté; il est deux fois aussi large que long, sinueux à la base, dont les côtés sont coupés assez obliquement, et le milieu prolongé en pointe mousse sur les élytres, les bords latéraux arrondis; il est assez convexe au milieu, avec une dépression postérieure plus ou moins enfoncée, et brusquement terminée de chaque côté par un petit pli un peu en dedans des angles postérieurs; il est légèrement pubescent et tout couvert de points enfoncés assez serrés.

Élytres ovalaires, allongées, un peu dilatées au delà du milieu, largement arrondies en arrière, et à peine accuminées à l'extrémité, un peu plus larges en avant que la base du corselet, et formant, à leur point de réunion avec lui, un angle rentrant assez sensible; elles sont d'un brun noirâtre, avec le bord externe, une large bande transversale un peu au delà de la base, et en arrière, quelques petites taches irrégulières d'un testacé ferrugineux; la bordure est étroite en arrière, plus large en avant, la bande de la base ne touche pas la suture, et est souvent réduite à une petite tache arrondie, qui elle-même disparaît quelquefois complétement; elles sont pubescentes et couvertes de points analogues à ceux du corselet ; la portion réfléchie est d'un rouge ferrugineux.

Le dessous du corps d'un ferrugineux noirâtre ; les pattes ferrugineuses.

La var. β a les élytres brunâtres, avec le bord externe, une large bande transversale un peu au delà de la base, une autre petite bande également transversale, un peu au delà du milieu, et une petite tache vers l'extrémité d'un testacé rougeâtre.

La var. γ a les élytres d'un testacé rougeâtre, avec la partie externe de la base, une petite tache humérale, la suture, une grande tache un peu allongée et complètement isolée sur le disque, un autre en arrière de celle-ci, plus petite, arrondie et touchant la suture, une ligne oblique en arrière, le long du bord externe, et l'extrémité d'un brun noirâtre. Le dessous du corps d'un testacé rougeâtre, avec la poitrine un peu assombrie.

Entre ces variétés et le type de l'espèce, on retrouve tous les passages intermédiaires. Il se trouve dans toute l'Europe, où il est assez commun, à l'exception toutefois de la var. γ qui est très-rare.

52. Hydroporus opatrinus.

Pl. 32. fig. 1.

Oblongo-ovalis, depressiusculus, subtilissime reticulatus, punctulatus, niger, pube viridi-griseo dense vestitus; thorace ad latera rotundato, in medio convexo, utrinque et ad basin depresso; elytris apice paulo oblique attenuatis.

Hydroporus Opatrinus. Germ. *Ins. Spec. Nov.* p. 31. Germ. *Faun. Ins. Europ.* xvi. t. 2.

Long. 4 ½ à 5 millim. Larg. 2 ½ à 2 ¾ millim.

Corps ovale, un peu elliptique, allongé et très-légèrement déprimé.

Tête d'un noir mat, très-fortement réticulée et ponctuée; antennes et palpes ferrugineux, avec les derniers articles noirâtres à l'extrémité.

Corselet de la couleur de la tête, recouvert d'un duvet très-fin d'un gris verdâtre; il est deux fois et demie aussi large que long, sinueux à la base, dont les côtés sont coupés très-peu obliquement, et le milieu [illegible] allongé en pointe mousse sur les élytres, les bords latéraux arrondis; il est un peu convexe au milieu, légèrement déprimé en arrière et de chaque côté, et assez fortement réticulé et pointillé.

Élytres ovalaires, allongées, un peu dilatées au delà du milieu et assez brusquement atténuées à l'extrémité, un peu plus larges en avant que la base du corselet, et formant, à leur point de réunion avec lui, un angle rentrant très-sensible; elles sont d'un noir mat, très-fortement réticulées et recouvertes comme le corselet d'un duvet très-fin d'un gris verdâtre; elles présentent, en outre, sur toute leur surface, des points enfoncés assez forts et assez écartés, et une ou deux côtes longitudinales à peine saillantes; la portion réfléchie est noire.

Dessous du corps d'un noir mat; les pattes d'un ferrugineux très-sombre.

Il se trouve dans le midi de la France, en Espagne, en Italie et dans toutes les contrées méridionales de l'Europe.

33. Hydroporus platynotus.

Pl. 32. fig. 2.

Ovalis, brevior, depressus, subtilissime reticulatus, punctulatus, niger, opacus, vix pube grisea vestitus; thorace ad latera rotundato, in medio convexiusculo, utrinque et ad basin depresso; elytris apice paulo oblique attenuatis.

Hydroporus Platynotus. Germ. *Faun. Ins. Europ.* xvi. tab. 3.

Lacord. *Faun. Ent.* i. p. 330.

Hyd. Murinus. Sturm. *Deuts. Faun.* ix. p. 42. tab. ccvii. fig. D. d.

Long. 4 $\frac{1}{4}$ millim. Larg. 2 $\frac{1}{4}$ millim.

Il ressemble beaucoup à l'*Hyd. Opatrinus*, dont il a la couleur et le même mode de ponctuation; mais il est toujours plus petit, relativement plus court, plus large, surtout en avant, plus déprimé et à peine pubescent; son corselet est plus sensiblement déprimé en arrière et sur les côtés; les élytres continuent pour ainsi dire l'arc du corselet, et ne forment, à leur point de réunion avec lui, qu'un angle rentrant excessivement ouvert et à peine sensible, tandis que l'angle qu'offre dans le même point l'*Hyd. Opatrinus* est très-sensible et souvent assez aigu.

Il se trouve en Saxe, où il a été découvert par M. Maerckel.

34. Hydroporus ovatus.

Pl. 32. fig. 3

Ovatus, depressiusculus, subtilissime reticulatus et valde punctatus, nigro-brunneus; capite antice ferrugineo; thorace ad latera rotundato, angulis posticis vix ferrugineis; elytris ad humera confuse ferrugineis, in feminis ad latera versus apicem brevissime unicostalis, apice paulo oblique attenuatis.

Hydroporus Ovatus. Sturm. *Deuts. Faun.* ix. p. 40. tab. ccvii. fig. C. c.

Long. 4 $\frac{3}{4}$ millim. Larg. 2 $\frac{3}{4}$ millim.

Corps ovale, un peu elliptique et très-légèrement déprimé.

Tête d'un brun noirâtre, avec la partie antérieure et quelquefois le vertex ferrugineux; elle est couverte de points très-fins et très-serrés, presque confusément réticulée, et présente, en outre, quelques points plus forts et écartés; antennes et palpes ferrugineux.

Corselet de la couleur de la tête, avec les angles postérieurs très-vaguement ferrugineux, deux fois et demie aussi large que long, sinueux à la base, dont les côtés sont coupés très-peu obliquement, et le milieu prolongé en pointe mousse sur les élytres, les bords latéraux arrondis; il est à peine déprimé en arrière et sur les côtés, assez fortement réticulé et ponctué, et présente, en outre, sur toute sa surface, des points plus forts et assez écartés.

Élytres ovalaires, légèrement dilatées au delà du milieu, assez brusquement atténuées à l'extrémité, aussi larges en avant que la base du corselet, et formant, à leur point de réunion avec lui, un angle rentrant peu sensible; elles sont d'un brun noirâtre, avec une tache ferrugineuse assez vague à la région humérale, réticulées et ponctuées comme le corselet, et présentant, en outre, comme lui, des points plus forts et assez écartés, et une côte à peine saillante sur le disque; on observe encore, mais sur les femelles seulement, une autre petite côte très-courte, plus saillante, lisse et placée obliquement un peu en dedans du bord lateral, aux trois quarts postérieurs environ de leur longueur; la portion réfléchie est ferrugineuse.

Le dessous du corps est d'un brun noirâtre; les pattes ferrugineuses.

J'ai trouvé un seul individu ♀ de cette espèce aux environs de Rouen; M. Chevrolat en possède aussi un exemplaire du même sexe pris dans la même localité, et quatre autres mâles et femelles qu'il a reçus de Prusse. Cet entomologiste a bien voulu me sacrifier un male.

35. Hydroporus sex-pustulatus.

Pl. 32. fig. 4. 5. 6.

Oblongo-ovalis, depressiusculus, subtile punctulatus, pubescens, vix subnitidulus, supra fusco-brunneus, infra niger; capite rufo; thoracis lateribus paulo oblique rotundatis, late rufo-ferrugineis; elytris faciis tribus inæqualibus lateralibus pallide luteo-ornatis, apice attenuatis.

Dytiscus sex-pustulatus. Fab. *Syst. Eleut.* I. p. 269.
Oliv. *Ent.* III. 40. tab. 4. fig. 35. a. b.
Dytiscus Lituratus. Panz. *Faun. Germ.* XIV. fig. 4.
Hyphidrus sex-pustulatus. Gyl. *Ins. Suec.* I. p. 534.

Var. β. Elytris testaceis, basi interiore, sutura, plaga magna et macula postica communibus, linea obliqua intra marginali apiceque nigris.

Var. γ. Elytris nigro-brunneis, fasciis minimis tantum

duabus testaceo-ferrugineis, una baseos, altera ad apicem.

Dytiscus Palustris. LINN. *Faun. Suec.* 775.
Hyphidrus sex-pustulatus. Var. b. GYL. *Ins. Suec.* I. 534.
Hydroporus Proximus. STEPH. *Illust. of Brit. Ent.* II. 55.
SCH. *Syn. Ins.* II. 54.

Long. 4 millim. Larg. 2 millim.

Corps ovale, un peu allongé et légèrement déprimé.

Tête d'un testacé rougeâtre, ayant souvent une tache assombrie à la partie interne des yeux; antennes et palpes testacés, avec les derniers articles noirâtres à l'extrémité.

Corselet noirâtre, avec les bords latéraux assez vaguement, mais très-largement bordés de testacé rougeâtre, deux fois et demie aussi large que long, sinueux à la base, dont les côtés sont coupés très-peu obliquement, et le milieu prolongé en pointe mousse sur les élytres; les bords latéraux très-légèrement arrondis; il est à peine pubescent et couvert de petits points enfoncés assez serrés.

Élytres ovalaires, un peu allongées, légèrement atténuées à l'extrémité, aussi larges en avant que la base du corselet, et formant, à leur point de réunion avec lui, un angle rentrant peu sensible; elles sont brunâtres, avec la partie antérieure du bord externe, et trois taches inégales d'un testacé jaunâtre; la première, très-large, placée transversalement à la base; la seconde, irrégulièrement triangulaire, est située aux trois quarts postérieurs environ, et enfin la dernière, très-petite, près de l'extrémité : elles sont légèrement pubescentes et finement ponctuées ; la portion réfléchie est testacée.

Le dessous du corps noirâtre; les pattes ferrugineuses,

La var. β est plus pâle, ses élytres sont testacées, avec la partie interne de la base, la suture, une très-large tache commune sur le disque, une autre en arrière de celle-ci, plus petite, arrondie et également commune, une ligne oblique en arrière le long du bord externe, et l'extrémité d'un brun noirâtre.

La var. γ est beaucoup plus foncée, ses élytres ne présentent que deux petites taches ferrugineuses, l'une à la partie interne de la base, et l'autre près de l'extrémité.

Il est très-commun dans toute l'Europe.

36. Hydroporus erythrocephalus.

Pl. 33. fig. 1.

Ovalis convexiusculus, valde punctatus, pubescens, subnitidulus, niger; capite pedibusque rufis; thorace et elytris confuse ad latera ferrugineis; thoracis lateribus obliquis; elytris apice rotundatis.

Dytiscus Erythrocephalus. Linn. *Faun. Suec.* 774.
Fab. *Syst. Eleut.* 1. 267.
Hyphidrus Erythrocephalus. Gyl. *Ins. Suec.* 1. 533.
Sch. *Syn. Ins.* II 35.

Long. 4 $\frac{1}{4}$ millim. Larg. 2 $\frac{1}{6}$ millim.

Corps ovale, très-médiocrement allongé, et assez sensiblement convexe.

Tête d'un testacé rougeâtre, avec une tache assombrie à la partie interne des yeux ; palpes et antennes testacés, les derniers articles noirâtres à l'extrémité.

Corselet noir, avec les bords latéraux très-étroitement et très-confusément ferrugineux, deux fois et demie aussi larges que longs, sinueux à la base, dont les côtés sont coupés un peu obliquement, et le milieu prolongé en pointe mousse sur les élytres, les bords latéraux presque rectilignes et un peu obliques ; il est assez convexe, à peine déprimé en arrière et sur les côtés, et couvert, à l'exception du milieu du disque, qui est lisse, de points enfoncés assez forts et assez serrés.

Élytres ovalaires, à peine allongées, assez largement arrondies à l'extrémité ; aussi larges en avant que la base du corselet, dont elles continuent l'arc sans former d'angle rentrant, à leur point de réunion avec lui, d'un brun noirâtre, avec la partie externe de la base et le bord latéral très-confusément ferrugineux ; elles sont très-sensiblement pubescentes et couvertes de points enfoncés assez forts et assez serrés ; la portion réfléchie est ferrugineuse.

Le dessous du corps noir ; les pattes d'un testacé ferrugineux.

Il se rencontre dans toute l'Europe, ou il est fort commun.

57. Hydroporus rufifrons.

Pl. 58. fig. 2.

Oblongo-ovalis, convexiusculus, valde punctatus, parce pubescens, subnitidulus, supra nigro-brunneus, infra niger; capite antice et in vertice, thorace anguste ad latera, elytris confuse ad basin et marginem pedibusque ferrugineis; thoracis lateribus vix oblique rotundatis; elytris apice rotundatim attenuatis.

Dytiscus Rufifrons. Duft. *Faun. Aust.* I. 270.
Hyphidrus Rufifrons. Gyl. *Ins. Suec.* IV. 390.
Hydroporus Rufifrons. Steph. *Illust. of Brit. Ent.* II. p. 56.

Long. 5 millim. Larg. 2 $\frac{1}{2}$ millim.

Corps ovale, un peu allongé et très-légèrement convexe.

Tête ferrugineuse en avant et sur le vertex, et très-confusément assombrie au milieu; antennes et palpes comme dans l'*Erytrocephalus.*

Corselet semblable à celui de l'*Erythrocephalus*, seulement un peu moins convexe et plus sensiblement déprimé en arrière et sur les côtés.

Élytres ovalaires, un peu allongées, légèrement atténuées en arrière, aussi larges en avant que la base du corselet, dont elles continuent l'arc sans former d'angle rentrant à leur point de réunion avec lui, d'un brun noirâtre, avec la base et le bord latéral très-confusément ferrugineux ou testacés; elles sont très-légèrement pubescentes et couvertes de points assez forts et très-médiocrement serrés; la portion réfléchie est d'un testacé ferrugineux.

Dessous du corps noir, avec les segments abdominaux très-confusément ferrugineux en dehors; pattes ferrugineuses.

Il se rapproche beaucoup de l'*Erythrocephalus*, mais il est toujours plus grand, plus allongé, moins convexe, un peu plus brillant et moins pubescent; ses élytres sont un peu atténuées en arrière et couvertes de points un peu plus forts et plus écartés.

Il se trouve dans le nord de l'Europe, en Autriche et en Angleterre.

38. Hydroporus deplanatus.

Pl. 33. fig. 3.

Ovalis, depressus, subtile reticulato-punctatus, valde pubescens, opacus; capite rufo-ferrugineo, arcu nigricante notato; thorace confuse ad latera, elytris vix ad basin et marginem pedibusque ferrugineis; thoracis lateribus obliquis; elytris apice rotundatis.

Hyphidrus Deplanatus. Gyl. *Ins. Succ.* iv. 391.

Hydroporus Deplanatus. STEPH. *Illust. of Brit. Ent.* II. p. 56.

Hydroporus Erythrocephalus ♀. ERICH. *Käf der Mark Brand.* I. 172.

Long. 4 millim. Larg. 2 millim.

Corps ovale et très-sensiblement déprimé.

Tête rougeâtre, terne, avec une tache sombre en forme de V largement ouvert, se terminant de chaque côté à la partie externe des yeux; antennes et palpes testacés, avec les derniers articles rembrunis à l'extrémité.

Corselet d'un noir terne, avec les bords latéraux étroitement ferrugineux, de même forme que dans l'*Erythrocephalus*, mais beaucoup moins convexe; il est légèrement pubescent et couvert, à l'exception du disque, de très-petits points assez serrés.

Élytres ovalaires, assez largement arrondies à l'extrémité, aussi larges en avant que la base du corselet, dont elles continuent l'arc sans former d'angle rentrant à leur point de réunion avec lui, d'un brun terne, avec la partie externe de la base et le bord latéral ferrugineux; elles sont très-pubescentes et très-finement ponctuées et réticulées; la portion réfléchie est ferrugineuse.

Le dessous du corps et les pattes comme dans l'*Erythrocephalus*.

Il ressemble beaucoup à ce dernier, mais il est plus petit, plus déprimé, tout-à-fait terne, plus pubescent, et enfin beaucoup plus finement ponctué.

Il se trouve dans le nord de l'Europe et en Angleterre.

39. Hydroporus planus.

Pl. 33. fig. 4.

Ovalis, depressiusculus, dense punctulatus, pubescens, subnitidulus, niger; thoracis lateribus obliquis; elytris nigro-brunneis, apice rotundatis; pedibus ferrugineis, femoribus basi nigricantibus.

Dytiscus Planus. Fab. *Syst. Eleut.* i. 268.
Dyt. Rufipes. Oliv. *Ent.* iii. 40. t. 39. fig. a. b.
Hyphidrus Planus. Gyl. *Ins. Suec.* i. 531.
Hydroporus Holosericeus. Steph. *Illust. of Brit. Ent.* ii. p. 61.

Var. β. Elytris ab basin late rufescentibus.

Dytiscus Flavipes. Fab. *Syst. Eleut.* i. 273.
Hyphidrus Planus. Var. b. Gyl. *Ins. Suec.* i. 531.
Hydroporus Flavipes. Steph. *Illust. of Brit. Ent.* ii. p. 61.

Long. 4 à 4 ½ millim. Larg. 2 ⅓ à 2 ½ millim.

Corps ovale et sensiblement déprimé.
Tête noire, à peine ferrugineuse sur le vertex; antennes et palpes testacés à la base, noires à l'extrémité.

Corselet entièrement noir, deux fois et demie aussi large que long, sinueux à la base, dont les côtés sont coupés un peu obliquement, et le milieu prolongé en pointe mousse sur les élytres, les bords latéraux presque rectilignes et obliques ; il est pubescent et couvert de points enfoncés assez serrés, à peine plus petits et plus écartés sur le milieu du disque.

Élytres ovalaires, assez largement arrondies à l'extrémité, aussi larges en avant que la base du corselet, dont elles continuent l'arc sans former d'angle rentrant à leur point de réunion avec lui, d'un brun noirâtre, ayant souvent la base et le bord externe assez largement testacés, et étant même quelquefois presque entièrement de cette couleur; elles sont pubescentes et couvertes de points très-fins et assez serrés, et présentent, en outre, deux lignes longitudinales très-peu sensibles de points enfoncés un peu plus forts, l'un au milieu environ, et l'autre un peu en dehors; la portion réfléchie est d'un testacé rougeâtre.

Le dessous du corps noir; les pattes ferrugineuses, avec la base des cuisses légèrement rembrunie.

Il se trouve dans toute l'Europe, où il est fort commun.

40. HYDROPORUS PUBESCENS.

Pl. 33. fig. 5.

Ovalis, minor, minus depressus, dense punctulatus, pubescens, subnitidulus, niger; elytris nigro-brunneis, ad basin et marginem confuse rufescentibus, stria disci punctulata, apice rotundatis; thoracis lateribus obliquis; pedibus ferrugineis, femoribus basi nigricantibus.

Hyphidrus Pubescens. GYL. *Ins. Suec.* I. p. 536.
Hydroporus Pubescens. STEPH. *Illust. of Brit. Ent.* II. 61.
Hydroporus Piceus. STURM. *Deuts. Faun.* IX. p. 66. t. CCXI. fig. A. a.

Long. 3 ½ millim. Larg. 1 ¾ millim.

Cet *Hydroporus* est, à très-peu de chose près, de même forme que le *Planus*, dont il ne diffère que par sa taille au moins deux fois plus petite, sa forme un peu plus étroite et un peu plus convexe, et l'absence presque constante de la ligne longitudinale externe de points enfoncés, qui existe toujours sur les élytres du *Planus*; il est aussi un peu moins pubescent et un peu plus brillant; il pourrait bien n'en être qu'une simple variété.

Il se trouve, comme le précédent, dans toute l'Europe, mais il est un peu moins abondant.

41. HYDROPORUS AMBIGUUS. *Mihi.*

Pl. 33. fig. 6.

Oblongo-ovalis, depressiusculus, dense punctulatus, pubescens, subnitidulus, niger; capite antice et in vertice rufo-

ferrugineo; thoracis lateribus obliquis, anguste ferrugineis; elytris nigro-brunneis, ad basin et marginem confuse rufescentibus, apice rotundatim attenuatis; pedibus rufo-testaceis.

Long. $2 \frac{2}{3}$ millim. Larg. $1 \frac{3}{4}$ millim.

Corps ovale, assez allongé, à peine déprimé.

Tête noirâtre, avec la partie antérieure de la tête et le vertex d'un rouge ferrugineux; antennes et palpes testacés à la base, noirs à l'extrémité.

Corselet noir, avec les bords latéraux assez confusément et étroitement ferrugineux, deux fois et demie aussi large que long, sinueux à la base, dont les côtés sont coupés presque carrément et le milieu prolongé en pointe mousse sur les élytres; il est assez convexe au milieu, très-légèrement déprimé en arrière et sur les côtés, à peine pubescent et couvert de points enfoncés assez forts, peu serrés, beaucoup plus fins et plus écartés sur le milieu du disque.

Élytres ovalaires, assez allongées, un peu atténuées en arrière, aussi larges en avant que la base du corselet, et formant, à leur point de réunion avec lui, un angle rentrant excessivement ouvert et à peine sensible, d'un brun noirâtre, avec le côté externe de la base, et le bord latéral à peine ferrugineux; elles sont pubescentes et couvertes de petits points peu enfoncés et très-médiocrement serrés; la portion réfléchie est testacée.

Le dessous du corps noir; les pattes d'un testacé rougeâtre.

Il ressemble beaucoup au *Pubescens;* il est toujours plus étroit et un peu moins déprimé; la tête est plus ferrugineuse; le corselet est aussi bordé de cette couleur, et enfin les élytres ne continuent pas exactement l'arc du corselet.

Je n'ai vu que six exemplaires de cette espèce; ils font tous partie de ma collection, et je l'ai pris aux environs de Compiègne dans le courant de septembre 1836.

42. Hydroporus marginatus.

Pl. 34. fig. 1.

Ovalis, depressiusculus, subtilissime reticulatus, vix punctulatus, pubescens, subnitidulus, niger; capite antice et in vertice rufo-testaceo; thoracis lateribus obliquis, ferrugineis; elytris nigro-brunneis, ad basin, marginem et apicem late pallido-testaceis, postice rotundatis.

Dytiscus Marginatus. Duft. *Faun. Aust.* I. 269.

Hydroporus Marginatus. Sturm. *Deuts. Faun.* IX. p. 47. tab. CCVIII. fig. B. b.

Hyd. Neglectus. Dej. *Cat.* 1836. p. 65.

Corps ovale et sensiblement déprimé.

Tête noire, avec la partie antérieure et le vertex d'un jaune testacé; antennes et palpes testacés, les derniers articles noirâtres à l'extrémité.

Corselet de la couleur de la tête, avec les bords latéraux assez largement testacés, plus ou moins ferrugineux; il est deux fois et demie aussi large que long, sinueux à la base, dont les côtés sont coupés très-peu obliquement, et le milieu prolongé en pointe mousse sur les élytres; il est à peine pubescent et très-finement pointillé et réticulé.

Élytres ovalaires, largement arrondies en arrière, aussi larges en avant que la base du corselet, dont elles continuent l'arc sans former d'angle rentrant à leur point de réunion avec lui, d'un brun noirâtre, avec le bord externe, une large tache transversale découpée en arrière, située à la base, et une ou deux autres petites taches irrégulières près de l'extrémité, d'un testacé pâle, quelquefois blanchâtres; elles sont pubescentes, très-finement réticulées et couvertes d'une ponctuation excessivement fine, et perceptible seulement à l'aide d'une très-forte loupe; elles présentent, en outre, deux lignes longitudinales de points enfoncés, l'une au milieu environ, et l'autre un peu en dehors; la portion réfléchie est testacée.

Le dessous du corps noir; les pattes d'un testacé un peu ferrugineux.

Il habite les contrées méridionales de l'Europe, le midi de la France, l'Espagne et l'Italie.

43. Hydroporus lituratus.

Pl. 34. fig. 2.

Ovalis, depressiusculus, subtile punctulatus, parce pubes-

cens, subnitidulus, niger; elytris nigro-brunneis, ad basin marginem et apicem late pallido-testaceis, apice rotundatis; thoracis lateribus obliquis, vix ad angulis anticis angustissime ferrugineis.

Hydroporus Lituratus. BRULLÉ. *Exp. scient. de Morée.* t. III. 1re partie. 2e sect. p. 127.
Dytiscus Lituratus. FAB. *Syst. Eleut.* 1. 269?
Hydroporus Neglectus. DEJ. *Cat.* 1836. p. 65.

Long. $3\frac{1}{2}$ à $3\frac{3}{4}$ millim. Larg. $1\frac{3}{4}$ à 2 millim.

Corps ovale et sensiblement déprimé.

Tête noire, très-rarement ferrugineuse en avant; antennes et palpes testacés, avec les derniers articles noirâtres à l'extrémité.

Corselet noir, avec les bords latéraux très-rarement et très étroitement ferrugineux vers les angles antérieurs, de même forme que dans le *Marginatus*, à peine pubescent et couvert de points enfoncés peu serrés, beaucoup plus fins et plus écartés sur le milieu du disque.

Élytres de même forme que celles du *Marginatus*, d'un brun noirâtre, avec le bord externe, une large tache transversale découpée en arrière située à la base, une ou deux autres petites taches irrégulières près de l'extrémité et une ou deux lignes plus ou moins abrégées sur le disque, d'un testacé jaunâtre; toutes ces taches sont très-confusément dessinées, et souvent, le long du bord externe, sur la bande marginale, on observe une ligne étroite longitudinale noirâtre et très-confuse; elles sont pubescentes et couvertes de petits points enfoncés très-sensibles et assez serrés, et présentent, en outre, deux lignes longitudinales de points plus forts; la portion réfléchie est testacée.

Le dessous du corps noir; les pattes d'un testacé ferrugineux, avec la base des cuisses assombrie.

Il ressemble beaucoup au *Marginatus*, il est un peu plus petit; la tête et le corselet sont presque toujours entièrement noirs; les élytres sont aussi très-sensiblement ponctuées, tandis que dans le *Marginatus* elles ne sont pour ainsi dire que réticulées.

Il habite les mêmes contrées que le précédent.

44. HYDROPORUS LIMBATUS. *Dahl.*

Pl. 34. fig. 3.

Ovalis, convexiusculus, valde punctulatus, pubescens, subnitidulus, niger; capite antice et in vertice rufo-ferrugineo; thoracis lateribus obliquis, ferrugineis; elytris nigro-brunneis, basi, marginibus irregularibus apiceque confuse testaceis, posterius rotundatis.

Long. 4 ¾ millim. Larg. 2 ¾ millim.

Corps ovale et très-légèrement convexe.

Tête noire, avec la partie antérieure et le vertex assez largement ferrugineux; antennes et palpes testacés, le dernier article des palpes à peine rembruni au sommet.

Corselet de la couleur de la tête, avec les bords latéraux étroitement ferrugineux, de même forme que dans le *Lituratus*, très-sensiblement pubescent et couvert de points enfoncés assez forts, assez serrés, à peine plus fins et plus écartés sur le milieu du disque.

Élytres de même forme que celle du *Lituratus*, d'un brun noirâtre, avec le bord externe, une bande transversale irrégulièrement onduleuse à la base, deux ou trois taches le long de la bande marginale, une autre petite tout-à-fait à l'extrémité, et enfin une très-petite tache ponctiforme sur le disque, d'un testacé un peu rougeâtre; la bande transversale est assez étroite et ne touche la base qu'à la région humérale; les taches externes sont irrégulières, quelquefois réunies à la bordure marginale, et quelquefois tout-à-fait isolées; la plus antérieure est étroite, presque linéaire et très-légèrement oblique; toutes ces taches sont assez confusément dessinées; les élytres sont, en outre, couvertes d'une pubescence très-longue et peu abondante, et marquées de points enfoncés assez serrés; aucune trace de ligne longitudinale d'autres points; la portion réfléchie testacée.

Le dessous du corps noir; pattes testacées.

Il ressemble beaucoup au *Lituratus*, mais il est un peu plus grand, un peu moins déprimé, couvert d'une pubescence plus longue et plus abondante, et marqué de points enfoncés beaucoup plus forts et plus écartés; la tête et le corselet sont très-sensiblement marqués de ferrugineux et les antennes entièrement testacées.

Cet insecte m'a été communiqué par M. Gené, qui l'a pris en Sardaigne.

45. Hydroporus analis. *Dahl.*

Pl. 34. fig. 4

Oblongo-ovalis, depressiusculus, subtile punctulatus, dense pubescens, subnitidulus, niger; capite antice et in vertice rufo-ferrugineo; thoracis lateribus obliquis, ferrugineis; elytris nigro-brunneis, margine exteriori, vitta transversa ad basin alterisque duabus externis et macula apicali confuse rufo-ferrugineo-ornatis, apice rotundatim attenuatis.

Long. 3 $\frac{3}{4}$ millim. Larg. 1 $\frac{3}{4}$ millim.

Il est à peu près de la même forme que les deux précédents, auxquels ils ressemblent beaucoup.

Il diffère du *Lituratus* par sa tête et son corselet marqués de testacé, sa pubescence beaucoup plus abondante et sa forme un peu plus étroite, du *Limbatus* par sa taille plus petite, sa forme plus étroite, sa pubescence plus courte et plus abondante, et par sa ponctuation beaucoup plus fine et plus serrée; il est aussi un peu plus déprimé; enfin il se distingue des deux à la fois par la ponctuation de l'abdomen, qui est entièrement confondu, tandis que dans le *Lituratus* et le *Limbatus* les points sont parfaitement isolés.

Il a été trouvé en Sardaigne, et fait partie de la collection de M. Chevrolat.

46. Hydroporus Marklini.

Pl. 34. fig. 5.

Ovalis, convexiusculus, valde punctulatus, nitidus, supra testaceus, infra niger; capite in vertice nigricante; thorace antice et postice transversim late et confuse infuscato, lateribus obliquis; elytris fascia maxima in disco, postice cum sutura nigra connexa, utrinque infuscatis, apice rotundatis.

Hyphidrus Marklini. Gyl. *Ins. Suec.* III. p. 689.
Zetterst. *Faun. Ins. Lap.* pars 1ª. p. 230.

Long. 3 $\frac{2}{3}$ millim. Larg. 2 millim.

Corps ovale et légèrement convexe.

Tête luisante, testacée, rembrunie en arrière et sur les côtés; antennes et palpes testacés, avec les derniers articles noirâtres à l'extrémité.

Corselet de la couleur de la tête, également luisant, avec les bords antérieur et postérieur très-largement et confusément noirâtres, deux fois et demie aussi large que long, sinueux à la base, dont les côtés sont coupés un peu obliquement, et le milieu prolongé en pointe mousse sur les élytres, les bords latéraux presque rectilignes et un peu obliques il est couvert de points enfoncés assez fins et assez serrés, et un peu plus espacés sur le milieu du disque.

Élytres ovalaires, assez largement arrondies à l'extrémité, aussi larges en avant que la base du corselet, et formant, à leur point de réunion avec lui, un angle rentrant excessivement ouvert et à peine sensible, testacées et luisantes, avec la suture noirâtre et une large tache grisâtre sur le disque, profondément laciniée en avant, et irrégulièrement découpée en dehors; cette tache est extrêmement confuse, ne touche pas la suture dans sa moitié antérieure, et se termine en arrière par une petite tache oblique un peu plus foncée et également très-confuse; elles sont couvertes de petits points enfoncés, assez écartés en avant et très-rapprochés en arrière; elles présentent, en outre, deux lignes longitudinales, d'autres points plus forts, visibles seulement sous un certain jour; la portion réfléchie est testacée.

Le dessous du corps noir; les pattes testacées.

Il se trouve en Suède.

47. HYDROPORUS NITIDUS.

Pl. 41 bis. fig. 1.

Elongato-ovalis, convexiusculus, sparsim punctatus, niti-

dulus, supra castaneus, infra niger; thorace nigro-brunneo, ad latera vix rotundata ferrugineo, angulis posticis depressis, disco vix punctulato valde convexo; elytris elongatis, apice anguste rotundatim attenuatis.

Hydroporus Nitidus. STURM. *Deuts. Faun.* IX. 38. tab. CCVII. fig. B. b.

ERICHS. *Käf. der Mark Brand.* I. p. 171.

Long. 4 $\frac{1}{2}$ millim. Larg. 2 $\frac{1}{4}$ millim.

Corps ovale, allongé et légèrement convexe.

Tête ferrugineuse, très-finement pointillée; antennes et palpes également ferrugineux.

Corselet d'un brun noirâtre, assez largement bordé de ferrugineux sur les côtés, un peu plns de deux fois et demie aussi large que long, sinueux à la base, dont les côtés sont coupés un peu obliquement, et le milieu prolongé en pointe mousse sur les élytres, les bords latéraux à peine arrondis; il est très-finement ponctué sur le limbe, le disque est presque lisse et assez fortement convexe, les angles postérieurs déprimés.

Élytres ovalaires, allongées, marchant presque parallèlement jusqu'aux deux tiers postérieurs pour se terminer ensuite assez brusquement et en pointe très-mousse, aussi larges en avant que la base du corselet, dont elles continuent l'arc sans former d'angle rentrant à leur point de réunion avec lui; elles sont brunâtres, avec la base et les côtés plus clairs, et couvertes de points enfoncés assez écartés ; la portion réfléchie est ferrugineuse.

Le dessous du corps noir ; pattes ferrugineuses.

Il se trouve aux environs de Berlin, où il est assez rare.

48. Hydroporus obsoletus.

Pl. 35. fig. 1.

Oblongo-ovalis, valde depressus, sparsim punctatus, nitidulus, supra brunneus, infra nigro-piceus, capite antice et postice ferrugineo ; thorace ad angulos posticos valde depresso, fere foveolato, hoc loco valde punctato, disco lævi nitido, lateribus vix oblique rotundatis ; elytris ad basin, marginem et apicem confusissime rufescentibus, apice late rotundatis.

Hydroporus Obsoletus. Dej. *Cat.* 1836. p. 65.

Long. 4 millim. Larg. 2 millim.

Corps ovale, un peu allongé et fortement déprimé.

Tête noirâtre, avec la partie antérieure et le vertex assez largement ferrugineux ; antennes et palpes testacés, les derniers articles noirâtres à l'extrémité.

Corselet d'un brun rougeâtre, avec une très-large tache sombre le long du bord antérieur et atteignant quelquefois la base, un peu plus de deux fois et demie aussi large que long, sinueux à la base, dont les côtés sont coupés un peu obliquement, et le milieu prolongé en pointe mousse sur les élytres, les bords latéraux à peine arrondis et un peu obliques; il est à peine ponctué sur les côtés, lisse au milieu, et présente à la base, vers chaque angle postérieur, une impression arrondie très-enfoncée et très-fortement ponctuée.

Élytres ovalaires, un peu allongées, marchant presque parallèlement jusqu'aux deux tiers postérieurs, pour se terminer ensuite en s'arrondissant assez largement, aussi larges en avant que la base du corselet, dont elles continuent l'arc sans former d'angle rentrant à leur point de réunion avec lui, brunâtres, avec la base, le bord latéral et l'extrémité très-confusément testacés; elles sont couvertes de petits points enfoncés, assez écartés et assez irrégulièrement disposés; elles présentent, en outre, deux lignes longitudinales d'autres points à peine visibles; la portion réfléchie est testacée.

Le dessous du corps noir, avec l'extrémité postérieure des derniers segments de l'abdomen ferrugineuse; les pattes d'un testacé ferrugineux.

M. le comte Dejean possède un individu de cette espèce pris en Espagne; j'en ai moi-même trois exemplaires, qui ont été recueillis soit en Grèce, soit en Syrie; ils proviennent du voyage de feu M. Carcel.

49. Hydroporus Victor. *Mihi.*

Pl. 35. fig. 2.

Oblongo-ovalis, valde depressus, deplanatus, sparsim punctatus, nitidulus, supra brunneus, infra niger; capite rufo-testaceo, transversim in medio infuscato; thorace ad latera paulo rotundato, rufo-testaceo, vix in medio infuscato; elytris brunneis, fascia late transversa ad basin, macula minima externa alteraque ad apicem confuse pallido-testaceo-ornatis, apice abrupte attenuatis.

Long. 4 millim. Larg. 2 millim.

Corps ovale, un peu allongé, très-fortement déprimé et presque aplati.

Tête large, d'un testacé rougeâtre, avec une tache transversale assombrie au milieu; antennes et palpes testacés.

Corselet testacé, ayant une tache assombrie très-vague sur le milieu du disque; il est près de trois fois aussi large que long, sinueux à la base, dont les côtés sont coupés très-peu obliquement, et le milieu prolongé en pointe mousse sur les élytres, les bords latéraux un peu arrondis antérieurement; il est couvert de points assez forts et assez espacés, un peu plus fins et plus écartés sur le milieu du disque.

Élytres ovalaires, un peu allongées, à peine plus étroites en avant que la base du corselet, et formant, à leur point de réunion avec lui, un angle rentrant très-largement ouvert, se dilatant presque insensiblement ensuite jusqu'aux deux tiers postérieurs, où elles sont assez brusquement atténuées en pointe mousse, d'un brun noirâtre, avec une très-large bande transversale à la base, une petite tache irrégulière et très-confuse le long du bord externe, et une autre analogue tout-à-fait à l'extrémité; elles sont couvertes de points assez forts, médiocrement serrés et assez régulièrement répandus sur toute leur surface; elles présentent, en outre, deux lignes longitudinales d'autres points; la portion réfléchie testacée.

Le dessous du corps noir; les pattes d'un testacé un peu ferrugineux.

Il ressemble à l'*Obsoletus;* il est un peu plus aplati, sa tête est beaucoup plus large, son corselet également plus large, un peu plus arrondi sur les côtés, entièrement couvert de points enfoncés, et ne présentant pas d'impressions profondes et fortement ponctuées vers les angles postérieurs; les élytres sont moins parallèles, couvertes d'une ponctuation plus régulière et plus serrée; leur coloration est aussi légèrement différente.

Il a été pris dans le lac Constance, par M. Victor de M***, qui a bien voulu m'en sacrifier un exemplaire.

50. Hydroporus castaneus. *Mihi.*

Pl. 35. fig. 3.

Elongato-ovalis, valde depressus, deplanatus, punctulatus, opacus, supra brunneus, infra rufo-ferrugineus; capite antice et in vertice, thorace late ad latera, pedibusque rufo-ferrugineis; thoracis lateribus vix oblique rotundatis; elytris apice late rotundatis.

Long. 4 ½ millim. Larg. 2 millim.

Corps ovale, allongé et très-fortement déprimé.

Tête brunâtre, terne, avec la partie antérieure et le vertex assez largement rougeâtres; antennes et palpes testacés.

Corselet de la couleur de la tête, également terne, avec les bords latéraux très-largement ferrugineux; les bords antérieurs et postérieurs sont aussi un peu ferrugineux, mais très-étroitement; il est deux fois et demie aussi large que long, sinueux à la base, dont les côtés sont coupés très-peu obliquement, et le milieu prolongé en pointe mousse sur les élytres, les bords latéraux à peine arrondis, presque rectilignes et un peu obliques; il est couvert de points enfoncés, très-petits, assez écartés, un peu plus forts et plus écartés sur les côtés.

Élytres ovalaires, allongées, marchant presque parallèlement jusqu'aux deux tiers postérieurs, pour se terminer ensuite en s'arrondissant assez largement, aussi larges en avant que la base du corselet, et formant, à leur point de réunion avec lui, un angle rentrant excessivement ouvert et à peine sensible, brunâtres, ternes, avec les bords latéraux à peine ferrugineux; elles sont couvertes d'un duvet court et à peine sensible, et marquées de points enfoncés très-petits et assez rapprochés; elles présentent, en outre, deux lignes longitudinales d'autres points; la portion réfléchie d'un testacé ferrugineux.

Le dessous du corps et les pattes ferrugineux; la poitrine un peu assombrie.

Je n'ai vu que deux exemplaires de cette espèce; ils font tous deux partie de ma collection; j'ai reçu l'un de Belgique, et l'autre a été pris aux environs de Paris, par M. Duponchel, qui a eu la générosité de me le sacrifier.

51. Hydroporus memnonius.

Pl. 41 bis, fig. 4.

Oblongo-ovalis, valde depressus, punctulatus, vix nitidulus, nigro-piceus; capite antice et in vertice, thorace ad latera pedibusque rufo-ferrugineis; thoracis lateribus vix oblique rotundatis; elytris apice anguste nigro-ferrugineis, late rotundatis.

Hyphidrus Memnonius. Nicol. *Dis. Col. Agr. Hal.* 33. p. 16.

Hydroporus Memnonius. ERICHS. *Käf. der Mark Brand.* I. 172.

Hydroporus Niger. STURM. *Deuts. Faun.* IX. 44. tab. CCVIII. fig. A. a.

Long. 4 millim. Larg. 2 millim.

Corps ovale, très-légèrement allongé et fortement déprimé.

Tête noirâtre, peu saillante, avec la partie antérieure et le vertex ferrugineux; antennes et palpes ferrugineux.

Corselet de la couleur de la tête, avec les bords latéraux vaguement ferrugineux, deux fois et demie aussi large que long, sinueux à la base, dont les côtés sont coupés très-peu obliquement, et le milieu prolongé en pointe mousse sur les élytres, les bords latéraux presque rectilignes et obliques; il est couvert de points enfoncés très-petits, écartés, un peu plus forts sur les côtés.

Élytres ovalaires, à peine allongées, marchant presque parallèlement jusqu'aux deux tiers postérieurs pour se terminer ensuite en s'arrondissant largement, aussi larges en avant que la base du corselet, et formant, à leur point de réunion avec lui, un angle rentrant à peine sensible, noires de poix, peu brillantes, et étroitement ferrugineuses à l'extrémité; elles sont à peine pubescentes et couvertes de points enfoncés très-petits et assez rapprochés; elles présentent, en outre, deux lignes longitudinales d'autres points; la portion réfléchie est noirâtre.

Le dessous du corps noir; les pattes ferrugineuses.

Il ressemble beaucoup au précédent pour la taille et la forme; il est cependant un peu plus petit, relativement moins allongé, et s'en distingue surtout par sa couleur noire peu brillante.

Il se trouve aux environs de Berlin, d'où je l'ai reçu de M. Erichson.

52. HYDROPORUS PICEUS.

Pl. 35. fig. 4.

Oblongo-ovatus, convexiusculus, valde et profunde punctatus, nitidulus nigro-brunneus; capite antice et in vertice, thorace ad latera vix oblique rotundata, rufo-ferrugineis; elytris confuse ad marginem rufescentibus, apice rotundatis.

Hydroporus Piceus. STEPH. *Illust. of Brit. Ent.* II. 62.

Long. 4 millim. Larg. 2 millim.

Corps ovale, allongé et médiocrement convexe.

Tête noirâtre, avec la partie antérieure et le vertex ferrugineux; antennes et palpes ferrugineux, les derniers articles noirâtres à l'extrémité.

Corselet de la couleur de la tête, avec les bords latéraux vaguement ferrugineux, deux fois et demie aussi large que long, sinueux à la base, dont les côtés sont coupés presque carrément, et le milieu prolongé en pointe mousse sur les élytres, les bords latéraux presque rectilignes et un peu obliques; il est couvert de points assez forts et peu serrés, plus fins et plus écartés sur le milieu du disque.

Élytres ovalaires, allongées, marchant presque parallèlement jusqu'aux deux tiers postérieurs pour se terminer ensuite en s'arrondissant assez largement, aussi larges en avant que la base du corselet, et formant, à leur point de réunion avec lui, un angle rentrant très-ouvert; elles sont d'un brun foncé, avec les bords latéraux à peine ferrugineux, et couvertes de points très-forts, très-fortement enfoncés et assez écartés, nulle trace de lignes longitudinales d'autres points; la portion réfléchie est ferrugineuse.

Le dessous du corps noir; les pattes ferrugineuses.

Il se trouve en France et en Angleterre. Il est assez rare.

53. Hydroporus incertus.

Pl. 35. fig. 5.

Oblongo-ovalis, vix convexus, punctulatus, nitidus, nigro-piceus; capite antice et in vertice, thorace ad latera vix rotundata rufo-ferrugineis; elytris confuse ad marginem rufescentibus, apice rotundatis.

Hydroporus Incertus. Dej. *Cat.* 1836. p. 65.

Long. 4 millim. Larg. 2 millim.

Il a la taille et la forme du *Piceus*, auquel il ressemble beaucoup, et dont il n'est peut-être qu'une variété; cependant il est un peu plus déprimé, plus noir, plus brillant, plus finement ponctué, et présente sur les élytres deux lignes longitudinales de points enfoncés, qui ne s'observent pas sur le premier; les côtés de la base du corselet sont aussi un peu obliques, tandis que dans le *Piceus* ils sont coupés presque carrément.

Il se trouve en France, en Italie et en Sardaigne. M. Gené de Turin m'en a communiqué plusieurs individus pris dans cette dernière localité.

54. Hydroporus melanocephalus.

Pl. 36. fig. 1.

Oblongo-ovalis, depressiusculus, punctulatus, vix nitidulus, niger ; capite in vertice angustissime ferrugineo ; thorace ad latera vix oblique rotundato ; elytris apice rotundatis ; pedibus piceis, geniculis rufo-ferrugineis.

Hyphidrus Melanocephalus. Gyl. *Ins. Suec.* I. 537.
Zett. *Faun. Ins. Lap.* pars 1ª. p. 231.
Hydroporus Melanocephalus. Steph. *Illust. of Brit. Ent.* II. p. 60.
Hydroporus morio. Dej. *Cat.* 1836. p. 65.

Long. 3 $\frac{3}{4}$ millim. Larg. 1 $\frac{5}{6}$ à 2 millim.

Corps ovale, un peu allongé et très-médiocrement déprimé.

Tête le plus souvent entièrement noire, et quelquefois à peine ferrugineuse en avant et sur le vertex; palpes et antennes ferrugineux à la base, noirâtres à l'extrémité.

Corselet noir, deux fois et demie aussi large que long, sinueux à la base, dont les côtés sont coupés très-peu obliquement, et le milieu prolongé en pointe mousse sur les élytres; il est couvert de petits points enfoncés, beaucoup plus fins et plus écartés sur le milieu du disque.

Élytres ovalaires, légèrement allongées, marchant presque parallèlement jusqu'aux deux tiers postérieurs pour se terminer ensuite en s'arrondissant assez largement, aussi larges en avant que la base du corselet, et formant, à leur point de réunion avec lui, un angle rentrant excessivement ouvert et à peine sensible; elles sont d'un noir mat, presque terne, et couvertes de points très-petits, à peine enfoncés et assez serrés; elles présentent, en outre, vers la base seulement, la trace à peine visible de deux lignes longitudinales de points enfoncés; la portion réfléchie est noire.

Le dessous du corps noir; les pattes noirâtres, avec les genoux ferrugineux.

Il habite le nord de l'Europe, et se trouve aussi en Angleterre.

55. Hydroporus melanarius.

Pl. 41 bis. fig. 3.

Ovalis, valde depressus, punctulatus, nitidulus, niger; capite nigro-ferrugineo; thorace ad latera vix oblique rotundata nigro-ferrugineo; elytris apice rotundatis; pedibus totis ferrugineis.

Hydroporus Melanarius. Sturm. *Deuts. Faun.* ix. p. 59. tab. ccix. fig. C. c.
Erichs. *Käf. der Mark Brand.* 1. p. 172.

Long. 3 ¾ millim. Larg. 2 millim.

Il est à peu près de la taille du *Melanocephalus*, auquel il ressemble beaucoup, mais dont il se distingue cependant par sa forme moins rétrécie en avant, la tête et le corselet étant très-sensiblement plus larges, par les élytres continuant exactement l'arc du corselet, sans former d'angle rentrant à leur point de réunion avec lui, et couvertes de points enfoncés un peu plus forts et plus écartés; il est aussi d'un noir un peu plus brillant, et a les pattes et les antennes entièrement ferrugineuses.

Cete espèce m'a été envoyée par M. Erichson, comme se trouvant aux environs de Berlin.

56. Hydroporus nigrita.

Pl. 36. fig. 2.

Ovalis, depressiusculus, punctulatus, vix nitidulus, niger; capite in vertice angustissime ferrugineo; thorace ad latera vix oblique rotundato; elytris apice rotundatis; pedibus rufo-ferrugineis, femoribus basi infuscatis.

Dytiscus Nigrita. Fab. *Syst. Eleut.* I. 273.
Hyphidrus Nigrita. Gyl. *Ins. Suec.* I. 535.
Hyphidrus Melanocephalus. Var. c. Gyl. *Ins. Suec.* I. 537 (1).
Hydroporus Nigrita. Steph. *Illust. of Brit. Ent.* II. 59.

Long. 3 à 3 ½ millim. Larg. 1 ¼ à 1 ¾ millim.

Cet *Hydroporus* ressemble beaucoup au *Melanocephalus*, dont il diffère seulement par sa taille un peu plus petite sa forme moins allongée, moins parallèle et plus régulièrement ovalaire; les élytres offrent deux lignes longitudinales de points enfoncés, et les pattes sont d'un testacé ferrugineux, avec la base des cuisses assombrie principalement dans celles de derrière.

Il se trouve dans presque toute l'Europe.

---

(1) Bien certainement l'*Hyph. Melanocephalus*, var. c. de Gyl., doit être rapporté aux petits individus de l'*Hydrop. Nigrita*, comme j'ai pu m'en convaincre sur plusieurs exemplaires de cette variété envoyés à M. le comte Dejean, par M. Gyllenhal lui-même.

57. Hydroporus brevis.

Pl. 36. fig. 3.

Ovalis, vix oblongus, depressiusculus, punctulatus nitidulus, niger; capite nigro-ferrugineo; thorace ad latera paulo oblique rotundato; elytris apice rotundatis; pedibus totis rufo-testaceis.

Hydroporus Brevis. Sahlberg (Ferdin.). *Nov. Coleopt Fennic. Species.* p. 3.

Long. 2 ¾ millim. Larg. 1 ¾ millim.

Il a la plus grande analogie avec l'*Hyd. Nigrita*, mais il est au moins deux fois plus petit, un peu plus allongé et d'un noir plus brillant; ses pattes sont entièrement testacées; aucune trace de ligne longitudinale de points enfoncés sur les élytres, qui continuent l'arc du corselet sans former d'angle rentrant à leur point de réunion avec lui.

Il se trouve en Finlande, d'où il m'a été envoyé en communication par M. le comte Mannerheim.

58. Hydroporus glabriusculus. *Sahlberg.*

Pl. 36. fig. 4.

Elongato-ovalis, depressiusculus, punctulatus, nitidulus, niger; capite nigro-ferrugineo; thorace ad latera oblique rotundato; elytris apice rotundatis; pedibus rufo-ferrugineis, tarsis infuscatis.

Long. 3 ¼ millim. Larg. 1 ¾ millim.

Il est excessivement voisin du *Melanocephalus*, mais il est au moins deux fois plus petit, relativement plus étroit et plus allongé; ses pattes sont testacées, avec les tarses seulement rembrunis; nulle trace de lignes longitudinales de points enfoncés sur les élytres.

Il se trouve en Laponie, d'où il m'a été envoyé par M. le comte de Mannerheim.

59. Hydroporus tristis.

Pl. 36. fig. 5.

Oblongo-ovalis, convexiusculus, punctulatus, vix pubescens, subnitidulus, niger; capite rufo; thorace nigro, lateribus obliquis; elytris castaneo-brunneis, apice rotundatis, vix attenuatis.

Dytiscus Tristis. Payk. *Faun. Suec* 1. 232.

Hyphidrus Tristis. Gyl. *Ins. Suec.* I. 538.
Hydroporus Tristis. Steph. *Illust. of Brit. Ent.* II. 55.
Hydroporus Elongatulus. Sturm. *Deuts. Faun.* p.
Sch. *Syn. Ins.* II. 36.

Long. 3 $\frac{1}{3}$ millim. Larg. 1 $\frac{2}{3}$ millim.

Corps ovale, un peu allongé et légèrement convexe.

Tête d'un rouge ferrugineux, à peine rembrunie à la partie interne des yeux; antennes et palpes ferrugineux à la base, noirâtres à l'extrémité.

Corselet noir, deux fois et demie aussi large que long, sinueux à la base, dont les côtés sont coupés très-peu obliquement, et le milieu prolongé en pointe mousse sur les élytres, à peine déprimé sur les côtés et vers les angles postérieurs, et couvert de points enfoncés assez forts et serrés, beaucoup plus fins et plus écartés sur le milieu du disque qui est quelquefois presque lisse; les bords latéraux presque rectilignes et un peu obliques.

Élytres ovalaires, un peu allongées, à peine atténuées en arrière et arrondies à l'extrémité, aussi larges en avant que la base du corselet, et formant, à leur point de réunion avec lui, un angle rentrant excessivement ouvert et à peine sensible; elles sont d'un brun ferrugineux, un peu plus sombre le long de la suture, à peine pubescentes et couvertes de petits points peu enfoncés et peu serrés; la portion réfléchie est ferrugineuse.

Le dessous du corps noir; les pattes ferrugineuses.

Il se trouve dans presque toute l'Europe.

60. Hydroporus angustatus.

Pl. 36. fig. 6.

Elongato-ovalis, depressiusculus, valde punctulatus, tenue pubescens, subnitidulus, supra brunneo-castaneus, infra niger; capite rufo; thorace ad latera paulo oblique rotundato, utrinque ad basin foveola minima vix impresso, rufo-ferrugineo, in medio infuscato; elytris apice attenuatis.

Hydroporus Angustatus. Sturm. *Deuts. Faun.* ix. p. 53. tab. ccviii. fig. D. d.

Erichs. *Käf. der Mark Brand.* i. 178.

Hydroporus Tristis. Lacord. *Faun. Ent.* i. p. 352.

Long. 3 $\frac{1}{4}$ millim. Larg. 2 $\frac{2}{3}$ millim.

Corps ovale, assez fortement allongé et légèrement déprimé.

Tête d'un testacé rougeâtre, très-légèrement assombrie sur le front; antennes et palpes testacés, avec les derniers articles rembrunis.

Corselet de la couleur de la tête, largement rembruni au milieu, un peu moins de deux fois et demie aussi large que long, sinueux à la base, dont les côtés sont coupés presque carrément, et le milieu étroitement prolongé en pointe mousse sur les élytres, les bords latéraux légèrement arrondis; il est couvert de points enfoncés assez forts et assez serrés, un peu plus petits et plus espacés sur le milieu du disque, qui est quelquefois presque lisse; il présente, en outre, de chaque côté de la base, au tiers environ de sa largeur, une petite fossette arrondie, très-peu profonde, et une dépression irrégulière vers les angles postérieurs; quelquefois ces quatre enfoncements se réunissent pour former une dépression transversale.

Élytres ovalaires, assez fortement allongées, très-sensiblement atténuées en arrière, étroitement arrondies à l'extrémité, aussi larges en avant que la base du corselet, et formant, à leur point de réunion avec lui, un angle rentrant très-ouvert et bien sensible; elles sont d'un brun ferrugineux, un peu plus claires le long du bord latéral, légèrement pubescentes et couvertes de petits points assez enfoncés et assez serrés; la portion réfléchie est testacée.

Le dessous du corps noir; les pattes d'un testacé ferrugineux.

Il est très-voisin du *Tristis*, dont il se distingue par sa forme plus allongée, plus étroite et un peu plus déprimée, par sa tête plus petite, son corselet moins large, autrement coloré, dont les bords latéraux sont sensiblement arrondis et la base offre quatre impressions distinctes, et enfin par ses élytres, qui forment, à leur point de réunion avec le corselet, un angle rentrant plus sensible.

Il se trouve en France, en Allemagne, en Autriche et en Angleterre.

61. Hydroporus obscurus.

Pl. 37. fig. 1.

Oblongo-ovalis, convexiusculus, valde punctulatus, vix pubescens, subnitidulus, supra brunneo-castaneus, infra niger; capite rufo; thoracis lateribus vix oblique rotundatis; elytris in thoracis arcu, apice rotundatis, vix attenuatis.

Hydroporus Obscurus. Sturm. *Deuts. Faun.* ix. 65. tab. ccx. fig. C. c.

Erichs. *Käf. der Mark Brand.* 1. p. 176.

Hyphidrus Tristis. Var. b. Gyl. *Ins. Suec.* 1. 538.

Long. 3 millim. Larg. 1 $\frac{5}{6}$ millim.

Corps ovale, très-légèrement allongé et un peu convexe.

Tête d'un testacé rougeâtre, à peine assombrie sur le front; antennes et palpes testacés, avec les derniers articles rembrunis.

Corselet d'un testacé ferrugineux, à peine assombri en avant et en arrière, un peu plus de deux fois et demie aussi large que long, sinueux à la base, dont les côtés sont coupés très-peu obliquement, et le milieu prolongé en pointe mousse sur les élytres, à peine déprimé sur les côtés et vers les angles postérieurs, et convert de points enfoncés assez forts et assez serrés, beaucoup plus fins et plus écartés sur le milieu du disque, qui est quelquefois presque lisse; les bords latéraux presque rectilignes et un peu obliques.

Élytres ovalaires, très-légèrement allongées, à peine atténuées en arrière et assez largement arrondies à l'extrémité, aussi larges en avant que la base du corselet, dont elles continuent l'arc sans former d'angle rentrant à leur point de réunion avec lui; elles sont d'un brun ferrugineux, à peine pubescentes, et couvertes de points enfoncés assez forts et assez serrés; la portion réfléchie est testacée.

Le dessous du corps noir; les pattes d'un testacé ferrugineux.

Il est très-voisin du *Tristis*, et est généralement un peu plus petit, un peu moins allongé; ses antennes sont plus courtes et plus fortes; son corselet, un peu plus court, n'est jamais noir; les élytres sont plus fortement ponctuées, et ne forment aucun angle rentrant à leur point de réunion avec le corselet.

Il se trouve en France, en Suède et en Prusse.

62. Hydroporus umbrosus.

Pl. 37. fig. 2.

Oblongo-ovalis, vix convexiusculus, subtile punctulatus,

valde pubescens, subnitidulus, niger; capite rufo; thoracis lateribus obliquis; elytris castaneo-brunneis, apice rotundatim attenuatis.

Hyphidrus Umbrosus. Gyl. *Ins. Suec.* I. 538.
Zett. *Faun. Ins. Lapp.* pars I^a. p. 232.
Hydroporus Umbrosus. Steph. *Illust. of Brit. Ent.* II. p. 55.

Long. 2 $\frac{3}{4}$ millim. Larg. 1 $\frac{5}{8}$ millim.

Cette espèce diffère à peine du *Tristis*, dont elle n'est peut-être qu'une simple variété; elle s'en distingue en ce qu'elle est plus petite, un peu moins convexe et beaucoup plus pubescente; les élytres sont aussi un peu plus atténuées en arrière, et plus étroitement arrondies à l'extrémité.

Il se trouve en Suède, en Finlande, en France, en Allemagne et en Angleterre.

63. Hydroporus striola.

Pl. 37. fig. 3.

Oblongo-ovalis, vix convexiusculus, subtile punctulatus, tenue pubescens, subnitidulus, niger; capite antice rufo-ferrugineo; thorace ad latera vix oblique rotundato; elytris fusco-brunneis, ad basin et marginem late rufes-

centibus, in margine laterali lineola nigra obliqua, apice rotundatis.

Hyphidrus Striola. GYL. *Ins. Suec.* IV. p. 393.
Hydroporus Vittula. ERICHS. *Käf. der Mark Brand.* I. p. 178.

Long. 3 $\frac{1}{3}$ millim. Larg. 1 $\frac{2}{3}$ millim.

Corps ovale, très-légèrement allongé et très-médiocrement convexe.

Tête d'un brun ferrugineux, un peu plus claire en avant et sur le vertex; antennes et palpes testacés à la base, noirâtres à l'extrémité.

Corselet comme dans le *Tristis.*

Élytres ovalaires, très-légèrement allongées, à peine atténuées en arrière et assez largement arrondies à l'extrémité, aussi larges en avant que la base du corselet, et formant à leur point de réunion avec lui, un angle rentrant excessivement ouvert et à peine sensible; elles sont brunâtres, avec le bord externe et une tache transversale à la base testacés; la tache transversale ne touche la base qu'à la région humérale, et n'atteint pas la suture; la bande marginale présente une ligne longitudinale noirâtre, placée un peu au delà du milieu; elles sont très-légèrement pubescentes, et couvertes de très-petits points très-peu enfoncés et assez serrés; la portion réfléchie est testacée.

Le dessous du corps noir; les pattes ferrugineuses.

Il ressemble beaucoup au *Tristis*, dont il a à peu près la forme; il est cependant un peu plus déprimé et plus finement ponctué; il s'en distingue surtout par la couleur de ses élytres.

Il se trouve en France, en Allemagne et en Suède.

64. Hydroporus notatus.

Pl. 41 bis. fig. 4.

Ovalis, valde elongatus, depressiusculus, sparsim valde punctatus, nitidulus, nigro-piceus; capite antice et in vertice rufo-ferrugineo; thorace ad latera rufo-ferruginea vix oblique rotundato; elytris valde elongatis, ad basin et marginem rufescentibus, in margine laterali lineola nigra obliqua, apice rotundatim attenuatis.

Hydroporus Notatus. Sturm. *Deuts. Faun.* ix. p. 62. tab. ccx. fig. A. a.

Erichs. *Kaf. der Mark Brand.* i. 176.

Long. 3 ½ millim. Larg. 1 ⅔ millim.

Corps ovale, très-allongé et légèrement déprimé.

Tête noirâtre, très-légèrement ferrugineuse en avant et en arrière; antennes et palpes testacés, noirâtres à l'extrémité.

Corselet de la couleur de la tête, avec les bords latéraux

largement ferrugineux, un peu plus de deux fois aussi large que long, sinueux à la base, dont les côtés sont coupés presque carrément, et le milieu prolongé en pointe mousse sur les élytres; il est couvert de points enfoncés assez forts et assez écartés, beaucoup plus fins sur le milieu du disque, qui est quelquefois presque lisse; les bords latéraux presque rectilignes et à peine obliques.

Élytres ovalaires, très-allongées, marchant presque parallèlement jusqu'aux trois quarts postérieurs environ, pour se terminer ensuite assez brusquement en une pointe très-mousse, aussi larges en avant que la base du corselet, et formant, à leur point de réunion avec lui, un angle rentrant très-ouvert et assez sensible; elles sont brunâtres, avec le bord externe et une tache transversale à la base testacés; la tache transversale ne touche la base qu'à la région humérale et n'atteint pas la suture; la bande marginale présente une ligne longitudinale noirâtre placée un peu au delà du milieu; elles sont à peine pubescentes et couvertes de points enfoncés assez forts et assez écartés; la portion réfléchie est testacée.

Le dessous du corps noir; les pattes d'un testacé ferrugineux.

Il ressemble un peu par la couleur au *Striola*, mais il en diffère essentiellement par sa forme plus étroite et plus parallèle, et par la ponctuation des élytres, qui est beaucoup plus forte.

Il se trouve aux environs de Berlin; je le dois à la générosité de M. Erichson.

65. Hydroporus pygmæus.

Pl. 41 bis. fig. 5.

Elongato-ovalis, depressiusculus, sparsim punctatus rufo-testaceus; thoracis lateribus vix obl querotundatis; elytris castaneo-brunneis, ad latera anguste pallidioribus, apice rotundatis.

Hydroporus Pygmæus. Sturm. *Deuts. Faun.* IX. p. 73. tab. CCX. fig. C c.

Erichs. *Kaf. der Mark Brand.* I. p. 17 .

Long. 2 millim. Larg. ? millim.

Corps ovale, allongé et légèrement déprimé.

Tête d'un testacé rougeâtre; antennes et palpes également testacés, à peine assombris à l'extrémité.

Corselet de la couleur de la tête, deux fois et demie environ aussi large que long, sinueux à la base, dont les côtés sont coupés un peu obliquement, et le milieu prolongé en pointe mousse sur les élytres; il est couvert de points enfoncés assez forts et assez écartés, beaucoup plus fins sur le milieu du disque, et présente, en outre, de chaque côté de la base, un peu au-dedans de l'angle postérieur, une petite impression irrégulière; les bords latéraux à peine arrondis.

Élytres ovalaires, un peu allongées, atténuées en arrière et étroitement arrondies à l'extrémité, aussi larges en avant que la base du corselet, et formant, à leur point de réunion avec lui, un angle rentrant excessivement ouvert et à peine sensible; elles sont d'un brun châtain, avec les bords latéraux un peu plus clairs, et couvertes de points enfoncés assez forts et très-écartés; la portion réfléchie est testacée.

Le dessous du corps noirâtre, avec l'extrémité des segments de l'abdomen ferrugineux; pattes d'un testacé ferrugineux, avec les tarses légèrement rembrunis.

Il a quelque analogie de forme avec l'*Obscurus*, mais il est environ quatre fois plus petit.

Il se trouve aux environs de Berlin, d'où je l'ai reçu de M. Erichson.

66. Hydroporus Lineatus.

Pl. 37. fig. 4.

Oblongo-ovalis, convexus, subtile reticulato-punctulatus, pubescens, vix nitidulus, rufo-testaceus; thoracis lateribus obliquis; elytris quatuor lineis longitudinalibus in disco alteraque externa, præter suturam angustam, brunneo-ornatis, apice valde attenuato-acuminatis.

Dytiscus Lineatus. Fab. *Syst. Eleut.* i. 272.
Oliv. *Ent.* iii. 40. tab. 5. fig. 43.

Panz. *Faun. Germ.* ci. t. 4.

Hydroporus Ovalis. Steph. *Illust. of Brit. Ent.* ii. 58.

Var. β. *Elytris obscurioribus, vix ferrugineo lineatis.*

Hyphidrus Lineatus. Var. b. Gyl. *Ins. Suec.* i. 539.

Dytiscus Pygmæus. Fab. *Syst. Eleut.* i. 272. (*Test.* Gyl. *Loc. cit.*)

Sch. *Syn. Ins.* ii. 32.

Long. 3 ¼ millim. Larg. 1 ¾ millim.

Corps ovale, un peu allongé et assez convexe.

Tête d'un testacé rougeâtre; antennes et palpes testacés, avec les derniers articles légèrement assombris à l'extrémité.

Corselet de la couleur de la tête, avec les bords antérieur et postérieur très-étroitement noirs au milieu, un peu plus de deux fois et demie aussi large que long, sinueux à la base, dont les côtés sont coupés très-peu obliquement, et le milieu prolongé en pointe mousse sur les élytres, les bords latéraux presque rectilignes et un peu obliques; il est couvert de petits points enfoncés assez serrés, à peine plus petits et plus écartés sur le milieu du disque.

Élytres ovalaires, un peu allongées, très-fortement atténuées en arrière et presque terminées en pointe à l'extrémité, aussi larges en avant que la base du corselet, t formant, à leur point de réunion avec lui, un angle rentrant très-ouvert et assez sensible; elles sont d'un testacé un peu rougeâtre, avec la suture, quatre lignes longitudinales sur le disque, et une autre oblique le long du bord externe, d'un brun noirâtre; les lignes longitudinales sont abrégées en arrière d'autant plus qu'elles sont plus externes, souvent elles sont très-larges, touchant la base en avant et se réunissant dans un ou plusieurs points de leur étendue, de sorte qu'alors les élytres paraissent brunes, avec des lignes testacées plus ou moins abrégées et interrompues; quelquefois même ces lignes disparaissent presque entièrement, ce qui constitue la var. β; elles sont pubescentes et couvertes de petits points peu enfoncés et assez serrés; la portion réfléchie est jaunâtre.

Le dessous du corps et les pattes d'un testacé rougeâtre.

Il habite toute l'Europe, et est extrêmement commun.

67. Hydroporus flavipes.

Pl. 37. fig. 5.

Oblongo-ovalis, convexiusculus, vix subtile punctulatus, tenue pubescens, niger; thoracis lateribus vix oblique rotundatis, luteo-testaceis; elytris quatuor lineis plus minusve interruptis, præter marginem exteriorem, luteo-testaceo-ornatis, apice rotundatim attenuatis.

Dytiscus Flavipes. Oliv. *Ent.* III. 40. t. 5. fig. 52. a. b.
Hydroporus Flavipes. Lacord. *Faun. Ent.* I. p. 333.

Long. 2 ¾ millim. Larg. 1 ½ millim.

Corps ovale, un peu allongé et médiocrement convexe.

Tête noire; antennes et palpes testacés à la base, noirâtres à l'extrémité.

Corselet noir, avec les bords latéraux assez largement ferrugineux, deux fois et demie aussi large que long, sinueux à la base, dont les côtés sont coupés très-peu obliquement, et le milieu prolongé en pointe mousse sur les élytres, les bords latéraux à peine arrondis; il est très-finement ponctué et réticulé sur les côtés, presque lisse sur le milieu du disque, et présente une très-petite strie longitudinale à peine visible, un peu en dedans du bord latéral, et servant de limite à la bordure ferrugineuse.

Élytres ovalaires, un peu allongées, aussi larges en avant que la base du corselet, et formant, à leur point de réunion avec lui, un angle rentrant très-ouvert et assez sensible; elles sont noires, avec le bord externe et quatre lignes longitudinales irrégulières plus ou moins interrompues; la seconde et la troisième se réunissent en avant, et la quatrième vient se joindre en dehors à la bordure externe un peu en arrière de l'épaule; elles sont largement pubescentes et couvertes d'une ponctuation très-fine et assez serrée; la portion réfléchie est testacée.

Le dessous du corps noir; les pattes d'un testacé ferrugineux.

Il habite presque toute l'Europe, préférant toutefois les contrées méridionales; il est très-rare dans le Nord; il se rencontre aussi en Barbarie.

68. Hydroporus meridionalis. *Mihi.*

Pl. 37, fig. 6.

Elongato-ovalis, convexiusculus, subtile punctulatus, vix pubescens, brunneo-ferrugineus; capite rufo-testaceo; thorace testaceo, antice et postice transversim late et confuse infuscato, lateribus oblique rotundatis; elytris testaceis, quinque lineis, præter suturam, fusco-ornatis, prima, tertia et quinta antice abbreviatis, apice rotundatim, attenuato.

Long. 2 $\frac{1}{2}$ millim. Larg. 1 $\frac{1}{4}$ millim.

Il est très-voisin du *Flavipes*, avec lequel il a la plus grande analogie de forme; il est un peu plus petit, plus étroit et un peu plus convexe.

La tête est d'un testacé rougeâtre.

Le corselet est aussi testacé, avec les bords antérieur et postérieur très-largement et très-vaguement rembrunis, souvent ces taches se réunissent sur le milieu du disque, alors il est brunâtre, avec les bords latéraux très-largement et très-vaguement testacés, tandis que dans le *Flavipes* il est bordé de ferrugineux d'une manière très-bien limitée; cet organe offre aussi de chaque côté dans ce dernier une très-petite strie longitudinale qui n'existe pas dans le *Meridionalis.*

Les élytres sont testacées, avec la suture et cinq lignes longitudinales noirâtres; la première, la troisième et la cinquième fortement abrégées en avant; la première et la seconde réunies latéralement dans presque toute leur étendue, les autres souvent isolées, souvent aussi réunies dans une étendue variable.

Le dessous du corps et les pattes comme dans le *Flavipes.*

Je n'ai vu que trois individus de cet insecte; ils ont été pris en Sardaigne par M. Gené de Turin, qui a bien voulu me les communiquer, et a eu la générosité de m'en sacrifier un.

69. Hydroporus Genei. *Mihi.*

Pl. 38. fig. 1.

Elongato-ovalis, convexiusculus, punctulatus, pubescens, subnitidus, supra nigro-brunneus, infra niger; capite rufo; thorace rufo, antice et postice late et confuse infuscato, lateribus vix oblique rotundatis; elytris brunneis, margine exteriori, duabus maculis ad basin tribusque alteris externis testaceo-pallidis, apice valde attenuato acuminatis.

Long. 3 ¦ millim. Larg. 4 millim.

Corps ovale, assez allongé et assez convexe.

Tête d'un testacé ferrugineux, légèrement assombrie sur le vertex; antennes et palpes testacés, avec les derniers articles rembrunis.

Corselet de la couleur de la tête, avec les bords antérieur et postérieur très-largement et très-confusément brunâtres, souvent même brunâtre, avec les bords latéraux très-largement ferrugineux, deux fois et demie aussi large que long, sinueux à la base, dont les côtés sont coupés un peu obliquement, et le milieu prolongé en pointe mousse sur les élytres; il est couvert de points très-fins, à peine sensibles sur le milieu du disque.

Élytres ovalaires, assez allongées, très-fortement atténuées en arrière, et presque terminées en pointe, aussi larges en avant que la base du corselet, et formant, à leur point de réunion avec lui, un angle rentrant excessivement ouvert et à peine sensible; elles sont d'un brun noirâtre, avec le bord externe, deux taches à la base, et trois autres le long de la bordure marginale, d'un testacé rougeâtre; toutes ces taches sont confuses et mal limitées, les deux de la base sont arrondies et inégales, l'interne plus petite que l'externe, les trois autres sont étroites et placées un peu en dedans de la bordure externe, qu'elles ne touchent pas, à l'exception toutefois de la première qui s'y réunit près de l'épaule; elles sont légèrement pubescentes, et couvertes de points assez forts et assez espacés; la portion réfléchie est testacée.

Le dessous du corps noir, avec les derniers segments de l'abdomen ferrugineux; pattes d'un testacé ferrugineux.

Il ressemble un peu à quelques variétés du *Sexpustulatus*, mais il est plus petit, plus atténué en arrière et un peu plus convexe.

Il a été pris en Sardaigne par M. Gené, qui a bien voulu m'en céder un exemplaire.

70. HYDROPORUS SEXGUTTATUS. *Dahl.*

Pl. 38. fig. 2.

Elongato-ovalis, convexiusculus, subnitidus, supra nigro-brunneus, testaceo-ferrugineus; capite antice ferrugineo; thorace ad latera confuse ferruginea, obliqua, valde unistriato; elytris maculis tribus utrinque rufo-ferrugineo-ornatis, rotundatim attenuatis.

Long. 2 ½ millim. Larg. 1 ¼ millim.

Corps ovale, très-allongé et médiocrement convexe.

Tête d'un brun noirâtre, avec la partie antérieure ferrugineuse; antennes et palpes ferrugineux, à peine assombris à l'extrémité.

Corselet noirâtre, près de trois fois aussi large que long, sinueux à la base, dont les côtés sont coupés très-peu obliquement, et le milieu prolongé en pointe mousse sur les élytres; il est presque lisse, et n'offre que quelques points à peine visibles; il présente, en outre, de chaque côté, et un peu en dedans du bord latéral, une strie longitudinale fortement enfoncée, et qui en occupe toute la longueur.

Élytres ovalaires, très-allongées, médiocrement atténuées en arrière et arrondies à l'extrémité, aussi larges en avant que la base du corselet, dont elles continuent l'arc sans former d'angle rentrant à leur point de réunion avec lui; elles sont d'un brun noirâtre, avec le bord externe et trois taches d'un testacé rougeâtre; la première ne touche ni la base ni la suture, et se réunit à la bordure externe; les deux autres sont isolées et séparées de la bordure marginale par une ligne noire longitudinale et un peu oblique; elles sont presque lisses et ne présentent que quelques points très-petits, très-rares et à peine visibles; la portion réfléchie testacée.

Le dessous du corps et les pattes également testacés.

Je n'ai vu que deux individus de cette espèce; ils appartiennent à M. Chevrolat, et ils ont été pris en Sardaigne par Dahl.

71. Hydroporus granularis.

Pl. 38. fig. 3.

Oblongo-ovalis, convexiusculus, subtile punctulatus, tenue pubescens, niger; thoracis lateribus vix conspicue ferrugineis, obliquis; elytris lineis duabus in disco alteraque marginali antice et postice abbreviata rufo-ferrugineo-ornatis, apice rotundatis.

Dytiscus Granularis. LINN. *Syst. Nat.* II. 267.
FAB. *Syst. Ent.* I. p. 270.
OLIV. *Ent.* III. 40. t. 2. fig. 13. a. b.
Hyphidrus Granularis. GYLL. *Ins. Suec.* I. 540.
Dytiscus Unistriatus. SCHR. *Enum.* p. 204.
Minimus. SCOP. *Ent. Carn.* n° 297.
SCH. *Syn. Ins.* II. 36.

Long. 2 $\frac{1}{2}$ millim. Larg. 1 $\frac{1}{4}$ millim.

Corps ovale, légèrement allongé et très-médiocrement convexe.

Tête noire; antennes et palpes testacés, noirâtres à l'extrémité.

Corselet noir, avec les bords latéraux presque imperceptiblement ferrugineux, deux fois et demie aussi large que long, sinueux à la base, dont les côtés sont coupés presque carrément, et le milieu prolongé en pointe mousse sur les élytres, les bords latéraux presque rectilignes et un peu obliques; il offre quelques points rares et assez écartés, et une strie longitudinale très-courte, un peu en dedans du bord externe.

Élytres ovalaires, très-légèrement allongées, arrondies à l'extrémité, aussi larges en avant que la base du corselet, et formant, à leur point de réunion avec lui, un angle rentrant très-ouvert et peu sensible; elles sont noires, avec deux lignes longitudinales sur le disque, et une autre très-étroite le long du bord externe, d'un testacé ferrugineux ; la première naît de la base, qu'elle ne touche cependant pas, est abrégée en arrière, et largement dilatée en avant, où elle se réunit quelquefois à la seconde, qui suit le contour des élytres ; la troisième, placée en dehors de la seconde, lui est souvent réunie pour former une large bordure marginale ; elles sont très-légèrement pubescentes et couvertes de petits points très-serrés ; la portion réfléchie est ferrugineuse.

Le dessous du corps noir ; les pattes d'un testacé ferrugineux.

Il habite toute l'Europe, et est très-commun partout.

72. Hydroporus bilineatus.

Pl. 41 bis. fig. 6.

Elongato-ovalis, convexiusculus, subtile punctulatus, tenue pubescens, niger ; thoracis lateribus vix conspicue ferrugineis, obliquis ; elytris lineis duabus in disco alteraque marginali vix conspicua rufo-testaceo-ornatis, apice rotundatis.

Hydroporus Bilineatus. Sturm. *Deuts. Faun.* IX. p. 68. tab. CCXI. fig. B. b.

Erichs. *Käf. der Mark Brand.* I. 179.

Hydroporus Minimus. Steph. *Illust. of Brit. Ent.* II. p. 58?

Long. 2 $\frac{2}{3}$ millim. Larg. 1 $\frac{1}{4}$ millim.

Il ressemble beaucoup au *Granularis*, dont il n'est peut-être qu'une simple variété femelle; il est plus allongé, et les lignes testacées des élytres sont plus pâles; l'extrémité antérieure de la ligne interne est un peu plus rapprochée de la base et à peine dilatée; du reste il est absolument semblable.

Il se trouve dans les mêmes localités, mais un peu plus rarement.

73. HYDROPORUS VARIUS.

Pl. 38. fig. 4.

Oblongo-ovalis, convexiusculus, subtilissime sparsim punctulatus, vix pubescens, niger; thoracis lateribus obliquis, testaceo-ferrugineis; elytris testaceis cum sutura in medio dilatata et ante apicem utrinque appendiculata, macula ad humera alteraque oblonga in disco cum lineola externa nigris, apice rotundato.

Hydroporus Varius. DEJ. *Cat.* 1836. p. 65.

Long. 2 $\frac{1}{2}$ millim. Larg. 1 $\frac{1}{3}$ millim.

Corps ovale, à peine allongé et légèrement convexe.

Tête noire; antennes et palpes testacés à la base, noirâtres à l'extrémité.

Corselet noir, avec les bords latéraux assez largement ferrugineux, deux fois et demie aussi large que long, sinueux à la base, dont les côtés sont coupés très-peu obliquement, et le milieu prolongé en pointe mousse sur les élytres, les bords latéraux presque rectilignes et un peu obliques; il est finement pointillé sur les côtés, presque lisse sur le milieu du disque, et présente, en outre, une très-petite strie longitudinale un peu en dedans du bord latéral, et servant de limite à la bordure ferrugineuse.

Élytres ovalaires, à peine allongées, assez largement arrondies à l'extrémité, aussi larges en avant que la base du corselet, et formant, à leur point de réunion avec lui, un angle rentrant excessivement ouvert et à peine sensible; elles sont testacées, avec la suture, une tache humérale, une autre tache sur le disque, et une ligne étroite le long du bord externe noires; la suture est très-large, dilatée au milieu, et présente un appendice de chaque côté vers l'extrémité; la tache qui est sur le disque est oblongue et est très-souvent réunie à la ligne externe; elles sont couvertes de très-petits points, assez écartés et à peine sensibles; la portion réfléchie est ferrugineuse.

Le dessous du corps noir; les pattes d'un testacé ferrugineux.

Il se trouve dans le midi de la France, en Italie, en Espagne, et dans toutes les contrées méridionales de l'Europe.

74. Hydroporus geminus.

Pl. 38, fig. 5.

Oblongo-ovalis, depressiusculus, subtile punctulatus, niger : thorace rufo-ferrugineo, antice et postice confuse nigro, ad basin striola minima in elytris continuata, utrinque valde impresso, lateribus obliquis; elytris pallidis, cum basi, sutura fasciaque late transversa valde dentata nigro-piceis, ad suturam valde unistriatis, apice rotundatis.

Dytiscus Geminus. Fab. *Syst. Eleut.* I. p. 272.
Trifidus. Panz. *Faun. Germ.* XXVI. fig. 2.
Dytiscus Pygmæus. Oliv. *Ent.* III. 40. t. 5. fig. 45. a. b.
Dytiscus Monolacus. Drap. *Ann. des Sc. Phys.* t. III. p. 270. t. 40. fig. 5.
Hyphidrus Geminus. Gyll. *Ins. Suec.* I. p. 542.
Sch. *Syn. Ins.* II. p. 32.

Long. 2 $\frac{1}{4}$ millim. Larg. 1 $\frac{1}{4}$ millim.

Corps ovale, légèrement allongé et un peu déprimé.

Tête noire, à peine ferrugineuse antérieurement; antennes et palpes testacés à la base, noirâtres à l'extrémité.

Corselet ferrugineux, avec les bords antérieur et postérieur très-largement et très-confusément bordés de noir, deux fois et demie aussi large que long, sinueux à la base, dont les côtés sont coupés très-peu obliquement, et le milieu prolongé en pointe mousse sur les élytres, les bords latéraux presque rectilignes et un peu obliques; il est finement ponctué, et présente, de chaque côté de la base, au tiers environ de sa largeur, une strie longitudinale un peu oblique en dedans et assez fortement enfoncée.

Élytres ovalaires, très-légèrement allongées, assez largement arrondies à l'extrémité, aussi larges en avant que la base du corselet, et formant, à leur point de réunion avec lui, un angle rentrant très-ouvert et peu sensible; elles sont d'un testacé pâle, avec la base et la suture noirâtres, et une très-large tache de même couleur, fortement dentée en avant, placée un peu au delà du milieu, et présentant elle-même, à son côté externe et postérieur, une autre petite tache oblongue de la couleur du fond; la grandeur de la tache discoïdale est très-variable, tantôt elle est très-petite, et laisse en avant et sur les côtés un très-grand espace testacé, tantôt, au contraire, elle touche en dehors le bord externe, et se réunit en avant par ses dentelures à la base, de sorte qu'alors les élytres sont noires, et présentent trois ou quatre petites taches oblongues placées transversalement un peu au delà de la base, une ou deux autres très-petites le long du bord externe, et enfin une dernière irrégulière tout-à fait à l'extrémité; elles sont couvertes de très-petits points assez serrés, et présentent, en outre, une strie longitudinale assez fortement enfoncée le long de la suture, et une autre extrêmement courte à la base, et qui semble faire suite à celle qui existe sur le corselet; la portion réfléchie est testacée.

Le dessous du corps noir; les pattes d'un testacé un peu ferrugineux.

Il est très-commun dans toute l'Europe. Il se retrouve en Barbarie et même en Égypte.

75. Hydroporus minutissimus.

Pl. 38. fig. 6.

Elongato-ovalis, depressiusculus, subtilissime punctulatus, supra luteo-testaceus, infra nigro-ferrugineus; capite ferrugineo, infuscato; thorace ad basin striola minima in elytris continuata utrinque valde impresso, lateribus paulo-rotundatis; elytris fasciis tribus transversis, sutura connexis, nigro-ornatis, ad suturam valde unistriatis, apice rotundatis.

Hydroporus Minutissimus. Dej.-Germ. *Ins. Nov. Spec.* p. 31.

Dej.-Germ. *Faun. Ins. Europ. Fas.* vii. t. 8.

Long. 2 millim. Larg. $\frac{1}{6}$ millim.

Corps ovale, allongé et déprimé.

Tête d'un testacé ferrugineux, quelquefois noirâtre; antennes et palpes testacés, légèrement rembrunis à l'extrémité.

Corselet testacé, légèrement rembruni en avant et en

arrière, deux fois et demie aussi large que long, sinueux à la base, dont les côtés sont coupés presque carrément, et le milieu prolongé en pointe mousse sur les élytres, les bords latéraux légèrement arrondis; il est très-finement ponctué, et présente, de chaque côté de la base, au tiers environ de sa largeur, une petite strie longitudinale, un peu oblique en dedans et assez fortement enfoncée.

Élytres ovalaires, allongées, assez largement arrondies à l'extrémité, aussi larges en avant que la base du corselet, et formant, à leur point de réunion avec lui, un angle rentrant assez sensible; elles sont d'un jaune testacé, avec la base, la suture et deux bandes transversales onduleuses noirâtres; elles sont très-finement pointillées, et présentent une strie longitudinale assez fortement enfoncée le long de la suture, et une autre à la base légèrement oblique en dedans, et qui semble faire suite à celle qui existe sur le corselet; la portion réfléchie est testacée.

Le dessous du corps noirâtre; les pattes testacées.

Il se trouve dans le midi de la France, en Espagne, et probablement aussi dans les autres contrées méridionales de l'Europe.

76. HYDROPORUS UNISTRIATUS.

Pl. 39. fig. 1.

Ovalis convexiusculus, valde punctulatus, nitidus, nigro-brunneus; capite ore ferrugineo; thorace rufo-testaceo, antice et postice nigricante, ad basin striola minima in clytris continuata utrinque valde impresso, lateribus obliquis; clytris in medio valde dilatatis, apice attenuatis, confusissime testaceo-marmoratis, ad suturam unistriatis.

Dytiscus Unistriatus. ILLIG. *Käf Prus.* I. 266.
OLIV. *Ent.* III. 40. t. 4. fig. 41. a. b.
Dyt. Parvulus PANZ. *Faun. Germ.* XCIX. tab. 2.
Hyphidrus Unistriatus. GYL. *Ins. Suec.* I. p. 545.

Long. 2 $\frac{1}{5}$ millim. Larg. 1 $\frac{1}{3}$ millim.

Corps ovale et médiocrement convexe.

Tête noirâtre, ferrugineuse en avant; antennes et palpes testacés à la base, noirâtres à l'extrémité.

Corselet d'un testacé ferrugineux, avec les bords antérieur et postérieur noirs, deux fois et demie aussi large que long, sinueux à la base, dont les côtés sont coupés très-peu obliquement, et le milieu prolongé en pointe mousse sur les élytres, les bords latéraux presque rectilignes et un peu obliques; il est couvert de points très-petits et très-serrés, et présente de chaque côté de la base, au tiers environ de sa largeur, une petite strie longitudinale un peu oblique en dedans et assez fortement enfoncée.

Élytres ovalaires, élargies au milieu environ, atténuées en arrière et étroitement arrondies à l'extrémité, aussi larges en avant que la base du corselet, et formant, à leur point de réunion avec lui, un angle rentrant très-ouvert et peu sensible; elles sont d'un brun noirâtre, très-irrégulièrement et confusément marbrées de testacé, couvertes de points assez forts et très-serrés; elles présentent, en outre, une strie longitudinale plus ou moins enfoncée le long de la suture, et une autre à la base, très-légèrement oblique en dedans et qui semble faire suite à celle qui existe sur le corselet; la portion réfléchie est ferrugineuse.

Le dessous du corps noir; les pattes ferrugineuses, avec l'extrémité des jambes et les tarses noirâtres.

Il se rencontre dans toute l'Europe, mais n'est abondant nulle part.

77. Hydroporus Goudotii.

Pl. 39. fig. 2.

Ovalis, depressiusculus, valde punctulatus, nitidus, brunneus; thorace testaceo, antice et postice anguste infuscato, ad basin striola minima in elytris continuata utrinquè valde impresso, lateribus obliquis; elytris confuse testaceo-marmoratis, ad suturam valde unistriatis, apice rotundatis.

Hydroporus Goudotii. Lap. *Etud. Ent.* p. 105.

Long. 2 millim. Larg. 1 millim.

Il a la plus grande analogie avec l'*Unistriatus*, dont il diffère à peine; il est cependant un peu plus régulièrement ovalaire et plus déprimé; ses élytres sont moins élargies au milieu, nullement atténuées en arrière et plus largement arrondies à l'extrémité; il est maculé de la même manière, mais il est généralement moins foncé en couleur.

Je possède un individu de cette espèce recueilli en Sicile. Il a été pris en très-grande abondance dans le nord de l'Afrique (à Tanger), par M. Goudot.

78. Hydroporus pumilus.

Pl. 39. fig. 3.

Ovatus, crassus, convexiusculus, valde punctatus, nitidus testaceus; capite in medio infuscato; thorace antice et postice anguste nigricante, ad basin striola minima in elytris continuata utrinque valde impresso, lateribus paulo oblique rotundatis; elytris brunneo-castaneis, tribus maculis externis testaceo-ornatis, stria punctata ad suturam, apice abrupte attenuatis.

Hydroporus Pumilus. Dej. *Cat.* 1836. p. 65.

Long. 2 $\frac{1}{6}$ millim. Larg. 1 $\frac{1}{3}$ millim.

Corps ovale, court, épais et légèrement convexe.

Tête d'un testacé ferrugineux, légèrement assombrie

sur le front; palpes et antennes testacés, rembrunis à l'extrémité.

Corselet testacé, avec les bords antérieur et postérieur très-étroitement noirâtres au milieu, deux fois et demie aussi large que long, sinueux à la base, dont les côtés sont coupés très-peu obliquement, et le milieu prolongé en pointe mousse sur les élytres, les bords latéraux presque rectilignes et obliques; il est finement ponctué et présente, de chaque côté de la base, au tiers environ de sa largeur, une petite strie longitudinale un peu oblique en dedans et très-fortement enfoncée.

Élytres ovalaires, élargies au milieu, assez brusquement atténuées en arrière et étroitement arrondies à l'extrémité, aussi larges en avant que la base du corselet, et formant, à leur point de réunion avec lui, un angle rentrant très-ouvert et assez sensible; elles sont brunâtres, avec le bord externe et trois taches assez larges, d'un jaune testacé, les taches sont réunies à la bordure, à l'exception de la seconde, qui quelquefois est séparée par une ligne noirâtre un peu oblique; elles sont couvertes de points très-forts et assez serrés, et présentent, en outre, une strie ponctuée le long de la suture, et une autre petite strie à la base, très-légèrement oblique en dedans, et qui semble faire suite à celle qui existe sur le corselet; la portion réfléchie testacée.

Le dessous du corps et les pattes d'un testacé ferrugineux, les tarses légèrement rembrunis.

Il se trouve dans le midi de la France.

79. Hydroporus bicarinatus.

Pl. 39. fig. 4.

Ovatus, crassus, supra depressus, subtile et dense punctulatus, supra testaceo-albidus, infra brunneo-testaceus ; capite brunneo, antice ferrugineo, thorace antice et postice late nigro, ad basin plica elevata obliqua, lateribus obliquis ; elytris basi, sutura vittisque duabus transversis bicruciatim nigro-ornatis, utrinque in disco bicarinatis, apice abrupte attenuatis.

Hydroporus Bicarinatus. Clairv. *Ent. Helvet.* p. 186.

Dytiscus Bicarinatus. Drap. *Ann. gén. des Scienc. Phys.* i. p. 290.

Hyphidrus Costatus. Gyl. *In Sch. Syn.* ii. p. 31 (note). t. iv. fig. 1.

Hydroporus Crispatus. Germ. *Faun. Ins. Europ. Fasc.* xi. t. 1.

Hydroporus Cristatus. Dej.-Lacord. *Faun. Ent.* i. p. 335.

Long. 2 ½ millim. Larg. 1 ¼ millim.

Corps ovale, court, épais et déprimé en dessus.

Tête d'un brun ferrugineux, plus claire vers la bouche; antennes et palpes testacés, avec les derniers articles rembrunis à l'extrémité.

Corselet testacé, avec les bords antérieur et postérieur

assez largement noirâtres, deux fois et demie aussi large que long, sinueux à la base, dont les côtés sont coupés un peu obliquement, et le milieu prolongé en pointe mousse sur les élytres, les bords latéraux presque rectilignes et obliques; il est couvert de points très-fins et assez serrés, et présente, en outre, de chaque côté de la base, au tiers environ de sa largeur, un petit pli longitudinal, un peu oblique en dedans.

Élytres ovalaires, élargies au milieu, brusquement atténuées en arrière et assez étroitement arrondies à l'extrémité, aussi larges en avant que la base du corselet, et formant, à leur point de réunion avec lui, un angle rentrant très-ouvert et peu sensible; elles sont d'un testacé blanchâtre, avec la suture, la partie interne de la base, et deux bandes transversales noires; la première bande transversale touche la suture et le bord externe; la seconde touche la suture seulement, et souvent est complètement isolée et réduite à une simple petite tache irrégulière; elle manque même quelquefois complètement, alors la bande antérieure est elle-même une ou deux fois interrompue; elles sont couvertes de points très-petits et très-serrés, et présentent, en outre, deux côtes saillantes, l'une, au milieu environ, semble faire suite au pli de la base du corselet; la seconde, moins élevée, est placée en dehors, le long du bord externe; la portion réfléchie est testacée.

Le dessous du corps d'un brun ferrugineux; les pattes testacées, avec les tarses légèrement rembrunis.

Il se trouve en France, en Suisse, en Italie; il se rencontre aussi en Barbarie.

80. HYDROPORUS PICTUS.

Pl. 39. fig. 5.

Ovatus, convexus, subtile punctulatus, brunneo ferrugineus, capite rufo-testaceo, thorace ad latera obliqua, rufo-ferrugineo; elytris pallido-testaceis, sutura lata maculaque ovali in disco cum lineola externa adnexa nigris, apice rotundatim attenuatis.

Dytiscus Pictus. FAB. *Syst. Eleut.* I. 273.
Dyt. Arcuatus. PANZ. *Faun. Germ.* XXVI. t. 1.
Dyt. Flexuosus. MARSCH. *Ent. Brit.* I. p. 425
Hyphydrus Pictus. GYL. *Ins. Suec.* I. 541.
Hygrotus Pictus. STEPH. *Illust. of Brit. Ent.* II. p. 49.

Var. β. Macula ovali disci cum sutura late connexa.

Dytiscus Crux. FAB. *Syst. Eleut.* I. p. 271.
SCH. *Syn. Ins.* II. p. 32.

Long. 2 ½ millim. Larg. 1 ½ millim.

Corps ovale et très-convexe.

Tête d'un testacé rougeâtre; antennes et palpes testacés à la base, noirâtres à l'extrémité.

Corselet d'un brun noirâtre, avec les bords latéraux assez largement ferrugineux, deux fois et demie aussi large que long, sinueux à la base, dont les côtés sont coupés un peu obliquement, et le milieu prolongé en pointe mousse sur les élytres, les bords latéraux presque rectilignes et un peu obliques; il est finement ponctué et présente, un peu en dedans du bord externe, une strie longitudinale très-courte, à peine visible et servant de limite à la bordure ferrugineuse.

Élytres ovalaires, très-légèrement atténuées en arrière et arrondies à l'extrémité, aussi larges en avant que la base du corselet, et formant, à leur point de réunion avec lui, un angle rentrant excessivement ouvert et à peine sensible; elles sont testacées, avec la suture, une très petite tache humérale, une autre tache ovalaire sur le milieu du disque, et une ligne étroite le long du bord externe d'un noir de poix, la tache discoïdale touche en dehors la ligne externe, qui suit le contour de l'élytre et en occupe toute l'étendue; elles sont couvertes de points médiocrement serrés; la portion réfléchie est testacée.

Le dessous et les pattes d'un ferrugineux clair.

La var. β résulte de la confluence latérale de la tache discoïdale avec la suture.

Il se rencontre assez communément dans presque toute l'Europe.

81. Hydroporus fasciatus. *Dahl.*

Pl. 40. fig. 1.

Ovatus, convexus, vix subtilissime sparsim punctulatus,

seu lævis, brunneo-castaneus; capite antice ferrugineo; thorace ad latera obliqua ferrugineo, et utrinque unistriato; elytris rufo-testaceis, cum basi angustissime, sutura, fasciis duabus transversis lineaque externa nigro-piceis; apice rotundatim attenuato.

Hydroporus Fasciatus. Dahl. Dej. *Cat.* 1836. p. 65.

Long. 2 $\frac{3}{4}$ à 3 millim. Larg. 1 $\frac{2}{3}$ à 1 $\frac{3}{4}$ millim.

Corps ovale et assez convexe.

Tête d'un brun noirâtre, ferrugineuse en avant; palpes et antennes testacés.

Corselet de la couleur de la tête, avec les bords latéraux assez largement ferrugineux, deux fois et demie aussi large que long, sinueux à la base, dont les côtés sont coupés un peu obliquement, et le milieu prolongé en pointe mousse sur les élytres, les bords latéraux presque rectilignes et un peu obliques; il est presque lisse, avec quelques points vers les angles postérieurs, et présente, en outre, un peu en dedans du bord externe, une petite strie longitudinale servant de limite à la bordure ferrugineuse.

Élytres ovalaires, très-légèrement atténuées en arrière, arrondies à l'extrémité, aussi larges en avant que la base du corselet, dont elles continuent l'arc sans former d'angle rentrant à leur point de réunion avec lui; elles sont d'un testacé rougeâtre, avec une ligne très-étroite à la base, la suture, deux bandes transversales sur le disque, et une ligne externe d'un noir de poix; la première des bandes est réunie en dedans à la suture, et ne touche pas en dehors le bord externe, la seconde est beaucoup plus abrégée en dehors; la ligne externe naît de l'extrémité de la première bande, côtoie le bord, et va se terminer tout-à-fait en arrière; la suture est plus large entre les deux bandes qu'en avant et en arrière; elles sont presque lisses, et ne présentent que quelques points très-fins et à peine visibles; la portion réfléchie est testacée.

Le dessous du corps et les pattes d'un ferrugineux clair.

Il a été trouvé en Toscane par Dahl. Je n'ai vu que quatre individus de cette jolie espèce; ils font partie de la collection de M. le comte Dejean.

82. Hydroporus rufulus. *Dahl.*

Pl. 48. fig. 2.

Ovatus, convexus, dense punctulatus, tenue pubescens, vix nitidulus, supra rufo-brunneus, infra rufo-testaceus; capite rufo, thorace ad latera obliqua, late et confuse ferrugineo; elytris margine exteriori, vitta transversa ad basin maculisque tribus externis testaceo-ornatis, apice acuminato-attenuatis.

Long. 3 $\frac{1}{2}$ millim. Larg. 1 $\frac{4}{5}$ millim.

Corps ovale, très-médiocrement allongé.

Tête ferrugineuse; palpes et antennes testacés, noirâtres à l'extrémité.

Corselet d'un brun ferrugineux, avec les bords latéraux assez largement et très-confusément plus clairs, deux fois et demie aussi large que long, sinueux à la base, dont les côtés sont coupés un peu obliquement, et le milieu prolongé en pointe mousse sur les élytres, les bords latéraux presque rectilignes et un peu obliques; il est très-légèrement pubescent et couvert de points assez fins et assez serrés qui le font paraître un peu rugueux, et présente, en outre, un peu en dedans du bord externe, une strie longitudinale extrêmement courte et à peine visible.

Élytres ovalaires, très-médiocrement allongées, assez sensiblement atténuées en arrière et presque accuminées, aussi larges en avant que la base du corselet, et formant, à leur point de réunion avec lui, un angle rentrant excessivement ouvert et à peine sensible; elles sont d'un châtain un peu ferrugineux, avec le bord latéral, une bande transversale à la base, et trois taches externes d'un testacé jaunâtre; la bande transversale marche un peu obliquement de dehors en dedans et de haut en bas, ne touchant la base qu'en dehors; la première tache externe est romboïdale et touche la bordure, la seconde est arrondie et isolée, et enfin la troisième, très-petite, sert de point de terminaison à la bordure marginale; elles sont légèrement pubescentes, et couvertes de points assez fins et assez serrés; la portion réfléchie est testacée.

Dessous du corps ferrugineux clair; pattes testacées, avec l'extrémité des jambes postérieures et tous les tarses rembrunis.

Cette espèce se trouve en Sardaigne, et m'a été communiquée par M. Gené de Turin.

83. Hydroporus lepidus.

Pl. 40 bis. fig. 3.

Ovatus, convexus, dense punctulatus, tenue pubescens, vix nitidulus, niger; capite opaco; thorace nigro-opaco, ad latera obliqua vix anguste ferrugineo, elytris testaceo-albidis, sutura sinuatim bicruciata, macula humerali lineolaque externa plus minusve confluentibus nigro-ornatis, apice abrupte acuminato-attenuatis.

Dytiscus Lepidus. Oliv. *Ent.* III. 40. t. 5. fig. 51. a. b.

Hyphidrus Lepidus. Gyl. *In Sch. Syn. Ins.* II. p. 30. (note). tab. IV. fig. 3.

Hygrotus Scitulus. Steph. *Illust. of Brit. Ent.* II. p. 49. t. XI. fig. 3.

Hydroporus Lepidus. Lacord. *Faun. Ent.* I. p. 355.

Long. 3 ¼ millim. Larg. 1 ⅞ millim.

Corps ovale et assez convexe.

Tête noire, terne; antennes et palpes testacés à la base, noirâtres à l'extrémité.

Corselet de la couleur de la tête, également terne, avec les bords latéraux très-étroitement ferrugineux vers les angles antérieurs, le plus souvent entièrement noir, deux fois et demie aussi large que long, sinueux à la base, dont les côtés sont coupés obliquement, et le milieu prolongé en pointe mousse sur les élytres, les bords latéraux presque rectilignes et un peu obliques; il est légèrement pubescent et couvert de points assez fins et assez serrés qui le font paraître rugueux.

Élytres ovalaires, très-sensiblement atténuées en arrière, et acuminées à l'extrémité, aussi larges en avant que la base du corselet, et formant, à leur point de réunion avec lui, un angle rentrant excessivement ouvert et à peine sensible; elles sont d'un testacé blanchâtre, avec la suture, deux bandes transversales irrégulières, une tache humérale, et une ligne externe noires; la première bande transversale est largement réunie à la suture et ne touche pas le bord externe; la seconde est plus abrégée en dehors; la ligne externe est placée le long du bord latéral, souvent isolée, souvent aussi réunie à la première bande transversale, quelquefois même à toutes les deux; toutes ces taches varient considérablement de grandeur et de forme, quelquefois la ligne externe manque entièrement, et la deuxième bande transversale est réduite à une simple tache oblongue complètement isolée; elles sont légèrement pubescentes et couvertes de points assez fins et très-serrés, qui les font paraître légèrement chagrinées; la portion réfléchie est testacée.

Le dessous du corps d'un noir mat; les pattes testatacées, avec les jambes postérieures et tous les tarses rembrunis.

Il se trouve dans le midi de l'Europe et en Barbarie.

84. Hydroporus formosus. *Chevrolat* (1).

Pl. 40. fig. 4.

Oblongo-ovatus, dense punctulatus, vix pubescens, nitidulus, niger, thorace ad latera obliqua, late ferrugineo; elytris luteo-testaceis, sutura sinuatim bicruciata, macula humerali, lineolaque externa plus minusve confluentibus, nigro-ornatis, apice acuminato-attenuatis.

Long. 3 $\frac{3}{4}$ millim. Larg. 2 millim.

Cette espèce a la plus grande analogie avec le *Lepidus*, dont elle doit bien certainement être séparée.

Elle est toujours un peu plus grande, un peu plus allongée, plus longuement atténuée en arrière, un peu plus brillante, moins pubescente et couverte d'une ponctuation moins serrée; son corselet est toujours bordé de ferrugineux; les dessins des élytres sont aussi un peu différents : la tache humérale est légèrement arquée en dedans, la première bande transversale est moins largement réunie à la suture, et n'offre en avant qu'une seule

(1) Quoique cet insecte n'ait encore été trouvé que dans le nord de l'Afrique, j'ai cru devoir en donner la figure ici afin de faire ressortir les caractères qui le distinguent du précédent et du suivant, qui ont tant d'analogie avec lui.

saillie, tandis que dans le *Lepidus* cette même bande en présente jusqu'à trois.

Il a été trouvé en abondance aux environs de Tanger, par M. Goudot.

85. Hydroporus Escheri. *Mihi.*

Pl. 40. fig. 5.

Oblongo-ovalis, dense punctulatus, vix pubescens, nitidulus, niger; capite nigro-ferrugineo; thorace brunneo, marginibus late, disco transversim angustissime rufo-ferrugineis, lateribus obliquis; elytris testaceis, sutura sinuatim bicruciata, macula humerali lineoloque externa plus minusve confluentibus, nigro-ornatis, apice acuminato-attenuatis.

Mas : Antennarum articulis 5-6-7, *cæteris majoribus, globosis.*

Long. 4 millim. Larg. 2 millim.

Il ressemble beaucoup au *Formosus*, dont il se distingue par sa taille un peu plus grande, sa forme un peu plus allongée, son corselet ferrugineux, très-largement bordé de noir en avant et en arrière, les bandes transversales des élytres, qui sont beaucoup plus largement réunies à la suture, et surtout par les antennes des mâles, dont les cinquième, sixième et septième articles sont beaucoup plus forts que les autres et globuleux.

Il se trouve en Sicile, où il a été découvert par M. Escher Zollikofer, qui lui avait assigné le nom de *Suturalis*, que je n'ai pu conserver, ce nom ayant déjà été donné à un insecte de ce genre par Müller, dans le quatrième volume du *Magasin* de Germar, à la page 225.

86. HYDROPORUS NIGROLINEATUS (1).

Pl. 41. fig. 1.

Oblongo-ovalis, depressiusculus, nitidus, supra pallido-luteus, infra niger; thoracis lateribus obliquis; elytris lævibus, lineis quatuor, præter suturam, utrinque nigro-ornatis, postice rotundatis, apice vix acuminatis.

Hyphidrus Nigrolineatus. STEVEN. *In Sch. Syn. Ins.* II. p. 33 (note).

---

(1) Cette espece est bien certainement l'*Hyphidrus Nigrolineatus* que M. Steven a décrit dans le deuxième volume de la Synonymie de M. Schönherr; j'en ai acquis la preuve irrécusable dans la collection de M. le comte Dejean, qui a reçu cet insecte de cet entomologiste lui-même. M. Godet m'a donné également, sous le nom de *Hyph. Nigrolineatus*, un exemplaire de cet *Hydroporus* qu'il avait pris au Caucase, et qui lui avait été déterminé par M. Steven. Depuis cette publication quelques entomologistes ont rapporté à cette espèce plusieurs autres *Hydroporus*, qui sont tous plus ou moins fortement ponctués, et offrent tous aussi une tache rhomboïdale sur le corselet. M. Steven, cependant, dans aucun passage de sa description, ne parle de tache sur le corselet non plus que de ponctuation; il laisse même à penser que son insecte est lisse ou presque lisse, puisqu'il lui donne beaucoup de ressemblance avec le *Confluens*, qui n'est pas ponctué. Cette erreur a certainement été occasionnée par la figure que donne M. Schonherr, et qui, sans aucune espèce de doute, ne se rapporte pas à l'insecte décrit page 33.

Hydroporus Blandus. GERM. *Faun. Ins. Europ.* XVI. t. IV.
Hydroporus Enneagrammus. AHRENS. *Isis*. 1833. p. 645.
STURM. *Deuts. Faun.* IX. p. 29. tab. CCVI. fig. D. d.

Long. 4 millim. Larg. 2 millim.

Corps ovale, un peu allongé et légèrement déprimé.

Tête d'un jaune pâle; antennes et palpes jaunâtres.

Corselet de la couleur de la tête, avec le bord postérieur très-étroitement noirâtre, deux fois et demie aussi large que long, sinueux à la base, dont les côtés sont coupés un peu obliquement, et le milieu prolongé en pointe mousse sur les élytres; les bords latéraux presque rectilignes et obliques; il est presque lisse, presque imperceptiblement réticulé, avec quelques points rares à la base, sur les côtés et le long du bord antérieur.

Élytres ovalaires, un peu allongées, plus larges en avant que la base du corselet, et formant, à leur point de réunion avec lui, un angle rentrant assez sensible; elles sont d'un jaune pâle, avec la suture et quatre lignes d'un très-beau noir; la première et la troisième plus abrégées en avant que les autres, la quatrième quelquefois mais très-rarement interrompue au milieu, et très-éloignée du bord latéral; il existe encore quelquefois une petite ligne oblique, placée en arrière près de l'extrémité; elles sont lisses, et présentent quelques points enfoncés rares sur les lignes noires; la portion réfléchie est jaunâtre.

Le dessous du corps noir; les pattes testacées.

Il se trouve dans la Russie méridionale et dans quelques parties de l'Allemagne.

87. Hydroporus confluens.

Pl. 41. fig. 2.

Ovatus, crassus, subdepressus, subtilissime reticulatus, punctis minimis sparsim impressus, supra pallido-testaceus, infra niger; capite postice nigro; thoracis lateribus obliquis; elytris pallidioribus, quatuor lineis abbreviatis, præter suturam, utrinque nigro-ornatis, postice rotundatis, apice ipso acuminato.

Dytiscus Confluens. Fab. *Ent. Syst.* i. p. 198.
Oliv. *Ent.* iii. 40. p. 34. tab. 5. fig. 44. a. b.
Hyphidrus Confluens. Gyl. *Ins. Suec.* i. 522.
Sch. *Syn. Ins.* ii. p. 30.

Long. 3 ½ millim. Larg. 2 millim.

Corps ovale, court, épais et légèrement déprimé en dessus.

Tête d'un testacé un peu rougeâtre, rembrunie en arrière et entre les yeux; antennes et palpes testacés.

Corselet de la couleur de la tête, à peine assombri en avant et en arrière, deux fois et demie aussi large que long, sinueux à la base, dont les côtés sont coupés obliquement, et le milieu prolongé en pointe mousse sur les élytres, les bords latéraux presque rectilignes et obliques; il est très-finement pointillé.

Élytres ovalaires, courtes, largement arrondies en arrière, avec une très-petite saillie à l'extrémité, plus larges en avant que la base du corselet, et formant, à leur point de réunion avec lui, un angle rentrant très-sensible; elles sont d'un jaune pâle, avec la suture, quatre lignes longitudinales, et une autre ligne externe un peu oblique, noires; ces lignes sont très-fortement et très-inégalement abrégées en avant, souvent réunies en arrière; elles sont très-variables dans leur longueur et même dans leur existence: l'oblique externe manque très-souvent, les autres disparaissent aussi quelquefois; il arrive même que les élytres sont entièrement privées de lignes noires; elles sont très-finement réticulées, et présentent quelques points assez irréguliers disposés sur les lignes noires; la portion réfléchie est testacée.

Le dessous du corps noir; les pattes d'un testacé ferrugineux.

Il se trouve dans presque toute l'Europe, en Barbarie et en Égypte.

88. Hydroporus pallens. *Mannerheim.*

Pl. 41. fig. 3.

Oblongo-ovalis, crassus, subconvexiusculus, valde punctatus, supra testaceus, infra niger; vertice vix infuscato; thoracis lateribus obliquis; elytris sutura et lineola externa vix infuscatis, striis duabus punctulatis in disco, apice rotundatim attenuatis.

Long. 3 $\frac{1}{4}$ millim. Larg. 1 $\frac{7}{8}$ millim.

Corps ovale, un peu allongé, épais et légèrement convexe.

Tête testacée, à peine rembrunie sur le vertex; palpes testacés; antennes....

Corselet de la couleur de la tête, avec les bords antérieur et postérieur à peine assombris, près de trois fois aussi large que long, sinueux à la base, dont les côtés sont coupés un peu obliquement, et le milieu prolongé en pointe mousse sur les élytres, les bords latéraux presque rectilignes et un peu obliques; il est couvert de points assez forts et assez écartés, plus fins et plus espacés sur le milieu du disque.

Élytres ovalaires, un peu allongées, assez largement atténuées en arrière, aussi larges en avant que la base du corselet, et formant, à leur point de réunion avec lui, un angle rentrant très-ouvert et assez sensible; elles sont testacées, avec la suture et une ligne externe placée en arrière le long du bord latéral, à peine assombries; elles sont couvertes de points assez forts et médiocrement serrés, et présentent, en outre, deux lignes longitudinales d'autres points sensibles à la base seulement: la portion réfléchie est testacée.

Le dessous du corps noir; les pattes testacées.

Je n'ai vu qu'un seul individu de cette espèce; il m'a été communiqué par M. le comte Mannerheim, comme ayant été pris en Laponie.

89. Hydroporus decoratus.

Pl. 41. fig. 4.

Ovatus, crassus, convexus, valde punctatus, nitidus, ferrugineus; thoracis lateribus obliquis; elytris brunneo-ferrugineis, maculis duabus rufis utrinque confuse ornatis, postice rotundatim attenuatis.

Hyphidrus Decoratus. Gyl. *Ins. Suec.* II. add. XVI.
Hygrotus Decoratus. Curtis. *Brit. Ent.* 53.
Steph. *Illust. of Brit. Ent.* II. p. 147.
Hydroporus Decoratus. Sturm. *Deuts. Faun.* IX. p. 83. t. CCXII. fig. C. c.

Long. 2 $\frac{1}{2}$ millim. Larg. 1 $\frac{3}{4}$ millim.

Corps ovale, court, épais et assez convexe.

Tête ferrugineuse; antennes et palpes ferrugineux, rembrunis à l'extrémité.

Corselet de la couleur de la tête, très-légèrement assombri au milieu et en arrière, deux fois et demie aussi large que long, sinueux à la base, dont les côtés sont coupés un peu obliquement, et le milieu prolongé en pointe mousse sur les élytres, les bords latéraux presque rectilignes et un peu obliques; il est couvert de points assez forts et assez serrés, plus fins et plus espacés sur le milieu du disque.

Élytres ovalaires, assez fortement élargies, un peu avant le milieu, atténuées en arrière et étroitement arrondies à l'extrémité, aussi larges en avant que la base du corselet, et formant, à leur point de réunion avec lui, un angle rentrant très-ouvert et très-peu sensible; elles sont d'un brun ferrugineux, avec le bord externe et deux taches transversales qui lui sont réunies, d'un testacé rougeâtre; elles sont couvertes de forts points enfoncés, dans l'intervalle desquels on en observe quelques autres très-petits; la portion réfléchie ferrugineuse.

Le dessous du corps et les pattes également ferrugineux.

Il se trouve en France, en Angleterre, en Allemagne et en Suède; il est assez rare partout.

90. Hydroporus cuspidatus.

Pl. 41. fig. 5.

Ovatus, brevis, convexus, dense punctatus, nitidulus, brunneo-ferrugineus; thorace in medio infuscato, lateribus obliquis; elytris maculis duabus rufis, utrinque confuse ornatis, postice rotundatis, apice ipso valde acuminatis.

Hyphidrus Cuspidatus. Kunz. *Ent. Frag.* p. 68.
Hydroporus Cuspidatus. Germ. *Faun. Ins. Europ.* v. t. 4.

Var. β. Elytris nigro-brunneis immaculatis.

Hydroporus Bicolor. Dahl.-Dej. *Cat.* 1836. p. 65.

Long. 3 millim. Larg. 2 millim.

Corps ovale, très-court, épais et assez convexe.

Tête ferrugineuse; antennes et palpes également ferrugineux.

Corselet de la couleur de la tête, à peine assombri en avant et en arrière, deux fois et demie aussi large que long, sinueux à la base, dont les côtés sont coupés très-obliquement, et le milieu prolongé en pointe mousse sur les élytres, les bords latéraux presque rectilignes et un peu obliques; il est couvert de points assez forts et très-irrégulièrement disposés.

Élytres ovalaires, très-courtes, très-largement arrondies en arrière, avec une petite saillie acuminée tout-à-fait à l'extrémité, aussi larges en avant que la base du corselet, dont elles continuent l'arc sans former d'angle sensible à leur point de réunion avec lui; elles sont d'un brun ferrugineux, avec le bord externe et deux taches transversales qui lui sont réunies, d'un brun rougeâtre très-sombre; elles sont couvertes de points enfoncés assez forts et assez irrégulièrement disposés; l'intervalle compris entre ces points est lisse et luisant dans les mâles, et très-finement réticulé dans les femelles; la portion réfléchie est testacée.

Le dessous du corps et les pattes d'un testacé plus ou moins sombre, quelquefois brunâtres.

La var. β est plus foncée en couleur et a les élytres immaculées.

Il se trouve en France, en Italie et en Allemagne.

91. Hydroporus inæqualis.

Pl. 41. fig. 6.

Ovatus, brevis, crassus, convexus, valde punctatus, nitidulus, ferrugineus; thorace antice et postice transversim nigro, lateribus obliquis; elytris basi, fascia suturali magna, postice late sinuata, cum arcu laterali nigro-ornatis, apice rotundatim vix attenuatis.

Dytiscus Inæqualis. Fab. *Ent. Syst.* p. 200. (*Varietas*).
Hyphidrus Inæqualis. Var. b. Gyl. *Ins. Suec.* i. 519.
Hygrotus Affinis. Steph. *Illust. of Brit. Ent.* ii. p. 48?

Var. β. Elytris basi fasciaque suturali maxima late sinuata nigris, lateribus tantum pallidis.

Dytiscus Inæqualis. Fab. *Ent. Syst.* p. 200.
Hyphidrus Inæqualis. Gyl. *Ins. Suec.* i. p. 519.
Hygrotus Inæqualis. Steph. *Illust. of Brit. Ent.* ii. 48.
Sch. *Syn. Ins.* ii. p. 29.

Long. 3 millim. Larg. 2 millim.

Corps ovale, court, épais et convexe.

Tête d'un testacé ferrugineux, légèrement rembrunie en arrière; antennes et palpes testacés.

Corselet de la couleur de la tête, avec les bords antérieur et postérieur noirs, un peu plus de deux fois et demie aussi large que long, sinueux à la base, dont les côtés sont coupés très-peu obliquement, et le milieu prolongé en pointe mousse sur les élytres, les bords latéraux presque rectilignes et un peu obliques; il est couvert de points assez forts et serrés, un peu plus fins et plus espacés sur le milieu du disque.

Élytres ovalaires, fortement élargies au milieu, atténuées en arrière, un peu plus larges en avant que la base du corselet, et formant, à leur point de réunion avec lui, un angle rentrant très-ouvert et assez sensible; elles sont d'un testacé plus ou moins ferrugineux, avec la partie interne de la base, la suture et une autre tache externe, arquée et placée un peu en dedans du bord latéral, d'un noir vif; la suture est assez étroite en avant et en arrière, très-largement et assez régulièrement dilatée dans son milieu, et marquée, un peu avant sa terminaison, d'une tache irrégulièrement sinueuse dans son contour; elles sont couvertes de points très forts et médiocrement serrés; la portion réfléchie testacée.

Le dessous du corps et les pattes d'un testacé plus ou moins ferrugineux.

La var. β a les élytres presque entièrement noires, avec une tache transversale un peu au delà de la base et une bordure marginale très-irrégulières, d'un testacé plus ou moins ferrugineux; cette variété résulte de la confluence latérale de la tache externe avec la suture.

Il se trouve très-communément dans toute l'Europe.

92. Hydroporus reticulatus.

Pl. 42. fig. 1.

Ovatus, crassus, convexus, punctulatus, nitidulus, testaceus; thorace antice et postice anguste nigricante, lateribus obliquis; elytris basi quatuorque lineis inæqualibus plus minusve confluentibus, præter suturam, utrinque nigro-ornatis, punctis raris majoribus et plurimis minutissimis dense interjectis, apice rotundatim attenuato.

Dytiscus Reticulatus. Fab. *Syst. Eleut.* i. 273.
Hyphidrus Reticulatus. Gyl. *Ins. Suec.* i. p. 520.
Hygrotus Reticulatus. Steph. *Illust. of Brit. Ent.* ii. 48.

Var. β. Elytris pallido-testaceis, cum basi, sutura quatuorque lineis inæqualibus distinctis nigro-ornatis.

Dytiscus Collaris. Panz. *Faun. Germ.* xxvi. fig. 4.
Hyphidrus Reticulatus. Var. b. Gyl. *Ins. Suec.* i. 521.
Hygrotus Collaris. Steph. *Illust. of Brit. Ent.* ii. p. 48.
Sch. *Syn. Ins.* ii. p. 30.

Long. 3 ¼ millim. Larg. 2 millim.

Corps ovale, épais et convexe.
Tête testacée; antennes et palpes également testacés.
Corselet de la couleur de la tête, avec les bords antérieur

et postérieur très-étroitement noirâtres au milieu, deux fois et demie aussi large que long, sinueux à la base, dont les côtés sont coupés très-peu obliquement, et le milieu prolongé en pointe mousse sur les élytres, les bords latéraux presque rectilignes et un peu obliques ; il est finement et assez régulièrement ponctué.

Élytres assez régulièrement ovalaires, un peu atténuées en arrière, aussi larges en avant que la base du corselet, et formant, à leur point de réunion avec lui, un angle rentrant très-ouvert et assez sensible; elles sont testacées, avec la partie interne de la base, la suture et quatre lignes inégales d'un noir vif; la première ligne est abrégée en avant et en arrière, et souvent interrompue aux deux tiers postérieurs, la seconde très-courte, et très-fortement abrégée en avant, la troisième touche presque l'épaule en avant et est interrompue en arrière, enfin, la quatrième est excessivement courte; toutes ces lignes sont très-souvent plus ou moins réunies latéralement, et quelquefois mais rarement entièrement isolées, ce qui constitue la var. β, et devrait au contraire être considéré comme le type de l'espèce; elles sont couvertes de points très-fins et très-serrés, et présentent, en outre, quelques autres points très-forts, très-écartés et assez irrégulièrement répandus sur toute leur surface; la portion réfléchie est testacée.

Il se trouve dans presque toute l'Europe.

93. Hydroporus quinquelineatus.

Pl. 42. fig. 2.

Ovatus, crassus, convexus, crebre punctatus, nitidulus, testaceus; thorace postice anguste nigricante, lateribus obliquis; elytris basi quatuorque lineis inæqualibus in disco, præter suturam, utrinque nigro-ornatis, apice rotundatim attenuatis.

Hyphidrus Quinquelineatus. Zett. *Faun. Ins. Lapp.* p. 1ª. p. 235.

Long. 3 $\frac{1}{4}$ millim. Larg. 2 millim.

Tête et corselet comme dans le *Reticulatus*.

Élytres de même forme que dans ce dernier, également testacées, avec la partie interne de la base, la suture et quatre lignes inégales d'un noir vif; la première ligne à peine abrégée en avant, où elle est souvent même réunie à la tache de la base, et légèrement déjetée en dehors à son extrémité postérieure, la seconde est très-courte, très-fortement abrégée en avant et également déjetée en dehors à son extrémité, la troisième touche la base, et est interrompue en arrière, enfin, la quatrième est excessivement courte; toutes ces lignes sont généralement libres et quelquefois légèrement confluentes; elles sont couvertes de points de grosseurs inégales et médiocrement serrés; la portion réfléchie est testacée.

Il ressemble beaucoup à l'*Hyd. Reticulatus*, dont il a la taille, la forme et, à très-peu de chose près, la maculature; mais il en diffère essentiellement par sa ponctuation : dans le *Reticulatus*, le fond des élytres est couvert d'une ponctuation extrêmement fine et très-serrée; et on observe, en outre, quelques points beaucoup plus forts et très-espacés; dans le *Quinquelineatus*, au contraire, les élytres sont couvertes de points assez forts et médiocrement serrés, et présentent, dans leurs intervalles, quelques autres points plus petits et également espacés.

Il se trouve en Laponie. M. Dejean possède quatre individus de cette espèce, et moi-même j'en ai un exemplaire que je dois à la générosité de M. Mannerheim.

Les espèces suivantes me sont inconnues.

Hydroporus Scalesianus. STEPH. *Illust. of Brit. Ent.* II. p. 57.

Hyd. Minimus. STEPH. *loc. cit.* II. p. 58.

Hyd. Trivialis. STEPH. *loc. cit.* II. p. 59.

Hyd. Minutus. STEPH. *loc. cit.* II. p. 59.

Hyd. Ater. STEPH. *loc. cit.* II. p. 61.

Hyd. Fuscatus. STEPH. *loc. cit.* II. p. 62.

Hyd. Brevis. STURM. *Deuts. Faun.* IX. p. 9. tab. CCIII. fig. A. a.

Hyd. Acuminatus. STURM. *loc. cit.* IX. 74. tab. CCXII. fig. B. b.

Hyd. Cambriensis. CURTIS. *Brit. Ent.* 343. Texte.

Hyd. Latus. CURTIS. *loc. cit.* 343. Texte et planche.

Dytiscus Tesselatus. DRAP. *Ann. gén. des Scienc. Phys.* II. p. 43. t. XVI. fig. 2.

Dyt. Quadrilineatus. Drap. *loc. cit.* II. p. 198. t. XX. fig. 2.

Hyphidrus Suturalis. Müller. *in Magaz. Germar.* IV. p. 25.

XXIII. HYPHIDRUS. *Illiger.*

Dytiscus. *Linné.* Hydrachna. *Fabricius.* Hydroporus. *Clairville.*

Antennes sétacées. Labre coupé presque carrément. Epistome très-largement échancré, caché par le front. Menton trilobé, le lobe du milieu très-petit et entier. Dernier article des palpes plus long que les autres. Prosternum arqué et terminé en arrière en pointe mousse. Écusson invisible. Les trois premiers articles des tarses antérieurs et intermédiaires une fois et demie environ aussi longs que larges, garnis de petites brosses spongieuses dans les deux sexes. Pattes postérieures terminées par deux crochets inégaux, dont un seul est mobile.

Ce genre a la plus grande analogie avec le précédent ; les insectes qui le constituent ont la même manière de vivre, et habitent les mêmes contrées.

Corps ovoïde, très-court et très-épais. Antennes sétacées, les troisième et quatrième articles un peu plus petits que les autres. Labre coupé presque carrément et cilié. Épistome très-largement et très-profondément échancré, caché par le front, qui s'avance antérieurement en une carène demi-circulaire. Menton trilobé, le lobe du milieu très-petit et entier. Mandibules bidentées. Mâchoires très-aiguës et ciliées en dedans. Le premier article des palpes maxillaires très-petit, les deux suivants un peu plus longs et presque égaux, le quatrième le plus long de tous, fusiforme. Languette arrondie au sommet. Le premier article des palpes labiaux très-petit; le second beaucoup plus long, obconique; le troisième de la longueur du précédent, fusiforme et renflé. Prosternum aigu et terminé en une pointe mousse. Les trois premiers articles des tarses antérieurs et intermédiaires une fois et demie aussi longs que larges, très-serrés et garnis de petites brosses soyeuses dans les deux sexes, un peu plus larges dans les mâles; le quatrième très-petit, imperceptible sans analyse; le dernier également très-petit et engagé, ainsi que le précédent, dans l'échancrure du troisième; les pattes postérieures longues, grêles, un peu comprimées, ciliées et terminées par deux crochets inégaux, dont un seul est mobile.

1. Hyphidrus ovatus.

Pl. 42. fig. 3.

Ovatus, brevis, crassus, in medio convexiusculus, antice et postice depressiusculus, rufo-testaceus; thoracis lateribus obliquis; elytris brunneis, ad basin et latera confuse rufo-testaceis, apice rotundatis.

Mas: nitidulus. Femina: minor, subtilissime punctulata, opaca.

Dytiscus Ovatus. Lin. *Faun. Suec.* 1. 547.

Dyt. Ovatus. OLIV. *Ent.* III. 40. p. 33. t. 3. fig. 28.
Hydrachna Ovalis. FAB. *Syst. Eleut.* I. 256. ♂.
Hyd. Gibba. FAB. *Syst. Eleut.* I. 256. ♀.
Hyphidrus Ovalis. GYL. *Ins. Suec.* I. 518. ♂.
Hyph. Gibbus. GYL. *Ins. Suec.* I. 517. ♀.

Long. 4 ½ à 5 millim. Larg. 3 à 3 ½ millim.

Corps ovale, court, épais, convexe au milieu, et légèrement déprimé en avant et en arrière.

Tête d'un testacé un peu rougeâtre; antennes et palpes testacés.

Corselet de la couleur de la tête, à peine deux fois et demie aussi large que long, sinueux à la base, dont les côtés sont coupés obliquement, et le milieu prolongé en pointe mousse sur les élytres; les bords latéraux presque rectilignes, un peu obliques et légèrement relevés; il est irrégulièrement couvert de points inégaux, assez forts et assez serrés.

Élytres ovalaires, fortement élargies au milieu, arrondies à l'extrémité, aussi larges en avant que la base du corselet, et formant, à leur point de réunion avec lui, un angle rentrant très-ouvert et à peine sensible; elles sont d'un brun un peu ferrugineux, avec la base et le bord externe très-irrégulièrement maculés de testacé un peu rougeâtre; elles sont couvertes de points très-forts, peu serrés et entremêlés d'autres points plus fins; la portion réfléchie est testacée.

Le dessous du corps et les pattes d'un testacé un peu ferrugineux.

Les femelles sont plus petites, généralement un peu plus claires, beaucoup plus finement ponctuées et ternes.

Il se trouve très-communément dans toute l'Europe.

2. Hyphidrus variegatus (1).

Pl. 42. fig. 4.

Ovatus, brevis, crassus, supra convexiusculus, dense irregulariter punctatus, rufo-testaceus; capite postice nigricante; thorace, præter marginem anticum leviter infuscatum, macula gemina ad basin nigro-notato, lateribus obliquis; elytris basi, sutura, fascia laciniato-sinuata valde irregulari, macula postica alterisque externis nigro-ornatis, apice rotundatis, stria suturali impressa. Mas: nitidulus. Femina: vix punctulata, opaca.

Hyphidrus Variegatus. Illig.-Dej. *Cat.* 1836. p. 66.

Long. 4 ½ millim. Larg. 3 millim.

Corps ovale, court, épais et médiocrement convexe en dessus.

---

(1) L'*Hyphidrus Variegatus*, Steph., *Illust. of Brit. Ent.* II. p. 45, n'est bien certainement pas le même que celui-ci; il doit plutôt se rapporter à la var. b. de l'*Hyph. Ovalis* de Gyllenhal.

Tête testacée, avec une large tache noire échancrée en avant sur le vertex ; antennes et palpes testacés.

Corselet de la couleur de la tête, avec une tache noire largement bilobée, au milieu du bord postérieur, un peu moins de deux fois et demie aussi large que long, sinueux à la base, dont les côtés sont coupés obliquement, et le milieu prolongé en pointe mousse sur les élytres ; les bords latéraux rectilignes, obliques et légèrement rebordés ; il est irrégulièrement couvert de points inégaux assez forts et serrés.

Élytres ovalaires, fortement élargies au milieu, arrondies à l'extrémité, aussi larges en avant que la base du corselet, et formant, à leur point de réunion avec lui, un angle rentrant excessivement ouvert et à peine sensible ; elles sont testacées, avec la partie externe de la base, la suture, une très-grande tache discoïdale très-irrégulièrement sinueuse et laciniée ; trois autres petites taches le long du bord externe, et l'extrémité d'un noir de poix ; toutes ces taches sont très-confuses dans les mâles, mais très-distinctes et exactement limitées dans les femelles ; elles sont couvertes de points très-forts, peu serrés et entremêlés d'autres points plus fins, et présentent, en outre, le long de la suture, une strie longitudinale légèrement enfoncée ; la portion réfléchie est testacée.

Le dessous du corps et les pattes d'un testacé ferrugineux.

Les femelles sont plus pâles, à peine ponctuées et ternes.

Il habite les contrées méridionales de l'Europe et le nord de l'Afrique.

GYRINIENS.

Les insectes de cette famille ont été primitivement réunis au genre *Dytiscus*, puis séparés par Geoffroy sous le nom de *Gyrinus*, et enfin divisés en plusieurs genres distincts. Dans cet état ils ont souvent été regardés comme devant faire partie des *Hydrocanthares*, et constituer une simple division de cette famille. Cependant, si l'on considère la forme générale de ces insectes, la construction de leurs antennes et de leurs pattes, et le nombre de leurs yeux, on sera naturellement amené à les séparer des véritables *Hydrocanthares*, avec lesquels ils n'ont réellement de commun que leur vie aquatique. Latreille a très-bien senti que ces insectes offrent des différences trop grandes pour être réunis aux *Hydrocanthares*, et les a, dans son *Genera Crustaceorum et Insectorum*, rapprochés, mais à tort, des *Parnus*, avec lesquels ils n'ont aucun rapport. M. Erichson, considérant les Gyrins comme un groupe naturel et distinct de tous les autres groupes des Coléoptères, garda le silence à leur égard dans son *Genera Dyticeorum*, et, plus tard, dans le *Käfer der Marck Brandeburg*, les isola en une famille particulière. Nous suivrons son exemple, et nous les réunirons sous le nom de *Gyriniens*; ils offrent les caractères suivants :

Corps ovalaire, plus ou moins convexe en dessus, plan en dessous. Tête en partie engagée dans le corselet. Deux paires d'yeux, l'une supérieure, l'autre inférieure. Antennes très-courtes, offrant onze articles ; le premier très-petit ;

le second très-gros, presque sphérique; le troisième triangulaire, dirigé en dehors en forme d'oreillette; les huit suivants très-serrés, à peine distincts, et formant une petite massue allongée; elles sont insérées dans une cavité latérale, profonde, et située un peu en avant des yeux supérieurs. Menton très-profondément échancré. Mandibules courtes et bidentées. Mâchoires très-aiguës et ciliées en dedans. Palpes au nombre de quatre, les maxillaires internes n'existant pas. Corselet transversal. Écusson tantôt apparent, tantôt invisible. Élytres tronquées à l'extrémité et ne couvrant pas entièrement l'abdomen. Ailes constantes. Prosternum très-court, et comprimé en carène. Pattes antérieures très-longues, grêles, ayant les tarses garnis de brosses soyeuses dans les mâles, se plaçant pendant le repos dans un large sillon oblique situé sur les côtés de la poitrine; les intermédiaires assez éloignées des antérieures, sont, ainsi que les postérieures, très-courtes, larges, fortement comprimées, presque membraneuses et garnies en dehors de petits cils aplatis; les articles de leurs tarses, au nombre de cinq, sont presque confondus; le premier, large, triangulaire; les deuxième et troisième très-étroits et longuement prolongés en dehors; le quatrième est également étroit, et supporte à son extrémité le cinquième, qui est très-petit et armé de deux petits crochets peu visibles; ces deux dernières paires de pattes sont propres à la natation. Le prolongement des hanches postérieures est peu saillant, et offre de chaque côté une espèce de sillon pour loger les pattes de derrière.

Ces insectes vivent dans l'eau comme les *Hydrocan-*

thares, et se tiennent souvent à sa surface, qu'ils parcourent avec une rapidité extraordinaire, en faisant mille et un détours; ils sont carnassiers, et se rencontrent sur tous les points du globe.

Les *Gyriniens* ne comprennent que sept genres, dont nous donnons ci-dessous le tableau analytique :

Écusson					
apparent; dernier segment de l'abdomen	aplati et arrondi à son extrémité; dernier article des palpes labiaux.	à peine plus long que la pénultième; pattes antérieures très-longues.		1	*Enhydrus.*
		beaucoup plus long que le pénultième; pattes antérieures de médiocre longueur.		2	*Gyrinus.*
	triangulaire, allongé et pyramidal; labre	court et transversal. . . .		3	*Patrus.*
		allongé et étroitement arrondi en avant.		4	*Orectochilus.*
invisible; dernier segment de l'abdomen	triangulaire, allongé et pyramidal. . .			5	*Gyretes.*
	aplati et arrondi à son extremité; labre	très-saillant, presque pointu en avant. . .		6	*Pororrynchus.*
		peu saillant et arrondi en avant. . .		7	*Dineutes.*

PREMIÈRE DIVISION.

ÉCUSSON APPARENT.

I. ENHYDRUS. *Laporte.*

GYRINUS. *Wiedmann*, *Forsberg*, *Guérin*. EPINECTUS. *Eschscholtz* (inédit).

Antennes coupées un peu obliquement a l'extrémité. Labre transversal entier. Menton fortement échancré, avec une très-légère saillie arrondie au milieu. Le dernier article des palpes labiaux un peu plus long que le pénultième.

Pattes antérieures très-longues, tous les articles de leurs tarses, dans les mâles, dilatés en une large palette ovalaire, garnie en dessous de petites brosses soyeuses. Dernier segment de l'abdomen aplati et arrondi.

Corps ovale, fortement déprimé. Épistome coupé carrément. Labre transversal, arrondi, entier et cilié en avant. Menton fortement échancré, avec une très-légère saillie arrondie au milieu de l'échancrure. Dernier article des antennes coupé un peu obliquement. Les trois premiers articles des palpes maxillaires très-petits, le dernier aussi long que les trois autres réunis, tronqué un peu obliquement. Languette coupée carrément à son extrémité; le premier article des palpes labiaux très-petit; le second un peu plus long; le dernier plus long encore que le précédent, élargi et à peine tronqué à son extrémité. Élytres marquées de sillons longitudinaux. Pattes antérieures très-longues, leurs jambes élargies à l'extrémité, tous les articles de leurs tarses, dans les mâles, dilatés en une large palette ovalaire, garnie en dessous de petites brosses soyeuses; les pattes intermédiaires beaucoup plus rapprochées des postérieures que des antérieures. Dernier segment de l'abdomen aplati et arrondi.

Ce genre a été établi par M. de Laporte dans ses *Études Entomologiques*, sur le *Gyrinus Sulcatus* de Wiedmann. Eschscholtz avait, dans un travail inédit, déjà signalé cette coupe générique, et lui avait assigné le nom d'*Épinectus*.

Nous ne connaissons que trois espèces d'*Enhydrus*, toutes trois étrangères à l'Europe.

1. Enhydrus sulcatus.

Pl. 43. fig. 1.

Ovalis, deplanatus, cæruleo-azureus, vix æneo-micans; elytris octo-sulcatis, interstitiis læribus.

Gyrinus Sulcatus. Wiedm. *In Mag. von Germ.* iv. p. 119.
Forsberg. *Nov. Act. Ups.* viii. p. 314.
Guérin. *Icon. du Règ. Anim. Ins.* pl. 8. fig. 8.
Epinectus Sulcatus. Dej. *Cat.* 1835. p. 66.
Enhydrus Sulcatus. Lap. *Etud. Ent.* p. 110.

Long. 20 à 22 millim. Larg. 11 à 12 millim.

Corps ovale, un peu plus étroit en arrière et très-fortement déprimé.

Tête d'un bleu azuré, avec le labre, l'épistome et le tour des yeux d'un vert cuivreux.

Corselet de la couleur de la tête.

Écusson court, transversal, cuivreux.

Élytres ovalaires, un peu rétrécies en arrière, arrondies à l'extrémité, très-fortement déprimées et marquées chacune de huit sillons longitudinaux assez profonds; elles sont d'un bleu azuré légèrement métallique; la portion réfléchie est aussi d'un bleu azuré.

Le dessous du corps et les pattes antérieures d'un noir

de poix; les pattes intermédiaires et postérieures d'un ferrugineux noirâtre, leurs tarses plus clairs.

Il se trouve au Brésil.

II. GYRINUS. *Geoffroy.*

DYTISCUS. *Linné.* GYRINUS. *Fabricius. Olivier*, etc.

Antennes un peu obliquement arrondies à l'extrémité. Labre transversal, entier. Menton fortement échancré, avec une très-légère saillie arrondie au milieu. Le dernier article des palpes labiaux beaucoup plus long que le pénultième. Pattes antérieures d'une médiocre longueur; tous les articles de leurs tarses, dans les mâles, dilatés en une palette ovalaire plus ou moins allongée et garnie en dessous de petites brosses soyeuses. Dernier segment de l'abdomen aplati et arrondi.

Corps ovale, plus ou moins convexe. Épistome coupé carrément. Labre transversal, arrondi, entier et cilié en avant. Menton fortement échancré, avec une légère saillie arrondie au milieu de l'échancrure. Dernier article des antennes un peu obliquement arrondi. Les trois premiers articles des palpes maxillaires très-petits, le dernier aussi long que les trois autres réunis et entier. Languette coupée carrément. Le premier et le second article des palpes labiaux très-petits; le dernier au moins aussi long que les deux autres réunis et entier. Élytres le plus souvent marquées de stries longitudinales de points enfoncés.

Pattes antérieures de médiocre longueur, leurs jambes légèrement élargies à l'extrémité; tous les articles de leurs tarses, dans les mâles, dilatés en une palette ovalaire plus ou moins allongée, et garnie en dessous de petites brosses soyeuses; les pattes intermédiaires, à très-peu de chose près, aussi rapprochées des antérieures que des postérieures. Dernier segment de l'abdomen aplati et arrondi.

Geoffroy est le premier qui ait séparé ce genre des anciens *Dytiques;* il le nomma *Gyrinus* ou *Tourniquet*, à cause des évolutions circulaires qu'il fait à la surface de l'eau. Les véritables *Gyrins* sont très-nombreux, et se rencontrent dans toutes les parties du monde.

1. Gyrinus natator.

Pl. 43. fig. 1.

Ovatus, convexus, cærulescenti-niger, nitidissimus, æneo-limbatus; elytris striato-punctatis, striis internis subtilioribus, interstitiis planis, lævibus; subtus nigro-æneus; thoracis et elytrorum margine inflexo, pectore anoque testaceo-ferrugineis.

Dytiscus Natator. Linn. *Faun. Suec.* 779.
Gyrinus Natator. Fab. *Syst. Eleut.* 1. 274.
Lacord. *Faun. Ent.* 1. 342.
Gyrinus Mergus. Germ. *Faun. Ins. Eur.* fasc. II. t. 6.
Gyrinus Dejeanii ♀. Brul. *Exp. scient. de Mor.* III. 1re part. 2e sect. p. 128.
Sch. *Syn. Ins.* II. 36.

Var. β. Minus Nitidus, striis internis fere deletis.

Gyrinus Natator. GERM. *Faun. Ins. Eur.* fasc. I. t. 5?
Gyrinus Substriatus. STEPH. *Illust. of Brit. Ent.* II. 97.

Var. γ. Pectore et ano nigris.

Gyrinus Marginatus. GERM. *Ins. Spec. Nov.* I. 32.

Long. 6 ½ millim. Larg. 3 ¾ millim.

Corps ovale et assez fortement convexe.

Tête d'un noir bleuâtre, très-brillante et marquée entre les yeux de deux petits points enfoncés.

Corselet de la couleur de la tête, également très-brillant, avec les bords latéraux étroitement rebordés et d'un vert métallique, le bord antérieur largement échancré, la base sinueuse, avec le milieu largement prolongé en arrière sur les élytres; il est marqué le long du bord antérieur, d'une ligne enfoncée et ponctuée, et interrompue au milieu, d'une autre, lisse, en arrière de celle-ci et abrégée de chaque côté, et enfin d'une troisième en S horizontale, placée obliquement de l'angle postérieur à la ligne intermédiaire.

Écusson cuivreux.

Élytres ovalaires, convexes, tronquées à l'extrémité, dont les angles externes sont arrondis, d'un noir bleuâtre, avec les bords et la suture bronzés; elles sont marquées de dix lignes longitudinales de points enfoncés bronzés, réunies deux à deux en arrière, les internes beaucoup moins sentics que les externes; elles offrent encore à l'extrémité quelques autres petits points disposés en une espèce d'ellipse transversale.

Le dessous du corps d'un noir métallique, avec la partie réfléchie du corselet et des élytres, la poitrine, le segment anal et les pattes d'un testacé ferrugineux.

2. GYRINUS DISTINCTUS. *Mihi.*

Pl. 43. fig. 3.

Oblongo-ovalis, convexus, cærulescenti-niger, nitidissimus, æneo-limbatus; elytris striato-punctatis, striis internis subtilioribus, interstitiis planis, lævibus; subtus nigro-æneus, thoracis et elytrorum margine inflexo, pedibusque testaceis; pectore et ano picco-ferrugineis.

Gyrinus Colymbus. ERICHS. *Kaf. der Mark Brand.* 1. p. 191?

Long. 6 ¾ millim. Larg. 3 ½ millim.

Corps ovale, un peu allongé et assez convexe.

Tête, corselet et écusson absolument comme dans le *Natator.*

Élytres de la même couleur et marquées de la même manière que celles du *Natator;* seulement elles sont un peu plus allongées.

Dessous du corps d'un noir métallique, avec la partie réfléchie du corselet et des élytres, et les pattes testacées; la poitrine et le dernier segment anal d'un ferrugineux foncé.

Il ressemble beaucoup au *Natator*, dont il ne diffère réellement que par sa forme un peu plus allongée et un peu moins convexe, et par la couleur de la poitrine, et du dernier segment anal, qui est toujours un peu plus foncée.

Il habite toute l'Europe, où il est moins commun que le précédent; il se retrouve aussi en Barbarie et en Égypte.

3. Gyrinus elongatus.

Pl. 43. fig. 4.

Elongato-ovalis, convexus, cærulescenti-niger, nitidissimus, æneo-limbatus; elytris striato-punctatis, striis internis subtilioribus, interstitiis planis, lævibus; subtus nigro-æneus; thoracis et elytrorum margine inflexo, pectore, ano pedibusque rufo-ferrugineis.

Gyrinus Elongatus. Dahl.-Dej. *Cat.* 1836. p. 67.

Long. 7 ¼ millim. Larg. 3 ½ millim.

Il est marqué et ponctué absolument de la même manière que le *Natator*, sa couleur est aussi la même; il ne diffère de ce dernier que par sa forme très-sensiblement plus allongée et plus atténuée en arrière, et par l'extrémité postérieure des élytres, qui est coupée un peu plus carrément, et dont les angles externes sont un peu moins arrondis.

Le dessous du corps est aussi d'un noir métallique, avec la portion réfléchie du corselet et des élytres, la poitrine, le dernier segment anal et les pattes d'un testacé ferrugineux.

Il se trouve dans les provinces méridionales de l'Europe.

4. Gyrinus bicolor.

Pl. 43. fig. 5.

Valde elongatus, subparallelus, convexus, cærulescenti-niger, nitidissimus, æneo-limbatus; elytris striato-punctatis, striis internis subtilioribus, interstitiis planis lævibus; subtus nigro-æneus, thoracis et elytrorum margine inflexo, pedibusque rufo-ferrugineis, ano piceo-ferrugineo; elytris apice rotundatim truncatis.

Gyrinus Bicolor. Payk. *Faun. Suec.* 1. 239.
Fab. *Syst. Eleut.* 1. 274.
Gyrinus Dejeanii ♂. Brul. *Exp. Scient. de Mor.* III. 1re part. 2e sect. p. 128.

Long. 7 à 8 millim. Larg. 3 à 3 ½ millim.

Corps ovalaire, très-allongé, souvent comprimé latéralement et presque parallèle.

Il est ponctué et marqué absolument comme le précédent, auquel il ressemble beaucoup, et dont il diffère par sa taille beaucoup plus allongée, souvent presque parallèle; il a comme lui le dessous du corps d'un noir métallique, avec la partie réfléchie du corselet et des élytres et les pattes d'un testacé ferrugineux, mais la poitrine est noire, et le dernier segment de l'abdomen d'un noir de poix à peine ferrugineux.

Il se trouve dans toute l'Europe.

5. Gyrinus caspius.

Pl. 44. fig. 1.

Ovalis, valde elongatus, subparallelus, convexus, cærulescenti-niger, nitidissimus, æneo-limbatus; elytris striato-punctatis, striis internis subtilioribus, interstitiis planis, lævibus; subtus nigro-piceus, thoracis et elytrorum margine inflexo, pectore, ano pedibusque rufo-ferrugineis; elytris apice fere recte truncatis.

Gyrinus Caspius. Ménét. *Cat.* p. 142.

Falderm. *Nouv. Mém. de la Soc. des Nat. de Mosc.* iv. p. 114.

Long. 7 à 8 millim. Larg. 3 à 3 ½ millim.

Il a absolument la même forme, la même couleur et la même ponctuation que le *Bicolor*, dont il ne diffère que par l'extrémité des élytres, qui est coupée presque carrément, et dont les angles externes sont presque droits; il a aussi la poitrine et le dernier segment de l'abdomen un peu plus ferrugineux.

Il a été trouvé par M. Ménétriés sur le bord de la mer Caspienne.

6. Gyrinus angustatus.

Pl. 44. fig 2.

Minor, ovalis, valde elongatus, subparallelus, convexus, cærulescenti-niger, æneo-limbatus, elytris striato-punctatis, striis internis subtilioribus, interstitiis planis, lævibus; subtus nigro-piceus, thoracis et elytrorum margine inflexo, pectore, ano pedibusque rufo-ferrugineis; elytris apice fere recte truncatis.

Gyrinus Angustatus. Dahl.-Dej. *Cat.* 1836. p. 67.
Gyrinus Mergus. Sturm. *Deuts. Faun.* x. p. 91?

Long. 6 à 6 $\frac{1}{4}$ millim. Larg. 2 $\frac{1}{3}$ à 2 $\frac{3}{4}$ millim.

Il a la même forme que le *Bicolor*, la même couleur et la même ponctuation; il en diffère par sa taille moitié plus petite, par les élytres coupées presque carrément à l'extrémité, dont les angles externes sont presque droits, mais cependant un peu plus ouverts que dans le *Caspius*, et enfin par la poitrine et le dernier segment de l'abdomen, qui sont, ainsi que la partie réfléchie du corselet et des élytres et les pattes, d'un testacé ferrugineux.

Il se trouve dans les contrées méridionales de l'Europe.

7. Gyrinus marinus.

Pl. 44. fig. 3.

Ovalis, convexiusculus, niger, nitidus, æneo-limbatus; elytris æqualiter valde punctato-striatis, interstitiis planis, vix conspicue tenuissime reticulatis, interno postice paulo elevato; subtus nigro-æneus, pedibus solis rufo-ferrugineis.

Gyrinus Marinus. Gyl. *Ins. Suec.* I. p. 143.
Germ. *Faun. Ins. Europ.* fasc. II. tab. 7.
Lacord. *Faun. Ent.* I. p. 343.

Long. 6 à 6 ½ millim. Larg. 3 ¼ à 3 ¾ millim.

Corps ovale et médiocrement convexe.

Tête, corselet et écusson comme dans le *Natator*.

Élytres ovalaires, un peu déprimées, tronquées à l'extrémité comme dans le *Natator*, avec les angles externes arrondis, d'un noir bleuâtre, un peu moins brillantes, avec le bord externe et la suture cuivreux; elles sont marquées de dix lignes longitudinales de points enfoncés assez forts disposés comme dans le *Natator*, mais toutes également senties; les intervalles à peine visiblement réticulés, celui qui sépare la première strie de la seconde est légèrement élevé dans son quart postérieur; la portion réfléchie est d'un noir métallique.

Le dessous du corps entièrement d'un noir métallique; les pattes seules d'un testacé ferrugineux.

8. Gyrinus æneus.

Pl. 44. fig. 4.

Ovalis, convexus, cærulescenti-niger, nitidissimus, æneo-limbatus; elytris striato-punctatis, striis internis subtilioribus, interstitiis planis, lævibus; subtus nigro-æneus, pedibus solis rufo-ferrugineis.

Gyrinus Æneus. Steph. *Illust. of Brit. Ent.* II. p. 95.

Long. 6 $\frac{1}{2}$ millim. Larg. 3 $\frac{3}{4}$ millim.

Il a la forme, la teinte et la ponctuation du *Natator*, dont il diffère par la couleur noir métallique de toute la partie inférieure de son corps, et par l'extrémité des élytres, dont l'angle externe est presque droit et nullement arrondi; il est aussi très-voisin du *Marinus*, dont il se distingue par sa convexité plus grande, sa couleur un peu plus métallique et plus brillante, et par les lignes de points enfoncés dont les internes sont beaucoup moins senties; l'angle externe des élytres n'est pas non plus arrondi comme dans ce dernier.

Il se trouve en Italie, en Espagne, dans le midi de la France et en Angleterre.

9. Gyrinus dorsalis.

Pl. 44. fig. 5.

Ovalis, vix oblongus, depressiusculus, nigro-piceus, dorso ferrugineo, opacus; elytris æqualiter punctato-striatis, interstitiis planis, subtile reticulatis; subtus nigro-æneus; thoracis et elytrorum margine inflexo nigro-æneo; ano piceo-ferrugineo; pedibus rufo-ferrugineis.

Gyrinus Dorsalis. Gyl. *Ins. Suec.* i. 142.
Germ. *Faun. Ins. Eur.* fasc. xi. tab. 2.

Var. β. Totus niger.

Gyrinus Opacus. Sahlberg. *Ins. Fen.* pars iv. p. 45?

Long. 6 à 6 ½ millim. Larg. 3 à 3 ½ millim.

Corps ovale, à peine allongé et légèrement déprimé.

Tête noirâtre, terne, très finement réticulée et marquée entre les yeux de deux petits points enfoncés.

Corselet de la couleur de la tête, souvent un peu ferrugineux au milieu de la base, également terne et très-finement réticulé, marqué comme dans le *Natator*, mais un peu moins fortement.

Écusson noirâtre, terne.

Élytres ovalaires, légèrement déprimées, tronquées à l'extrémité comme dans le *Natator*, noirâtres, ternes, avec une tache médiane ferrugineuse, plus ou moins large et toujours mal limitée; la suture est noirâtre; elles sont marquées de dix lignes longitudinales de points enfoncés assez petits, disposées comme dans le *Natator*, mais toutes également senties; les intervalles très-finement réticulés; la portion réfléchie est d'un noir cuivreux.

Le dessous du corps d'un noir métallique, avec la poitrine et le segment anal à peine ferrugineux; les pattes d'un testacé ferrugineux.

La var. β est tout-à-fait noire.

Il se trouve dans le nord de l'Europe, en Suède, en Laponie, en Finlande, etc.

10. Gyrinus urinator.

Pl. 45. fig. 1.

Ovatus, convexus, cœrulescenti-niger, nitidissimus, æneo-limbatus; elytris striato-punctatis, striis in fasciis longitudinalibus cupreis, internis subtilissimis; subtus testaceo-ferrugineus.

Gyrinus Urinator. Illig. *Mag.* v. p. 299.

Ahrens. *Nov. Act. Hal.* ii. 2. 46.

Gyrinus Lineatus. Lacord. *Faun. Ent.* i. 342.

Gyrinus Græcus. Brul. *Exp. Scient. de Mor.* iii. 1re part. 2e sect. p. 129.

Long. 6 $\frac{3}{4}$ à 7 $\frac{1}{4}$ millim. Larg. 4 à 4 $\frac{1}{2}$ millim.

Corps ovale, assez large et fortement convexe.

Tête et corselet comme dans le *Natator*, mais un peu plus luisants.

Écusson cuivreux.

Élytres comme dans le *Natator*, mais un peu plus luisantes; les lignes de points enfoncés sont moins senties, surtout les internes, qui sont presque effacées; elles sont toutes placées sur de petites bandes longitudinales cuivreuses.

Tout le dessous du corps et les pattes d'un testacé ferrugineux.

11. Gyrinus variabilis. *Solier.*

Pl. 45. fig. 2.

Ovatus, convexus, nigro-piceus, nitidulus, vix æneo-limbatus; elytris striato-punctatis, striis in fasciis longitudinalibus cupreis, internis vix conspicue impressis, sæpe omnino deletis; subtus testaceo-ferrugineus.

Long. 6 millim. Larg. 3 $\frac{1}{2}$ millim.

Il a la plus grande analogie avec l'*Urinator*, dont il diffère à peine, et dont il n'est peut-être qu'une simple variété; il s'en distingue par sa taille plus petite, sa couleur moins noire, quelquefois un peu ferrugineuse et à peine brillante, par les lignes de points des élytres, qui sont moins senties, et dont les internes sont souvent entièrement effacées; les bandes longitudinales métalliques sur lesquelles reposent les stries sont à peine visibles.

Le dessous du corps et les pattes comme dans l'*Urinator*.

Cet insecte m'a été envoyé par M. Solier, comme ayant été pris en très-grande abondance par M. Roulet, soit aux environs de Marseille, soit en Suisse, mais très-probablement cependant dans la première localité.

12. Gyrinus minutus.

Pl. 45. fig. 3.

Ovalis, convexus, nigro-piceus, opacus, æneo-limbatus; elytris æqualiter striato-punctatis, interstitiis planis, subtile reticulatis; subtus testaceus, abdominis basi non nunquam nigricante.

Gyrinus Minutus. Fab. *Syst. Eleut.* 1. p. 276.
Gyl. *Ins. Suec.* 1. 343.
Gyrinus Bicolor. Oliv. *Ent.* iii. 41. pl. 1. fig. 8. a. b.

Long. 4 ½ millim. Larg. 2 ¼ millim.

Corps ovale, un peu allongé et assez fortement convexe.

Tête d'un noir de poix, terne, finement réticulée et

marquée entre les yeux de deux petits points peu enfoncés.

Corselet de la couleur de la tête, également terne et finement réticulé, avec les bords latéraux étroitement rebordés et d'un vert cuivreux, marqué comme le *Natator*, mais presque imperceptiblement.

Écusson noirâtre, brillant.

Élytres ovalaires, convexes, tronquées à l'extrémité, dont les angles externes sont presque droits et légèrement émoussés au sommet, d'un noir de poix terne, avec la bordure cuivreuse; elles sont marquées de dix lignes longitudinales de points enfoncés assez petits, disposées comme dans le *Natator*, mais toutes également senties; les intervalles finement réticulés.

Tout le dessous du corps et les pattes testacés, quelquefois la base de l'abdomen est brunâtre.

Il se trouve dans toute l'Europe et dans l'Amérique du nord.

13. Gyrinus striatus.

Pl. 45. fig. 4.

Ovalis, depressiusculus, viridi-æneus, elytris striato-punctatis, striis interioribus subtilioribus, interstitiis vix conspicue punctulatis, externis elevatis; thoracis et elytrorum lateribus, cum margine inflexo, pectore, ano pedibusque pallidis.

Gyrinus Striatus. Fab. *Syst. Eleut.* i. p. 275.

Oliv. *Ent.* III. 41. pl. 1. fig. 2. a. b.
Lacord. *Faun. Ent.* I. p. 341.

Long. 6 $\frac{1}{2}$ millim. Larg. 3 $\frac{1}{3}$ millim.

Corps ovale, un peu allongé et légèrement déprimé.

Tête bronzée, obscure, à reflets métalliques, avec le labre et une tache sur le vertex d'un vert cuivreux.

Corselet de la couleur de la tête, avec les bords latéraux largement bordés de jaune, et une bande transversale étroite cuivreuse, placée un peu avant le milieu ; il est très-finement réticulé.

Écusson cuivreux.

Élytres ovalaires, un peu allongées, légèrement déprimées et tronquées carrément à l'extrémité, dont les angles externes sont très-ouverts sans cependant être arrondis ; elles sont d'un brun bronzé obscur, avec une large bordure marginale jaune, et dix stries grisâtres assez enfoncées et à peine ponctuées, les internes moins senties, les quatre externes réunies deux à deux, et séparées par une seule côte élevée ; les intervalles sont un peu élevés, surtout les externes, et presque imperceptiblement pointillés.

Le dessous du corps d'un noir bronzé, avec la partie réfléchie du corselet et des élytres, la poitrine, le dernier segment de l'abdomen et les pattes testacés.

Il se trouve dans presque toute l'Europe, mais principalement dans l'Europe centrale.

14. Gyrinus strigosus.

Pl. 45. fig. 5.

Oblongo-ovalis, depressiusculus, viridi-æneus ; elytris sulcato-punctatis, sulcis internis minus impressis, interstitiis æneo-punctatis, elevatis ; thoracis et elytrorum lateribus, cum margine inflexo pedibusque pallidis.

Gyrinus Strigosus. Fab. *Syst. Eleut.* I. 276.
Gyrinus Festivus. Klug. *Ins. von Mad.* p. 49.
Gyrinus Limbatus. Solier. *Ann. de la Soc. Ent.* 1833. p. 464.

Long. 8 millim. Larg. 4 millim.

Il ressemble beaucoup au *Striatus*, mais il est plus grand, d'un vert métallique plus brillant ; les stries des élytres sont verdâtres, un peu plus profondes et toutes isolées ; les intervalles plus élevés et couverts de petits points enfoncés métalliques ; la portion réfléchie du corselet et des élytres est également jaunâtre, ainsi que les pattes, mais le dessous du corps, y compris la poitrine et le segment anal, est d'un noir bronzé.

Il habite le midi de l'Europe et les côtes de Barbarie ; il se retrouve aussi à l'Ile-Bourbon et à la Nouvelle-Hollande.

II. PATRUS. *Mihi.*

Antennes un peu obliquement arrondies à l'extrémité. Labre transversal et entier. Menton fortement échancré, avec une très-petite dent à peine saillante au milieu. Le dernier article des palpes labiaux un peu plus long que le pénultième. Pattes antérieures d'une médiocre longueur, leurs tarses dans les mâles. . . . . Dernier segment de l'abdomen triangulaire, allongé et pyramidal.

Corps ovale, convexe. Épistome coupé carrément. Labre transversal, arrondi et cilié en avant. Menton fortement échancré, avec une très-petite dent à peine saillante au milieu de l'échancrure. Dernier article des antennes un peu obliquement arrondi. Les trois premiers articles des palpes maxillaires très-petits, le dernier aussi long que les trois autres réunis et entier. Languette coupée presque carrément. Le premier article des palpes labiaux très-petit, le second un peu plus long, le dernier plus long encore que le précédent et entier. Élytres tronquées à l'extrémité. Pattes antérieures de médiocre longueur, leurs jambes courtes et élargies, leurs tarses dans les mâles. . . . . . . Les pattes intermédiaires, à très-peu de chose près, aussi rapprochées des antérieures que des postérieures. Dernier segment de l'abdomen triangulaire, allongé et pyramidal.

Ce genre diffère du précédent par le dernier article des palpes labiaux, à peine plus allongé que le pénultième, et surtout par le dernier segment de l'abdomen, qui est pyramidal. Il se rapproche beaucoup des *Orectochilus*, mais s'en distingue par le labre court et transversal, et par le dernier article des palpes, qui est entier. Ce genre ne se compose jusqu'à ce jour que d'une seule espèce, et encore le mâle nous est-il inconnu; sa patrie est Java.

1. Patrus Javanus. *Mihi.*

Pl. 46. fig. 1.

Oblongo-ovalis, convexus, niger, anguste ferrugineo-marginatus; thoracis et elytrorum lateribus dense reticulato-punctulatis, ochro-sericeis; subtus piceo-ferrugineus; thoracis et elytrorum margine inflexo, abdomine pedibusque rufo-ferrugineis; elytris apice recte truncatis.

Long. 8 millim. Larg. 3 $\frac{3}{4}$ millim.

Corps ovale, un peu allongé et assez convexe.

Tête noire, lisse et brillante, avec le labre ferrugineux; elle est finement ponctuée et réticulée de chaque côté en dehors des yeux supérieurs.

Corselet de la couleur de la tête, également lisse et brillant, avec les bords latéraux très-étroitement ferrugineux et très-finement ponctués et réticulés, un peu plus largement en avant qu'en arrière; toute la partie réticulée est couverte d'un très-léger duvet jaunâtre.

Écusson noirâtre, lisse.

Élytres ovalaires, un peu allongées, tronquées carrément et un peu obliquement à l'extrémité, dont les angles externes sont presque droits et à peine émoussés; noires, lisses et brillantes, avec le bord externe très-étroitement ferrugineux; elles sont en ce point, et dans toute leur longueur, comme le corselet, ponctuées, réticulées et couvertes d'un très-léger duvet jaunâtre, très-étroitement en avant et très-largement en arrière, où la partie réticulée vient toucher la suture; la portion réfléchie d'un rouge ferrugineux.

Le dessous du corps d'un ferrugineux noirâtre, l'abdomen et les pattes rougeâtres.

Je n'ai vu que deux individus ♀ de cette espèce; ils font partie de la collection du Muséum, et ont été pris à Java.

IV. ORECTOCHILUS. *Eschscholtz-Lacordaire.*

GYRINUS. *Auctorum.*

Antennes tronquées presque carrément à l'extrémité. Labre avancé et étroitement arrondi antérieurement. Menton fortement échancré, avec une légère saillie anguleuse au milieu. Le dernier article des palpes tronqué à l'extrémité. Pattes antérieures de médiocre longueur, tous les articles de leurs tarses, dans les mâles, dilatés en une palette ovalaire, allongée et garnie en dessous de petites brosses soyeuses, le dernier segment de l'abdomen triangulaire, allongé et pyramidal.

Ce genre a été créé par Eschscholtz dans son travail

inédit, et décrit pour la première fois par M. Lacordaire dans sa *Faune entomologique des environs de Paris.* Il se compose d'espèces assez nombreuses dont une seule appartient à l'Europe.

Corps ovalaire, plus ou moins convexe.. Épistome à peine échancré. Labre avancé, étroitement arrondi en avant et cilié. Menton fortement échancré, avec une petite saillie anguleuse au milieu de l'échancrure. Dernier article des antennes tronqué presque carrément. Les trois premiers articles des palpes maxillaires très-petits, le dernier aussi long que les trois autres réunis et tronqué. Languette coupée presque carrément. Le premier article des palpes labiaux très-petit, le second un peu plus long, le dernier plus long encore que le précédent et tronqué. Pattes antérieures de médiocre longueur, leurs jambes un peu élargies à l'extrémité, tous les articles de leurs tarses, dans les mâles, dilatés en une palette ovalaire allongée et garnie en dessous de petites brosses soyeuses. Les pattes intermédiaires, à très-peu de chose près, aussi rapprochées des antérieures que des postérieures. Dernier segment de l'abdomen triangulaire, allongé et pyramidal.

1. ORECTOCHILUS VILLOSUS.

Pl. 46. fig. 2.

Elongato-ovalis, convexus, brunneus, vix æneus, nitidu

lus, punctulatus, ochro-sericeus, densius ad latera, subtus pallide testaceus; elytris apice rotundatis.

Gyrinus Villosus. Fab. *Syst. Eleut.* 1. 276.
Gyl. *Ins. Suec.* 1. 144.
Gyrinus Modeeri. Marsh. *Brit. Ent.* 1. 10.
Orectochilus Villosus. Lacord. *Faun. Ent.* 1. p. 345.

Long. 6 ½ millim. Larg. 3 millim.

Corps ovale, allongé et très-convexe.

Tête brunâtre, à peine bronzée, très-finement pointillée et presque lisse sur le vertex; antennes brunâtres, testacées à la base et à l'extrémité.

Corselet de la couleur de la tête, finement ponctué et couvert d'un très-léger duvet jaunâtre.

Écusson large, noirâtre et lisse.

Élytres ovalaires, allongées, très-convexes et arrondies à l'extrémité; elles sont brunâtres, à peine bronzées, finement ponctuées et couvertes d'un léger duvet jaunâtre un peu plus abondant sur les côtés.

Tout le dessous du corps et les pattes testacés.

Il se trouve dans presque toute l'Europe, et se tient de préférence dans les rivières, où on le trouve, soit à la surface de l'eau, soit sous les pierres, les petits morceaux de bois flottants, et même sous les feuilles des plantes aquatiques.

DEUXIÈME DIVISION.

ÉCUSSON INVISIBLE.

V. GYRETES. *Brullé.*

Gyrinus. *Olivier, Germar.* Cybister. *Eschscholtz* (inédit).

Antennes presque pointues à l'extrémité. Labre avancé et étroitement arrondi antérieurement. Menton fortement échancré, avec une légère saillie anguleuse au milieu. Le dernier article des palpes tronqué à l'extrémité. Pattes antérieures de médiocre longueur, tous les articles de leurs tarses, dans les mâles, dilatés en une petite palette ovalaire, allongée et garnie en dessous de petites brosses soyeuses.

Nous devons la description de ce genre à M. Brullé, qui l'a donnée dans son *Histoire naturelle des Insectes*; cette coupe générique avait déjà été signalée par Eschscholtz dans son travail inédit, sous le nom de *Cybister.*

Corps ovalaire, plus ou moins convexe. Épistome très-légèrement échancré. Labre avancé, étroitement arrondi en avant et cilié. Menton fortement échancré, avec une petite saillie anguleuse au milieu de l'échancrure. Dernier article des antennes presque pointu. Les trois premiers articles des palpes maxillaires très-petits, le dernier aussi long que les trois autres réunis et tronqué. Languette coupée presque carrément. Le premier article des palpes labiaux très-petit, le second un peu plus long, le troisième plus long encore que le précédent et tronqué. Pattes antérieures de médiocre longueur, leurs jambes un peu élargies à l'extrémité; tous les articles de leurs tarses, dans les mâles, dilatés en une petite palotte ovalaire, allongée et garnie en dessous de petites brosses soyeuses. Les pattes intermédiaires, à très-peu de chose près, aussi rapprochées des antérieures que des postérieures. Dernier segment de l'abdomen triangulaire, allongé et pyramidal.

Ce genre ressemble considérablement aux *Orectochilus*, dont il ne diffère que par l'absence d'écusson et les antennes presque pointues; toutes les espèces qui le constituent sont étrangères à l'Europe.

1. Gyretes bidens.

Pl. 46. fig. 3.

Oblongo-ovalis, convexus, nigro-æneus, nitidus, dense reticulato-punctulatus, griseo-sericeus; capite, thorace medio plagaque lata dorsali in elytris lævibus; his apice recte truncatis, angulis externis valde spinoso-dentatis.

Gyrinus Bidens. Oliv. *Ent.* III. 41. pl. 1. fig. 6.
Gyretes Æneus. Brul. *Hist. Nat. des Ins.* v. p. 241.
Cybister Incisus. Dej. *Cat.* 1836. p. 67.

Long. 8 $\frac{1}{2}$ millim. Larg. 4 $\frac{1}{2}$ millim.

Corps ovale, légèrement allongé et très-convexe.

Tête d'un noir bronzé, lisse et brillante, ponctuée et réticulée de chaque côté, en dehors des yeux supérieurs ; le labre assez fortement ponctué.

Corselet de la couleur de la tête, également lisse et brillant, avec les bords latéraux très-largement réticulés, ponctués et couverts d'un léger duvet grisâtre.

Élytres ovalaires, très-légèrement allongées, très-convexes et coupées carrément à l'extrémité, dont les angles externes sont très-saillants et épineux; elles sont d'un noir bronzé, lisses et brillantes, avec les bords latéraux très-largement réticulés, ponctués et couverts d'un léger duvet grisâtre; la partie ponctuée est plus large en avant et en arrière, et surtout en arrière, où elle vient toucher la suture; la portion réfléchie est noirâtre.

Le dessous du corps noirâtre, avec le dernier segment de l'abdomen, les pattes antérieures et intermédiaires ferrugineux.

Il se trouve à Cayenne.

VI. PORRORHYNCHUS. *Laporte.*

Antennes très-courtes, tronquées presque carrément à l'extrémité. Labre triangulaire, très-fortement avancé et terminé en pointe mousse. Menton profondément échancré, avec une très-légère saillie arrondie au milieu. Le dernier article des palpes tronqué à l'extrémité. Pattes antérieures très-longues, tous les articles de leurs tarses, dans les mâles, dilatés en une palette allongée et garnie de petites brosses soyeuses.

Ce genre, déjà indiqué par M. le comte Dejean, sous le nom de *Trigonocheilus*, a été décrit pour la première fois par M. de Laporte, dans ses *Études entomologiques.*

Corps ovalaire, médiocrement convexe. Épistome légèrement échancré. Labre triangulaire très-fortement avancé, terminé en pointe mousse et cilié. Menton profondément échancré, avec une très-légère saillie arrondie au milieu de l'échancrure. Dernier article des antennes tronqué presque carrément. Les trois premiers articles des palpes maxillaires très-petits, le dernier un peu plus court que les trois autres réunis et tronqué. Languette large, légèrement échancrée. Les deux premiers articles des palpes labiaux très-petits, le dernier plus long que les deux autres réunis et tronqué. Pattes antérieures très-longues, leurs jambes un peu élargies en avant; tous les articles de leurs tarses, dans les mâles, dilatés en une palette allongée et garnie en dessous de petites brosses soyeuses. Les pattes intermédiaires, à très-peu de chose près, aussi rapprochées des antérieures que des postérieures. Dernier segment de l'abdomen aplati et étroitement arrondi à son extrémité.

Ce genre ne renferme jusqu'à ce jour qu'une seule espèce qui se trouve à Java.

1. Porrorhynchus marginatus.

Pl. 46. fig. 4.

Oblongo-ovalis, dorso convexus, supra olivaceo-æneus, luteo-limbatus, subtus pallide testaceus ; elytris apice utrinque bispinosis.

Porrorhynchus Marginatus. Lap. *Etud. Ent.* p. 108.
Brullé. *Hist. Nat. des Ins.* v. p. 239.
Trigonocheilus Rostratus. Dej. *Cat.* 1836. p. 67.

Long. 16 à 20 millim. Larg. 9 à 11 millim.

Corps ovale, légèrement allongé, un peu plus étroit en avant et convexe au milieu.

Tête olivâtre, lisse, brillante et irisée, avec une petite bordure jaune en dehors des yeux supérieurs.

Corselet de la couleur de la tête, également un peu irisé, avec les bords latéraux bordés de jaune; il est lisse, brillant sur le milieu et un peu glauque sur les côtés.

Élytres ovalaires, très-convexes au milieu et en avant, légèrement déprimées sur les côtés et en arrière, et armées, chacune à l'extrémité, de deux épines assez saillantes; elles sont olivâtres, un peu irisées, lisses au milieu, très-finement ponctuées et glauques sur les côtés; les bords latéraux sont jaunes, très-étroitement noirâtres en dehors et dentés en scie dans leur moitié postérieure.

Tout le dessous du corps et les pattes d'un testacé très-pâle ; la base des jambes antérieures et leurs tarses rembrunis.

Il se trouve à Java.

VII. DINEUTES. *Mac-Leay.*

Gyrinus. *Linné*, *Fabricius*, *Olivier*. Cyclinus. *Kirby*. Dineutes. *Mac-Leay*, *Brullé*. Cyclous. *Eschscholtz* (inédit).

Antennes tronquées obliquement à l'extrémité. Labre très-légèrement saillant et arrondi en avant. Menton fortement échancré, avec une saillie à peine sensible au milieu. Le dernier article des palpes tronqué. Pattes antérieures très-longues, tous les articles de leurs tarses, dans les mâles, dilatés en une palette allongée et garnie en dessous de petites brosses soyeuses.

Mac Leay, *Annulosa Javanica*, a le premier séparé ce genre des autres *Gyrinus*. Eschscholtz, dans son travail inédit, ne pouvant saisir les caractères trop vagues assignés par Mac-Leay à son genre *Dineutes*, a lui-même créé, avec les insectes qui en font partie, une coupe générique particulière qu'il nomma *Cyclous*. J'avoue que moi-même, peu satisfait des caractères des *Dineutes* de Mac-Leay, je n'aurais pas adopté ce genre s'il n'avait été depuis confirmé et décrit avec soin par M. Brullé, dans l'*Histoire naturelle des insectes*.

Corps ovalaire, généralement déprimé. Épistome à peine échancré. Labre très-largement saillant, arrondi en avant et cilié. Menton profondément échancré, avec une saillie à peine sensible au milieu de l'échancrure. Dernier article des antennes tronqué obliquement. Les trois premiers articles des palpes maxillaires très-petits, le dernier presque aussi long que les trois autres réunis et tronqué. Languette légèrement échancrée. Les deux premiers articles des palpes labiaux très-petits, le dernier plus long que les deux autres réunis et tronqué. Pattes antérieures très-longues, leurs jambes un peu élargies en avant, tous les articles de leurs tarses, dans les mâles, dilatés en une palette allongée et garnie en dessous de petites brosses soyeuses. Les pattes intermédiaires, à très-peu de chose près, aussi rapprochées des antérieures que des postérieures. Dernier segment de l'abdomen aplati et arrondi à son extrémité.

Les *Dineutes* sont assez nombreux, et, à l'exclusion de l'Europe, se trouvent dans toutes les parties du monde.

1. Dineutes longimanus.

Pl. 46. fig. 5.

Ovalis, dorso convexus, supra brunneo-olivaceus, æneo-micans, nitidus, subtus testaceo-ferrugineus; elytris postice utrinque bidentatis, vitta laterali opaca.

Gyrinus Longimanus. Oliv. *Ent.* III. 41. pl. 1. fig. 3.

Excisus. FORSB. *Nov. Act. Ups.* VIII. p. 301.
Cyclous Longimanus. DEJ. *Cat.* 1836. p. 66.

Long. 13 millim. Larg. 7 ½ millim.

Corps ovale, convexe au milieu et légèrement déprimé sur les côtés.

Tête d'un brun olivâtre, un peu irisée et peu brillante.

Corselet de la couleur de la tête, brillant au milieu, terne sur les côtés.

Élytres ovalaires, convexes au milieu, légèrement déprimées sur les côtés et armées chacune à l'extrémité de deux petites dents inégales, l'une plus petite à l'angle interne, et l'autre un peu plus grande en dehors vers le milieu environ; elles sont d'un brun olivâtre, un peu métallique, brillantes, avec une bande un peu bleuâtre, terne, placée en dehors le long du bord externe qu'elle ne touche cependant pas.

Tout le dessous du corps et les pattes d'un testacé ferrugineux.

Il se trouve aux Antilles.

FIN DU CINQUIÈME VOLUME.

TABLE

DES GENRES ET ESPÈCES

CONTENUS

DANS LE CINQUIÈME VOLUME.

A

C

D

E

G

H

I

FIN DE LA TABLE.

ERRATA.

TOME CINQUIÈME.

Pages 20, lig. 9. *Dytiscus obliquus*; lisez : *Dyt. amœnus.*
41, lig. 14. *Anysomera*; lisez : *Anisomera.*
41, lig. 27. Quinze; lisez : Dix-sept.
42, 13ᵉ genre. *Anysomera*; lisez : *Anisomera.*
48, au-dessous de *Cybister Rœselii*; lisez : pl. 3, fig. 5.
53, lig. 1, 2, *Coxorum posticorum*; lisez : *Coxarum posticarum.*
54, ligu. 12. *Coxorum posticorum*; lisez : *Coxarum posticarum.*
54, lig. 19. Larg. 28; lisez : 18.
55, lig. 22. *Coxorum posticorum*; lisez : *Coxarum posticarum.*
56, lig. 5. Long. 39; lisez : 29.
57, lig. 4. *Coxorum posticorum*; lisez : *Coxarum posticarum.*
58, lig. 12. *Coxorum posticorum*; lisez : *Coxarum posticarum.*
59, lig. 10. *Coxorum posticorum*; lisez : *Coxarum posticarum.*
60, lig. 8. *Coxorum posticorum*; lisez : *Coxarum posticarum.*
61, lig. 6. *Coxorum posticorum*; lisez : *Coxarum posticarum.*
62, lig. 4, 5. *Coxorum posticorum*; lisez : *Coxarum posticarum.*
63, lig. 9, 10. *Coxorum posticorum*; lisez : *Coxarum posticarum.*
64, lig. 5. *Coxorum posticorum*; lisez : *Coxarum posticarum.*
65, lig. 14. *Coxorum posticorum*; lisez : *Coxarum posticarum.*
115, titre. HALIPLIDES; lisez : DYTISCIDES.
128, titre. HALIPLIDES; lisez : DYTISCIDES.
214, lig. 2. *Dyt. Interruptus*; lisez : *Lac. Interruptus.*
303, lig. 19. Fig. 4; lisez : fig. 2.
349, lig. 15. Pl. 48; lisez : pl. 40.
351, lig. 14. Pl. 40 bis; lisez : pl. 40.

HALIPLUS

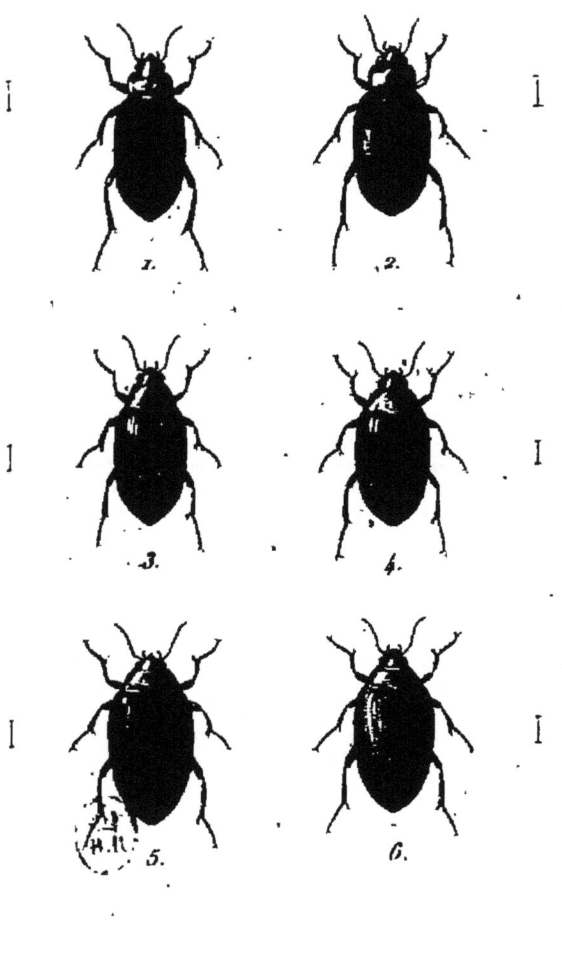

1 H. Elevatus
2 H. Æquatus
3 H. Obliquus
4 H. Lineatus
5 H. Ferrugineus
6. H. Flavicollis

Delarue del. Lerbe sc.

HALIPLUS.

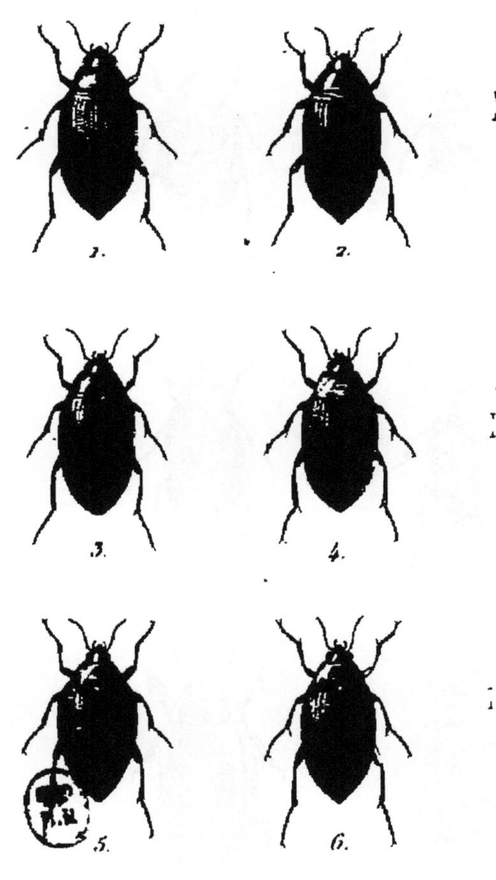

1. H. Badius
2. H. Guttatus
3. H. Variegatus
4. H. Cinereus
5. H. Impressus
6. H. Fluviatilis

Delarue del. Gerbe sc.

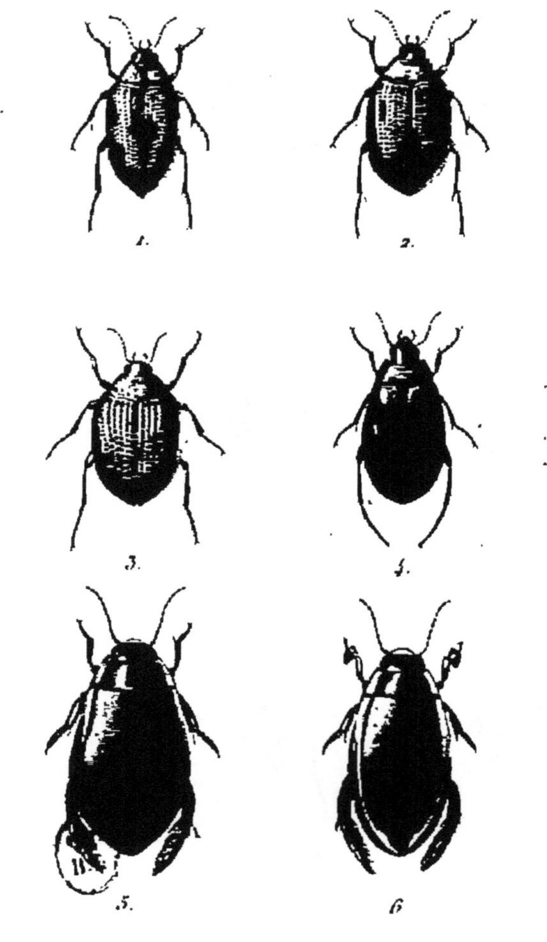

1 Haliplus Lineatocollis
2 Cnemidotus Cæsus
3 Cnemidotus Rotundatus
4. Pelobius Hermanni
5 Cybister Roeselii ♀
6 Cybister Africanus ♂

DYTISCUS

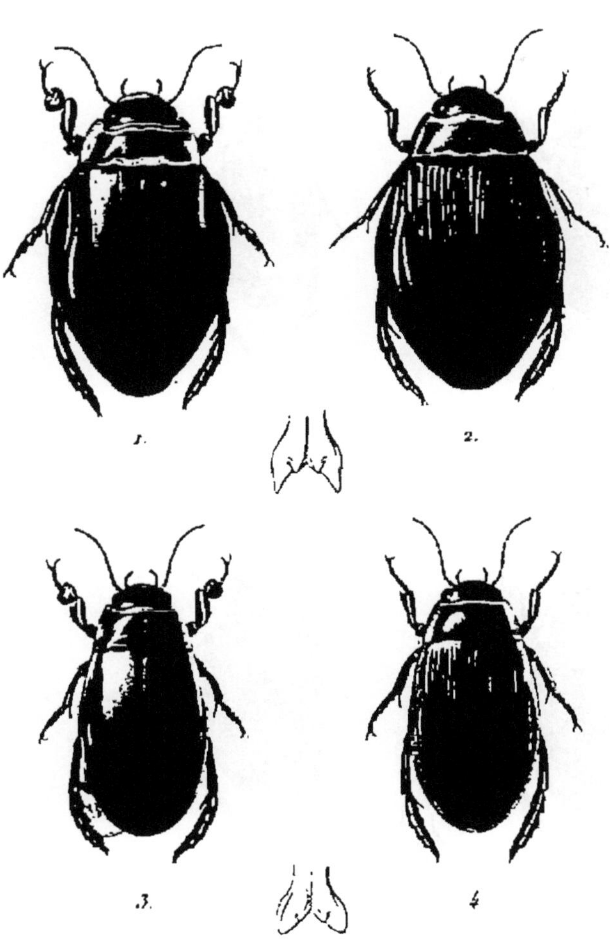

1 D. Latissimus ♂. 3 D. Dimidiatus ♂.
2 D. Latissimus ♀ 4 D. Dimidiatus ♀

DYTISCUS.

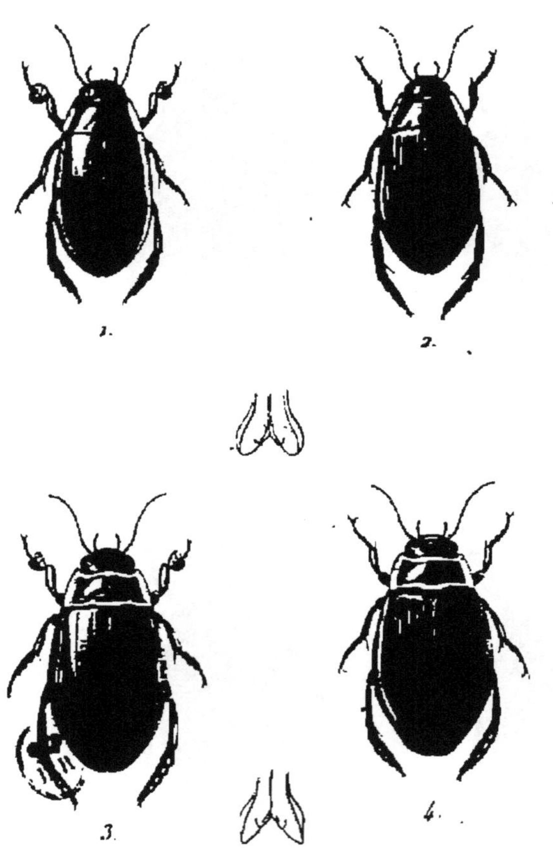

1. D. Punctulatus ♂ — 3. D. Marginalis ♂

2. D. Punctulatus ♀ — 4. D. Marginalis ♀

DYTISCUS.

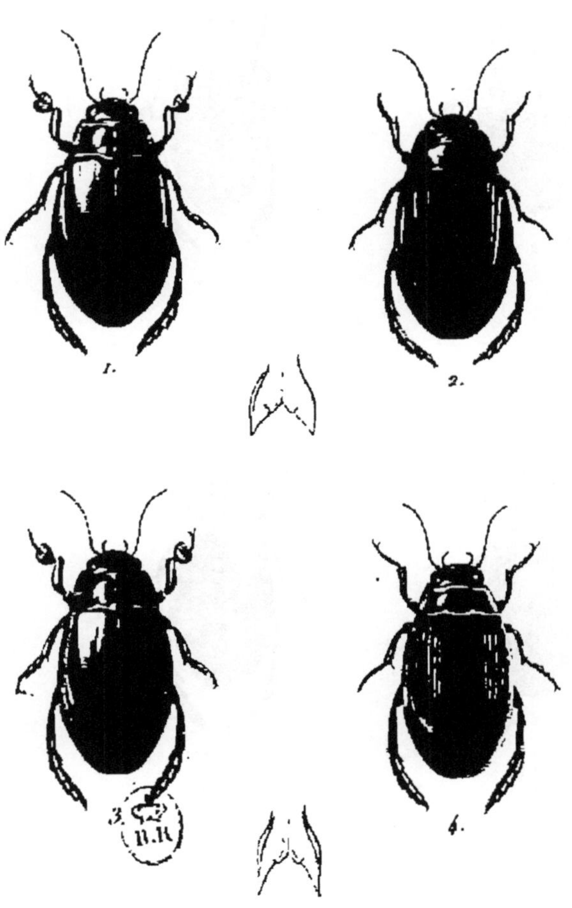

1. D. Pisanus ♂ 3. D. Conformis ♀

2. D. Pisanus ♀ 4. D. Circumcinctus ♀

DYTISCUS.

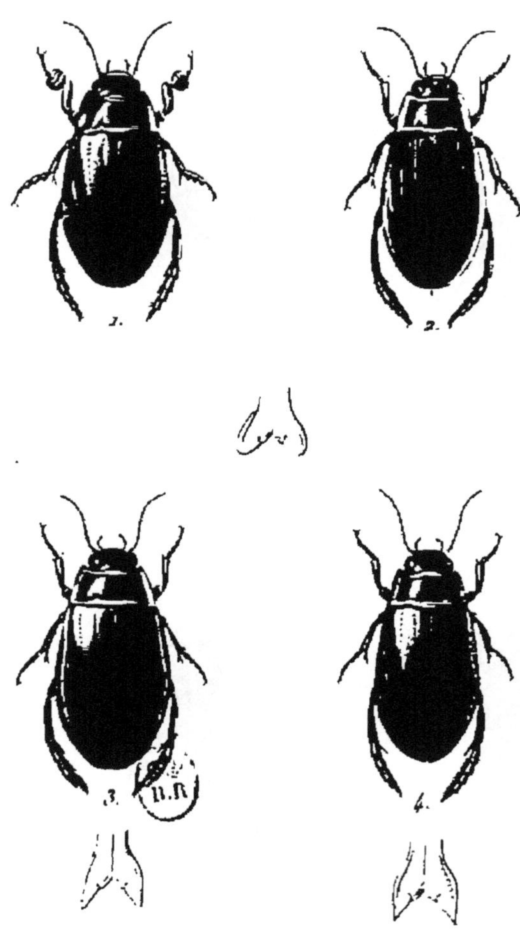

1. D. Dubius ♂
2. D. Dubius ♀.
3. D. Perplexus ♂.
4. D. Perplexus ♀.

J. Delarue pinx. Grebe sc.

DYTISCUS.

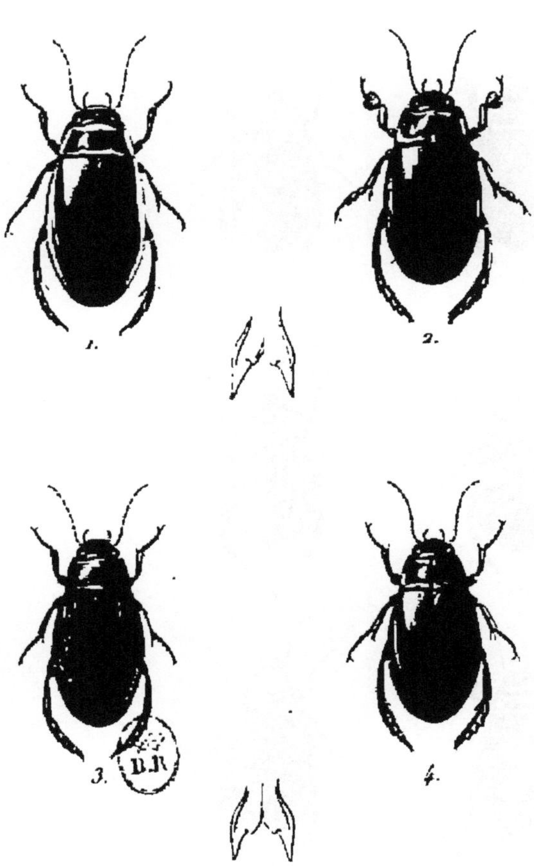

1. D. Circumflexus ♀. 3. D. Lapponicus ♀.

2. D. Lapponicus ♂. 4. D. Septentrionalis ♀.

J. Delarue pinx. Corbie sc.

ACILIUS.

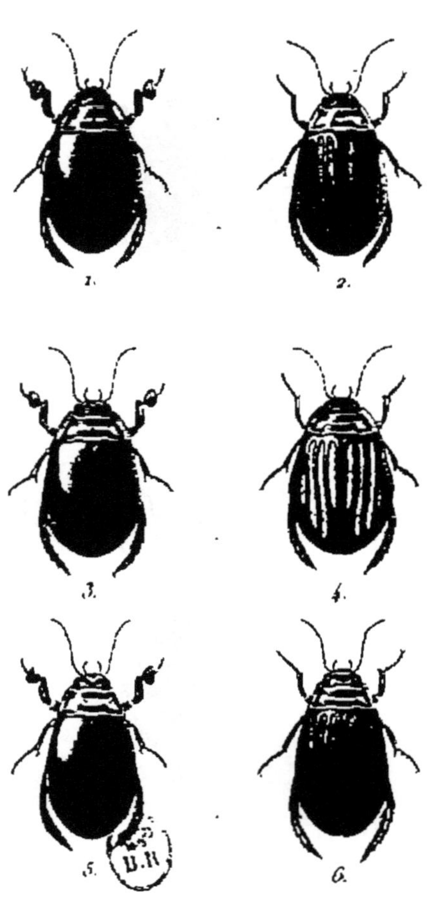

1. A. Sulcatus ♂. 4. A. Brevis ♀.
2. A. Sulcatus ♀. 5. A. Canaliculatus ♂.
3. A. Brevis ♂. 6. A. Canaliculatus ♀.

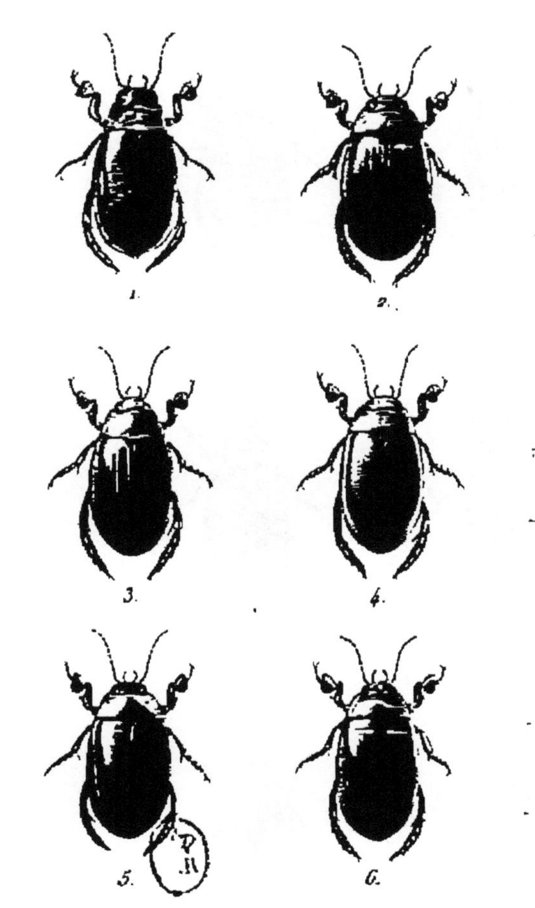

1. Eunectes Griseus ♂.
2. Hydaticus Stagnalis ♂.
3. H. Grammicus ♂.
4. H. Leander ♂.
5. H. Hybneri ♂.
6. H. Transversalis ♂.

Delarue del. Corbie sc.

HYDATICUS.

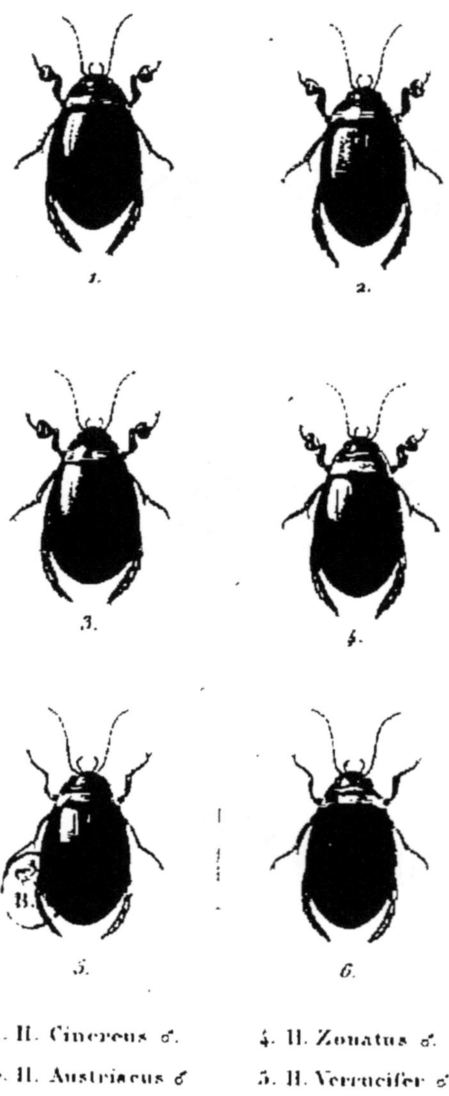

1. H. Cinereus ♂.
2. H. Austriacus ♂
3. H. Bilineatus ♂.
4. H. Zonatus ♂.
5. H. Verrucifer ♂
6. H. Verrucifer ♀

Delarue pinx. Forlie sc.

COLYMBETES.

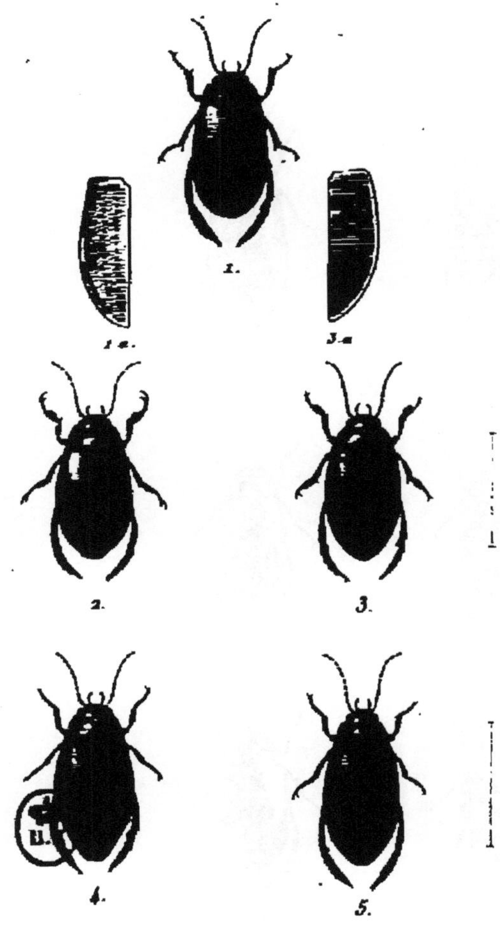

1. C. Coriaceus ♀. 3 C. Striatus ♂.

2 C. Pustulatus ♂. 4. C. Daburicus ♀.

5. C. Fuscus ♀.

Delarue pinx. Corbie sc.

COLYMBETES

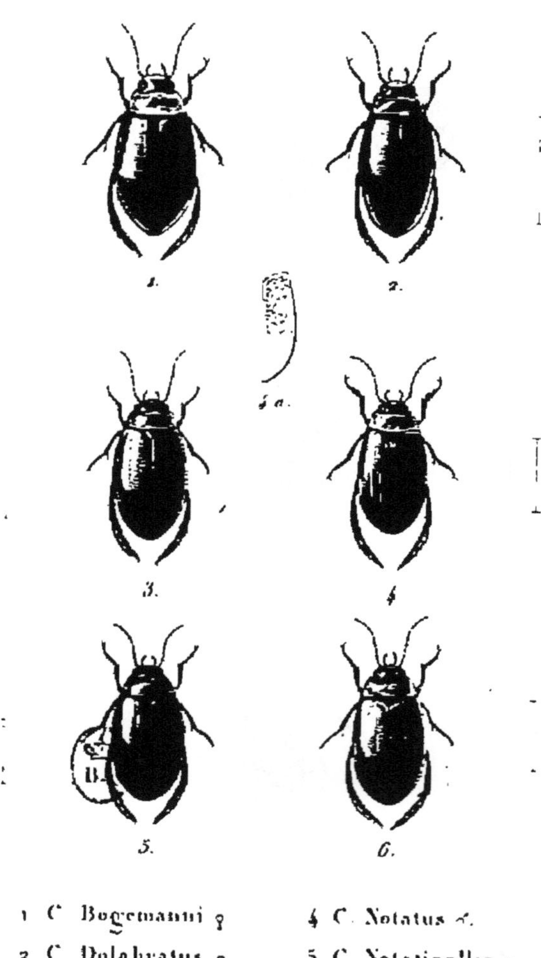

1 C Bogemanni ♀

2 C Dolabratus ♀

3. C. Conspersus ♀

4 C. Notatus ♂.

5 C. Notaticollis ♀.

6 C Collaris ♀.

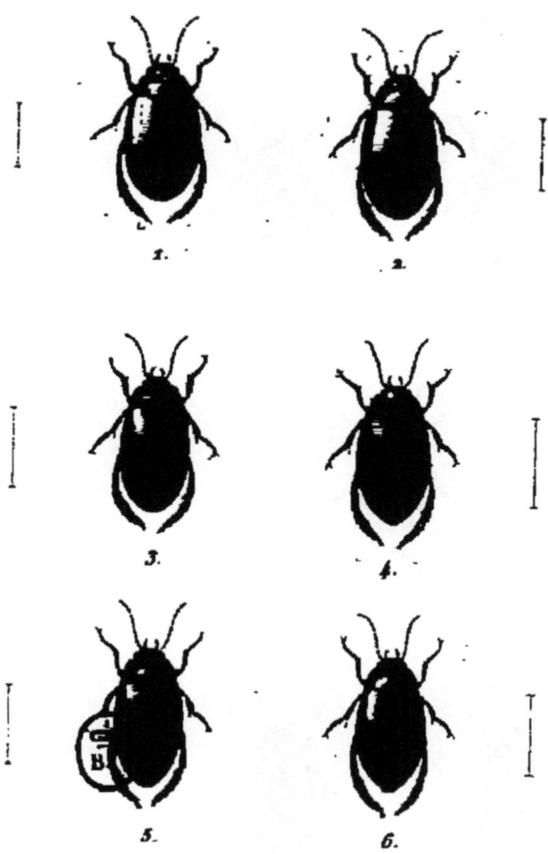

1. Colymbetes Adspersus.
2. Colymbetes Agilis.
3. Colymbetes Grapii.
4. Ilybius Ater.
5. Ilybius Quadriguttatus.
6. Ilybius Fenestratus.

Baleine pinx. Corbié sc.

ILYBIUS.

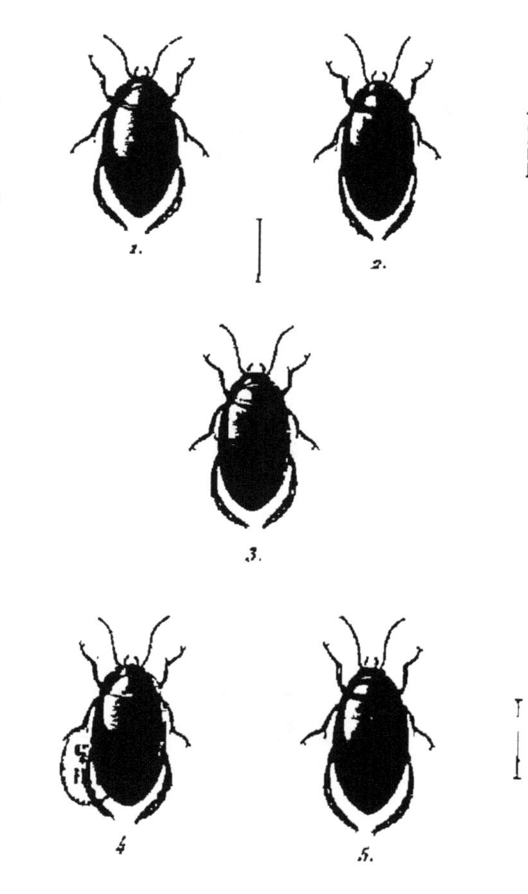

1 I. Prescotti — 3. I. Angustior

2 I. Guttiger — 4. I. Fuliginosus

5. I. Meridionalis

AGABUS

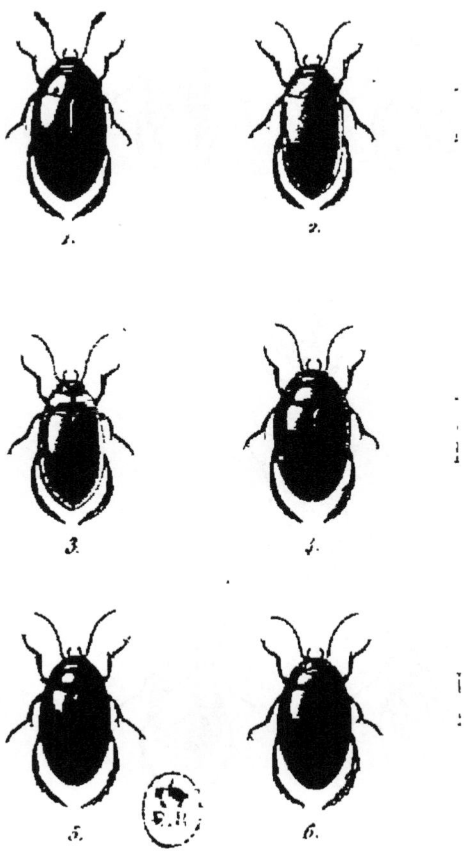

1. A. Sericornis ♂.
2. A. Oblongus.
3. A. Arcticus.
4. A. Fuscipennis.
5. A. Uliginosus.
6. A. Reichei.

AGABUS

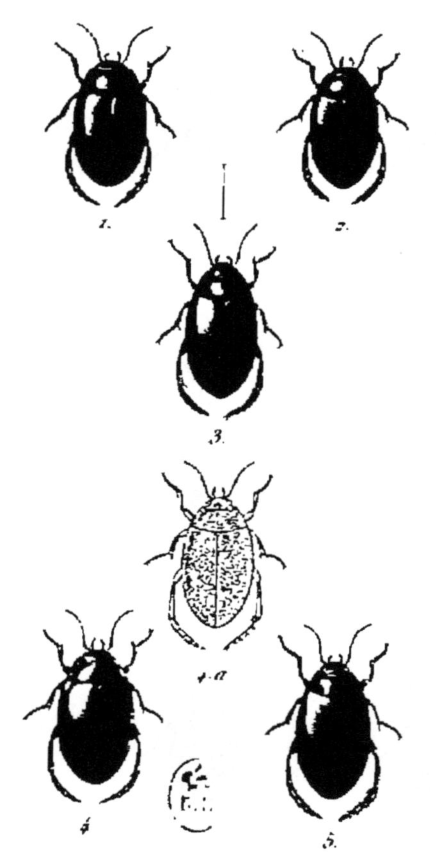

1. A. Assimilis.
2. A. Femoralis.
3. A. Congener.
4. A. Sturmii.
5. A. Chalconotus.

AGABUS

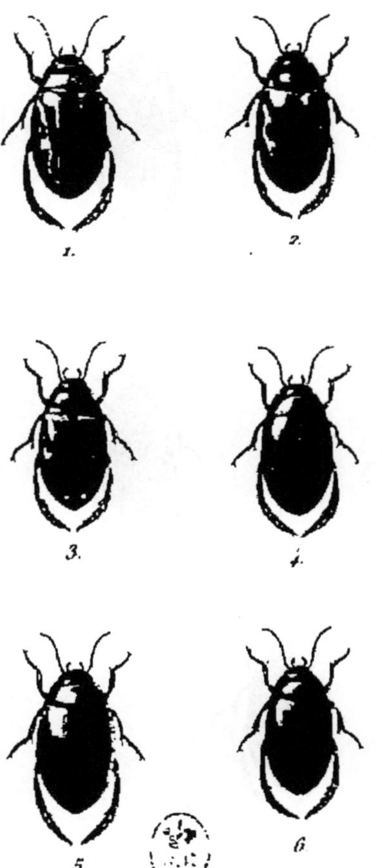

1. A. Maculatus. 4 A. Didymus.

2 A Sinuatus. 5 A. Brunneus.

3 A Abbreviatus. 6. A Paludosus

Delarue pinx. Corbié sc.

AGABUS

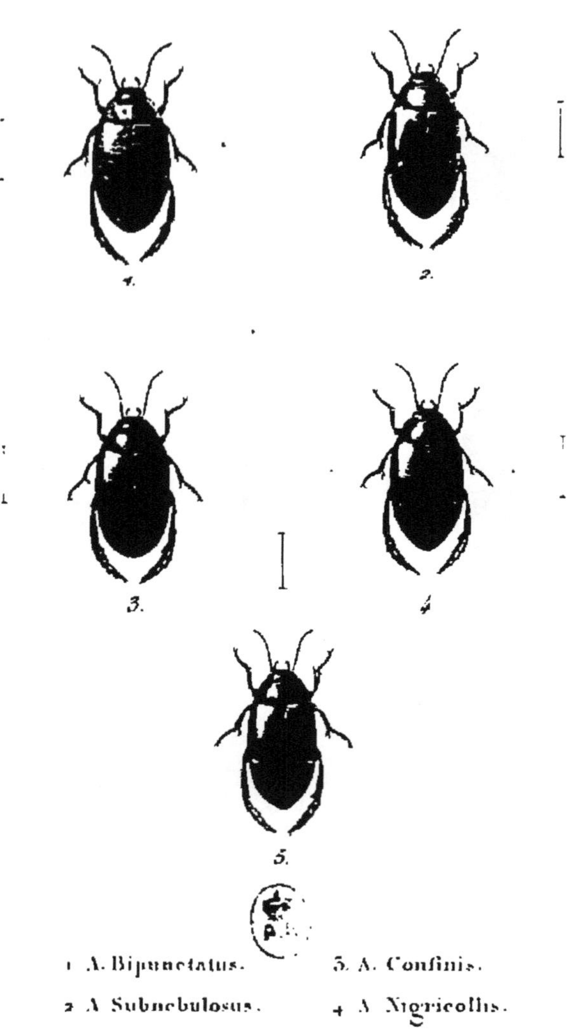

1 A. Bipunctatus. 3. A. Confinis.

2 A Subnebulosus. 4 A Nigricollis.

5. A. Binotatus.

Delarue pinx. *Corbié sc.*

AGABUS

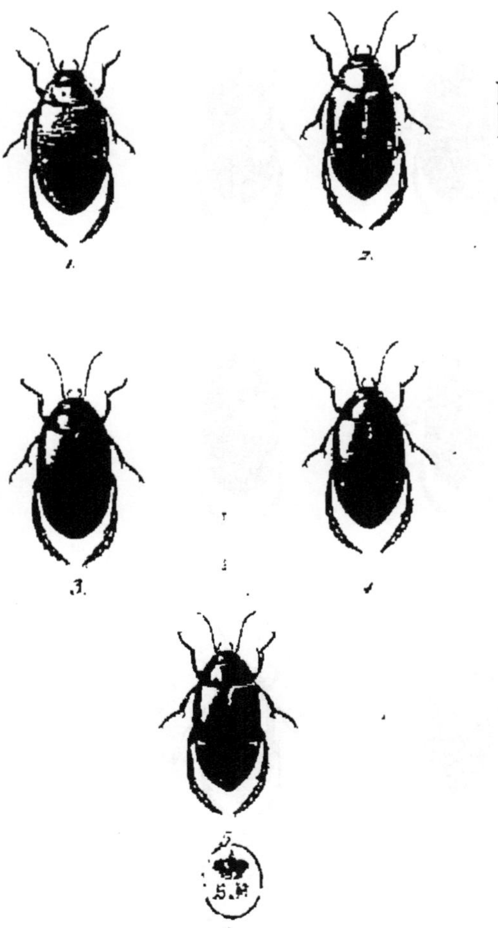

1. A. Bipunctatus. 3. A. Confinis.

2. A. Subnebulosus. 4. A. Nigricollis.

5. A. Binotatus.

Delarue pinx. Corbié sc.

AGABUS.

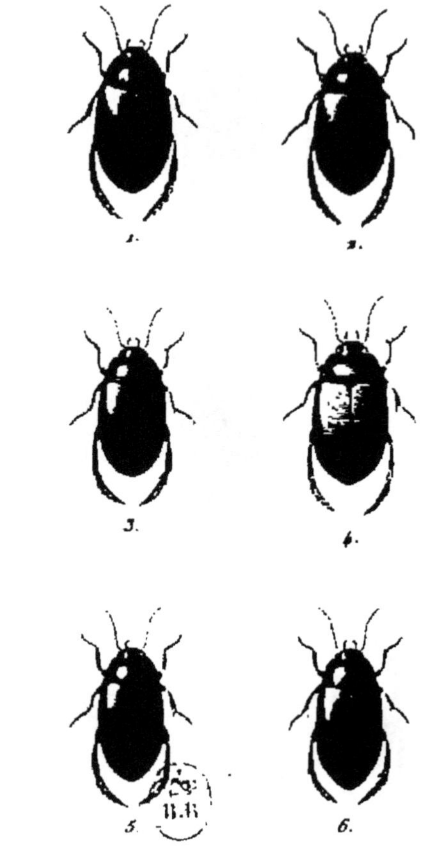

1 Ag. Adspersus. 4 Ag. Opacus
2 Ag. Hoffneri. 5. Ag. Affinis
3 Ag. Wasastjernæ. 6. Ag. Elongatus

Delarue pinx. Lerbé sc.

AGABUS.

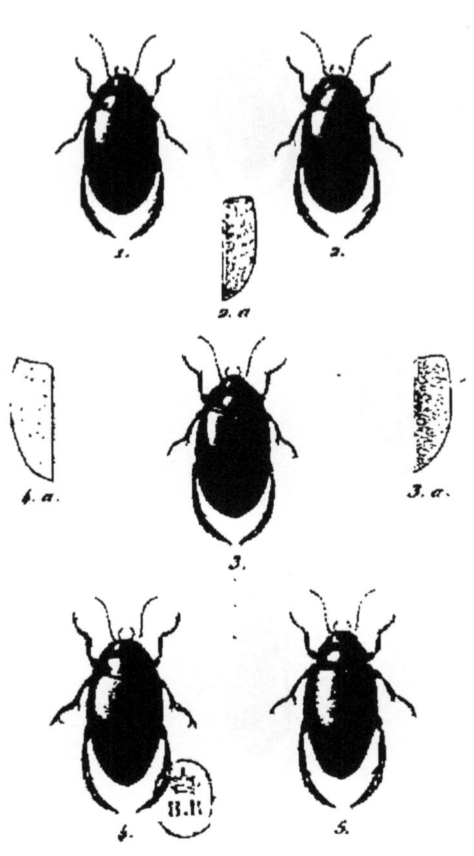

1. Ag. Vittiger. 3. Ag. Melanarius.
2. Ag. Striolatus. 4. Ag. Bipustulatus.
5. Ag. Solieri.

J. Delarue pinx. Corbié sc.

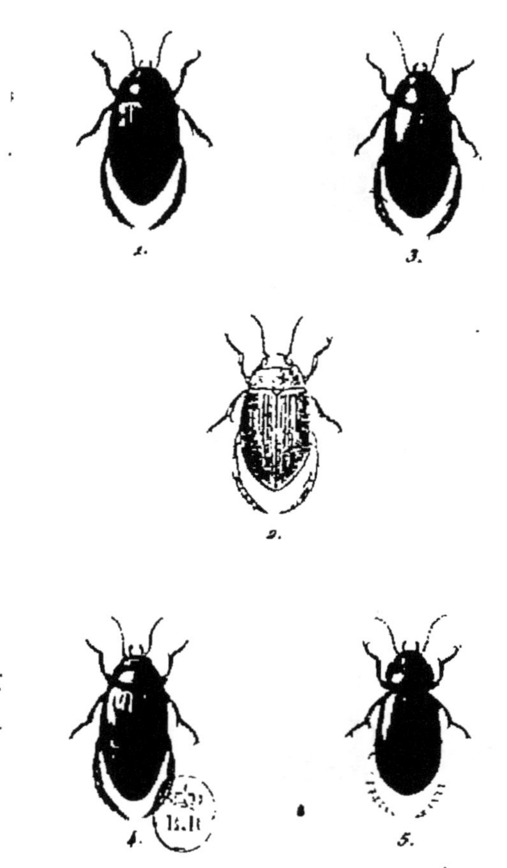

1. Copelatus Sulcipennis ♂. 3. Matus Bicarinatus.
2. Copelatus Sulcipennis ♀. 4. Coptotomus Interrogatus
5. Anisomera Bistriata.

J. Delarue pinx. Carbut sc.

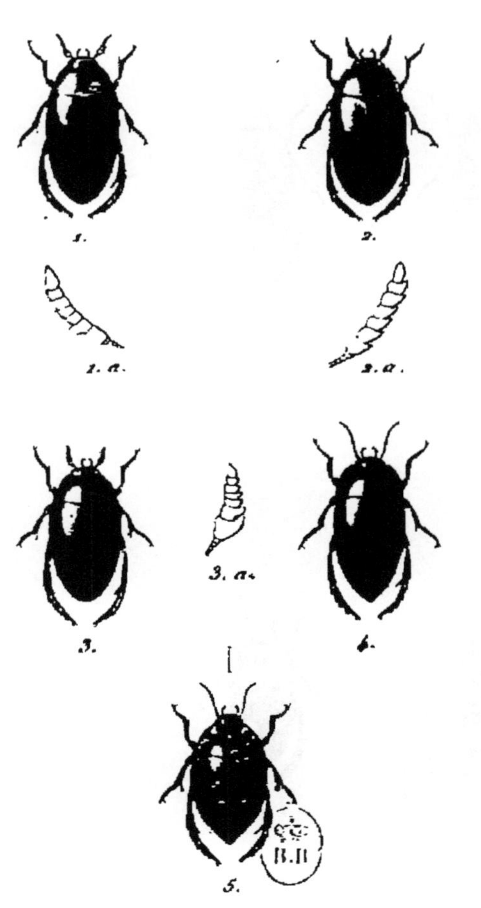

1. Noterus Crassicornis ♂. 3 Noterus Levis ♂.

2. Noterus Sparsus ♂. 4 Hydrocanthus Grandis.

5. Suphis Cimicoïdes.

J. Delarue pinx. Corbié sc.

LACCOPHILUS.

1.

2.

3.

4.

1. Lac. Interruptus.
2. Lac. Minutus.
3. Lac. Testaceus.
4. Lac. Variegatus.

J. Delarue pinx. Corbie sc.

HYDROPORUS

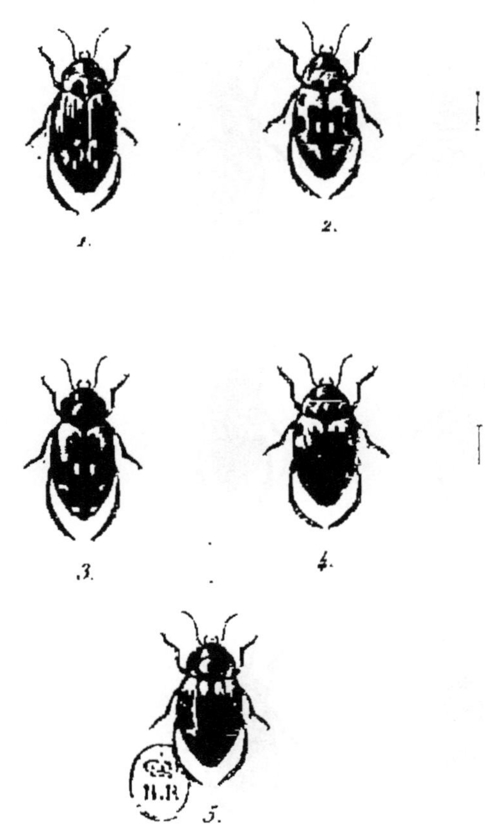

1. H. Affinis
2. H. Fenestratus
3. H. Luctuosus
4. H. Variegatus
5. H. Carinatus

Delarue pinx. Corbie sc.

HYDROPORUS

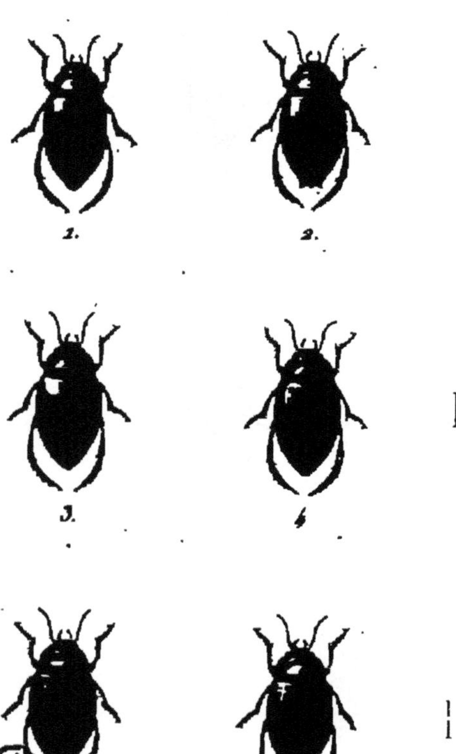

1. H. Alpinus
2. H. Bidentatus
3. H. Borealis
4. H. Davisii
5. H. Frater
6. H. Hyperboreus

Delarue pinx. Corbié sc.

HYDROCANTHARES

HYDROPORUS

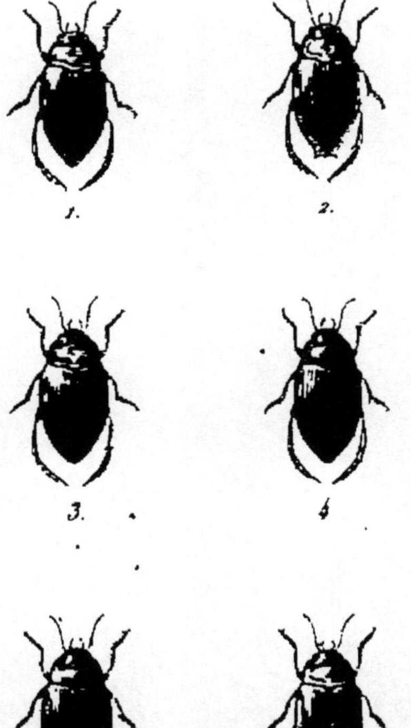

1 H. Alpinus
2 H. Bidentatus
3 H. Borealis
4. H. Davisii
5 H. Frater
6 H. Hyperboreus

Delarue pinx Carbar sc.

HYDROPORUS

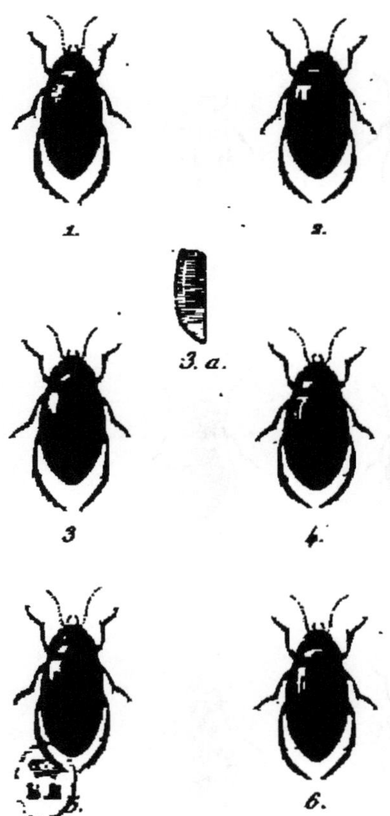

1. H. Griseostriatus
2. H. Ceresyi
3. H. Picipes
4. H. Lineellus
5. H. Consobrinus
6. H. Parallelogramus

Duhamel pinx. Corbie sc.

HYDROPORUS

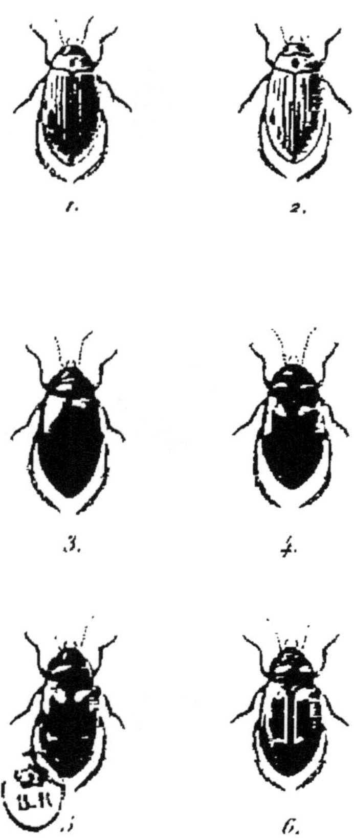

1. H. Schönherri.
2. H. Parallelus
3. H. Lapponum
4. H. Dorsalis
5. H. Dorsalis var. β
6. H. Dorsalis var. γ

HYDROPORUS

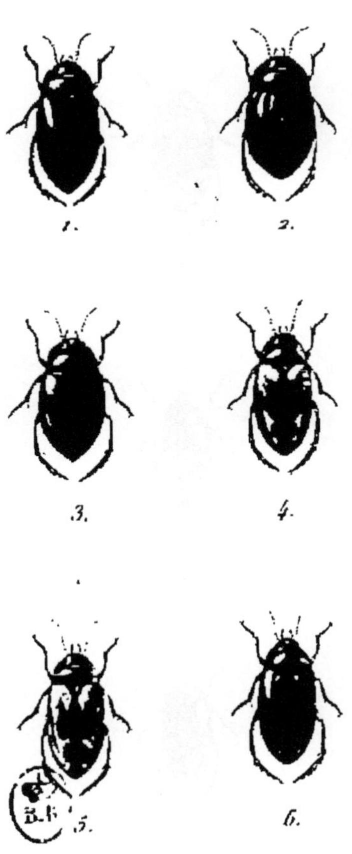

1. H. Opatrinus.
2. H. Platynotus.
3. H. Ovatus.
4. H. Sexpustulatus.
5. H. Sexpustulatus var. β.
6. H. Sexpustulatus var. γ.

Pelerme pinx. Corbie sc.

HYDROPORUS

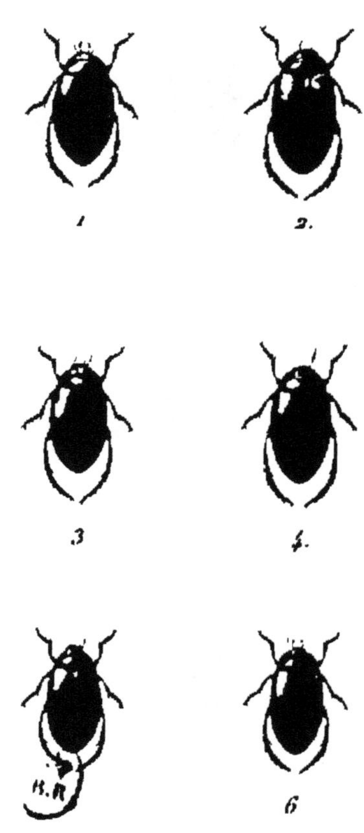

1 H. Erythrocephalus	4 H. Planus
2 H. Rufifrons	5 H. Pubescens
3 H. Deplanatus	6 H. Ambiguus

HYDROPORUS

1.

2.

3.

4.

5.

1 H Marginatus. 3 H. Limbatus

2 H Laturatus 4 H Analis

5 H Marklini.

HYDROPORIENS

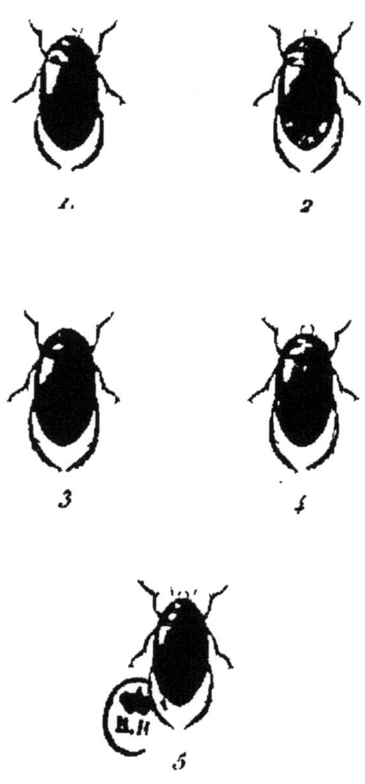

1. H. Obsoletus 3. H. Castaneus.
2. H. Victor 4. H. Piceus
5. H. Incertus

HYDROPORUS

1

2

3.

4.

5.

6.

1 H Melanocephalus
2 H Nigrita
3 H Brevis
4. H. Glabriusculus
5 H. Tristis
6 H. Angustatus.

J. Delarue pinx. Corbié sc.

HYDROPORUS.

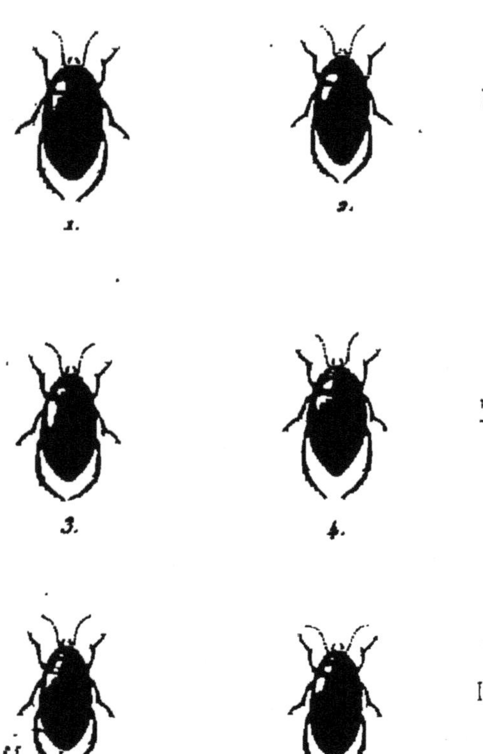

1. H. Obscurus.
2. H. Umbrosus.
3. H. Striola.
4. H. Lineatus.
5. H. Flavipes.
6. H. Meridionalis.

J. Delarue pinx. Corbié sc.

HYDROPORUS

1

2.

3.

4.

5.

6.

1. H. Genei.
2. H. Sexguttatus
3. H. Granularis
4. H. Varius
5. H. Geminus
6. H. Minutissimus

HYDROPORUS

1

2

3.

4

5.

1 H. Unistriatus. 3 H. Pumilus.
2. H. Goudotii. 4 H. Bicarinatus.
5 H. Pictus

[illegible] pinx. Corbié sc.

HYDROPORUS.

1. H. Fasciatus. 3. H. Lepidus.
2. H. Rufulus. 4. H. Formosus.
5. H. Escheri ♂.

J. Delarue pinx. Corbie sc.

HYDROPORUS

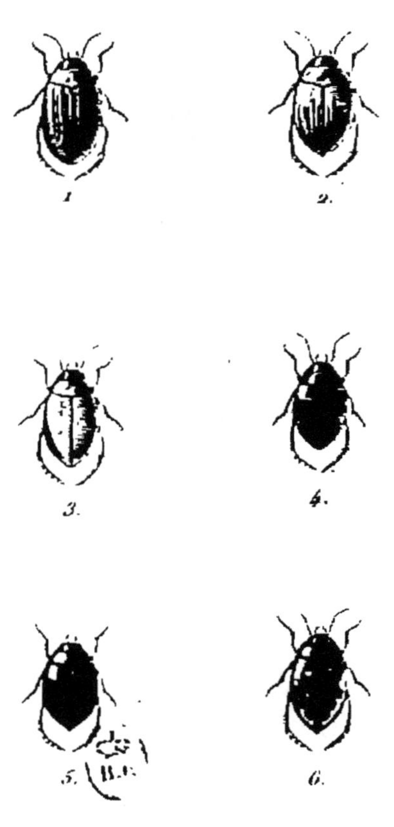

1 H. Nigrolineatus
2 H. Confluens
3 H. Pallens
4 H. Decoratus
5. H. Cuspidatus
6 H. Inæqualis

HYDROPORUS

1

2.

3

4

5

6.

1 H Nitidus	4 H Notatus
2 H Memnonius	5 H. Pygmœus
3 H Melanarius	6 H Bilineatus

J. Duhamel pinx Corbié sc

HYDROPORUS

1.

2.

3.

4.

1. Hydroporus Reticulatus
2. Hydroporus Quinquelineatus
3. Hyphidrus Ovatus
4. Hyphidrus Variegatus

J. Delarue pinx. Gerbe sc.

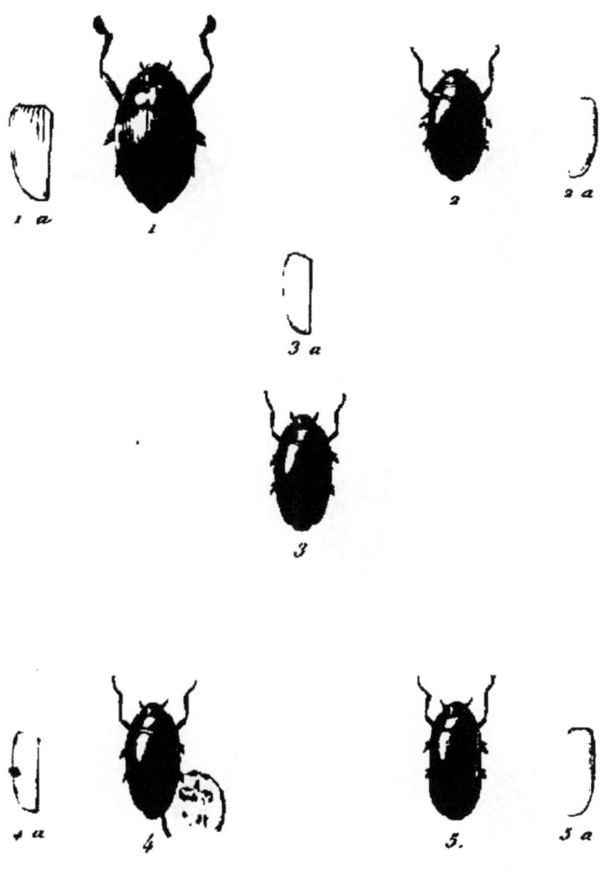

1 Enhydrus Sulcatus ♂ 3 Gyrinus Distinctus
2 Gyrinus Natator 4 Gyrinus Elongatus
5 Gyrinus Bicolor

Delarue pinx

GYRINUS

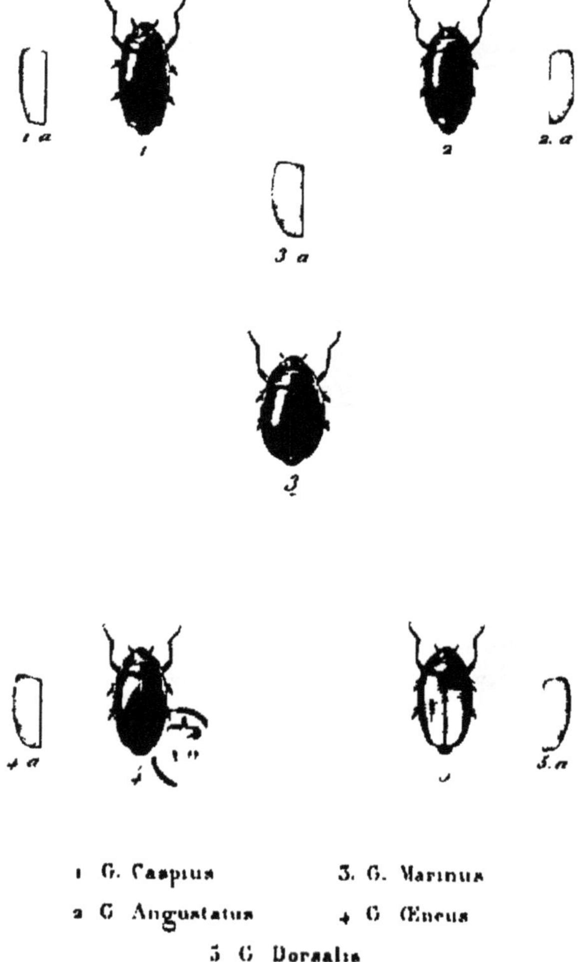

1 G. Caspius 3. G. Marinus
2 G Angustatus 4 G Œneus
5 G Dorsalis

Delarue pinx Corbié sc

GYRINUS

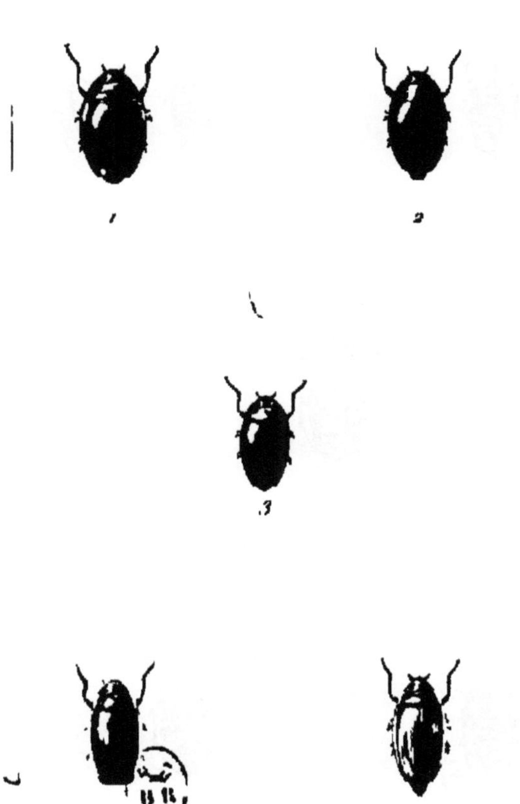

1 G. Urinator 3 G. Minutus

2 G. Variabilis 4 G. Striatus

5 G. Strigosus

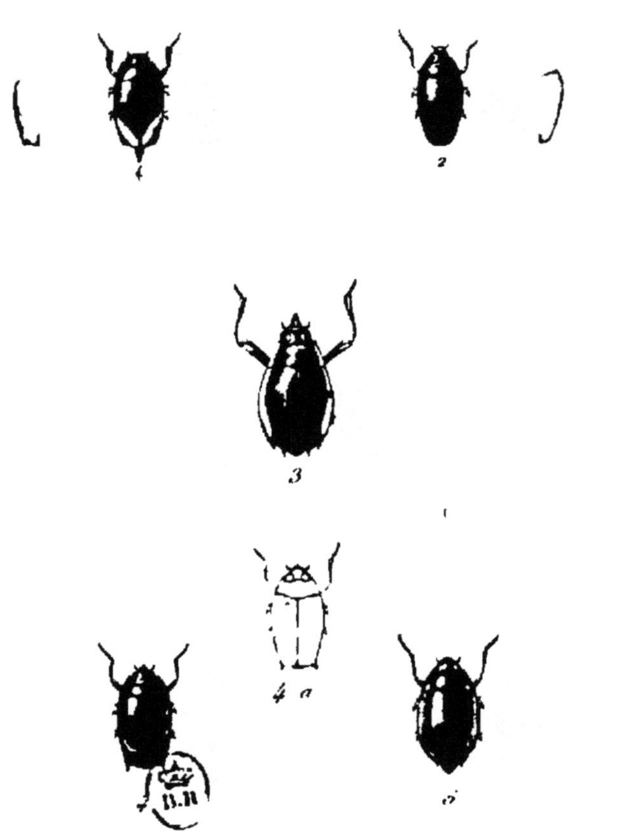

1 Patrus Javanus
2 Orectochilus Villosus
3 Porrorhynchus Marginatus
4 Gyretes Bidens
5 Dineutes Longimanus

www.ingramcontent.com/pod-product-compliance
Ingram Content Group UK Ltd.
Pitfield, Milton Keynes, MK11 3LW, UK
UKHW021841190726
13855UKWH00001B/88

9 782013 447058